稠油过热蒸汽开采理论与实践

赵　伦　许安著　范子菲　王金宝　薄　兵　编著

石油工业出版社

内容提要

本书全面论述了与稠油过热蒸汽热采开发相关的若干关键理论及实践问题，包括从物理模拟和数学模拟两方面系统研究了稠油过热蒸汽热采机理、过热蒸汽注入过程中热利用率、过热蒸汽吞吐方式下不同井型产能评价、不同原油黏度稠油过热蒸汽开发效果的影响因素及不同原油黏度稠油过热蒸汽开采的现场应用实践。在此基础上，讨论了过热蒸汽和普通蒸汽开采稠油技术及应用效果差异。

本书可供从事稠油油藏热采开发研究的地质、油藏、开发、工程人员及高等院校相关专业师生阅读和参考。

图书在版编目（CIP）数据

稠油过热蒸汽开采理论与实践 / 赵伦等编著 .—北京：石油工业出版社，2020.5

ISBN 978-7-5183-3719-4

Ⅰ. ①稠… Ⅱ. ①赵… Ⅲ. ①稠油开采 – 热力采油 – 研究 Ⅳ. ① TE345

中国版本图书馆 CIP 数据核字（2019）第 251097 号

出版发行：石油工业出版社

（北京安定门外安华里 2 区 1 号　100011）

网　址：www.petropub.com

编辑部：（010）64523546　　图书营销中心：（010）64523633

经　　销：全国新华书店

印　　刷：北京中石油彩色印刷有限责任公司

2020 年 5 月第 1 版　2020 年 5 月第 1 次印刷

787 × 1092 毫米　开本：1/16　印张：14.25

字数：358 千字

定价：138.00 元

（如出现印装质量问题，我社图书营销中心负责调换）

《稠油过热蒸汽开采理论与实践》

编写人员

赵　伦　许安著　范子菲　王金宝　薄　兵　吴林钢

刘明慧　陈　成　蔡冬梅　孙　涛　梁宏伟　罗二辉

刘云阳　马　钢　林雅平　陈烨菲　李建新　王淑琴

宋　珩　田中元　王成刚　侯庆英　陈　松

PREFACE 前言

近年来稠油油藏注过热蒸汽开发在矿场试验中已取得很好的效果，受到了人们广泛的关注和重视。但对稠油注过热蒸汽开发的机理、地质适应性条件及过热蒸汽吞吐的开发效果评价等仍没有开展系统的研究，尚未形成关于过热蒸汽吞吐开发相关的理论。随着稠油油藏的高效开发越来越受到重视，如何有效利用注过热蒸汽技术更好地开发稠油油藏成为亟待解决的问题。特别是在开采机理的认识上，一直认为过热蒸汽开发的主要机理也和饱和蒸汽一样是依靠高温降黏，而忽视了过热蒸汽高温过热的特性。人们对此的研究仍然沿用稠油油藏注饱和蒸汽的分析方法，并未深入剖析该类油藏受高温过热蒸汽作用所表现出来的特殊性。

过热蒸汽和饱和蒸汽的性质有着诸多不同，二者的开发机理、地质适应性、开发效果评价、注采参数评价、开发模式均有很大差异。本书系统总结了过热蒸汽和饱和蒸汽之间的热力学性质差异。同时，考虑过热蒸汽和饱和蒸汽是水蒸气的两种不同形态，二者之间又有共性。与饱和蒸汽相比，过热蒸汽具有更高的温度、更高的干度、更大的比容、更多的热量和更强的加热能力，二者的性质也有很大的差异。要实现稠油油藏注过热蒸汽高效开发，不能简单地把注过热蒸汽同饱和蒸汽开发稠油油藏同等看待。

本书在对过热蒸汽和饱和蒸汽热力学性质进行充分对比的基础上，利用室内物理模拟实验，从宏观和微观两个方面揭示了过热蒸汽在储层中的作用机理，对过热蒸汽在地层中的加热作用机理进行了量化表征。同时根据过热蒸汽的加热特点推导了不同井型过热蒸汽吞吐的产能方程，明确了水平井和直井过热蒸汽吞吐热采影响产能的主控因素。最后介绍了不同原油黏度稠油过热蒸汽开采的现场应用实践，为该技术的现场应用提供参考。

本书在编写过程中，得到中油国际阿克纠宾公司、中国石油大学（北京）等单位的大力支持和帮助，在此一并表示感谢。

由于笔者水平有限，书中难免有不当之处，敬请读者批评指正并提出宝贵意见。

CONTENTS 目录

第一章　稠油过热蒸汽开采机理室内物理模拟实验

当干饱和蒸汽（干度100%）继续在定压下加热时，温度开始升高，超过饱和温度成为过热蒸气，其温度高于对应压力下饱和蒸汽的温度称为过热度。过热蒸汽的热焓大于饱和蒸汽和湿蒸汽的热焓，并且其热焓随过热度的增加而增加。在相同压力条件下，过热蒸汽与饱和蒸汽相比，具有更高的温度、更高的热量和更大的比容（单位质量过热蒸汽所占的体积）。与普通蒸汽相比，过热蒸汽温度高、干度高、热焓大、比容大、气相所占比例大，具有加热地层能力强，进入地层的气相多，波及范围大的特点。通过对过热蒸汽井注汽参数条件的设计要求井口注入的过热蒸汽在井底仍然是过热蒸汽，井口和井底蒸汽干度都达到100%。高温过热蒸汽在进入地层以后，地层水、稠油，以及地层矿物质都会在高温下发生物理、化学变化。其中有些变化是不可逆的，这会造成部分稠油黏度的不可逆降低，从而为稠油开发带来可观的效果。本章在大量室内实验的基础上开展过热蒸汽开采机理研究，并结合过热蒸汽的特点进行了较全面的总结。

第一节　不同黏度稠油性质

影响原油黏度变化的因素很多，归纳起来主要有3个因素：原油自身物性组成（如胶质、沥青质、金属元素含量）、表面活性剂（化学降黏剂）、外界物理因素（如温度、压力、含水率、气泡等）。每一个因素彼此之间互相联系、互相影响、互相作用，实际生产中，多种物理因素组合引发原油黏度异常变化。

一、原油自身物性组成

（1）胶质、沥青质。

引起原油高黏度的实质是其本身分子，尤其是胶质分子和沥青质分子。沥青质分子是一种可溶的、杂散的、极性的有机大分子，它是导致石油在油藏内或采油生产时以及储运系统中沉积、乳化、聚合、结焦和黏度增高等的主要原因。胶质分子、沥青质分子是原油中分子量最大且极性最强的组分，是由烷基支链和含杂原子的多环芳核和环烷芳核所形成的复杂结构，含有大量的S、N、O等杂原子，分别以硫羟基、氨基、羟基和羧基等基团存在。这些基团之间常以氢键缔合或者发生偶极作用，从而产生很强的内聚力，使多个胶质分子、沥青质分子聚集成层状堆积状态，当原油分子间发生相对位移时可产生很大的内摩擦力，表现出原油的高黏度。胶质分子与沥青质分子之间也可通过氢键相互连接、聚集，这些都将引起原油黏度的增加。胶质、沥青质含量多，增大了液体分子的内摩擦力，使原油黏度增大，甚至出现非牛顿流体的黏滞特性。

国内学者朱占军对辽河油田杜 84 块的超稠油进行了大样品量的分离制备，然后分别测定了稠油中各主要族组分的百分含量与黏度的定量关系，如图 1.1 至图 1.3 所示。

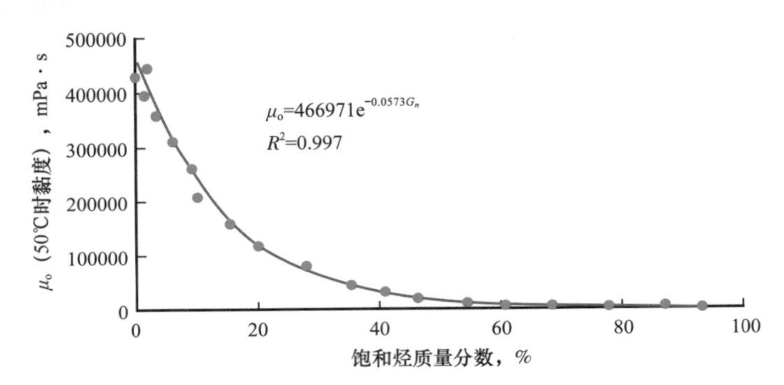

图 1.1　稠油中加入饱和烃质量分数与黏度的关系

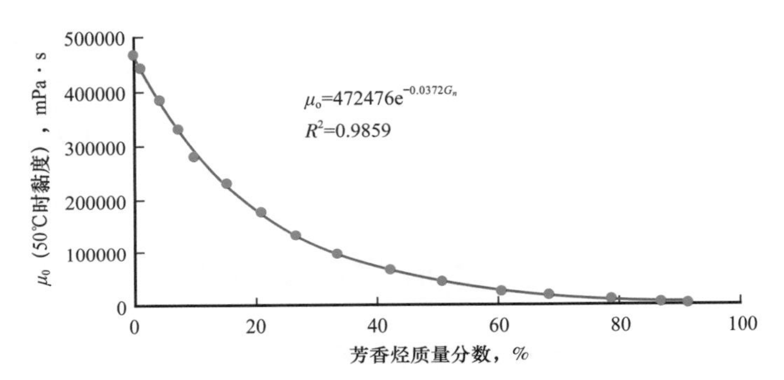

图 1.2　超稠油中加入芳香烃质量分数与黏度的关系

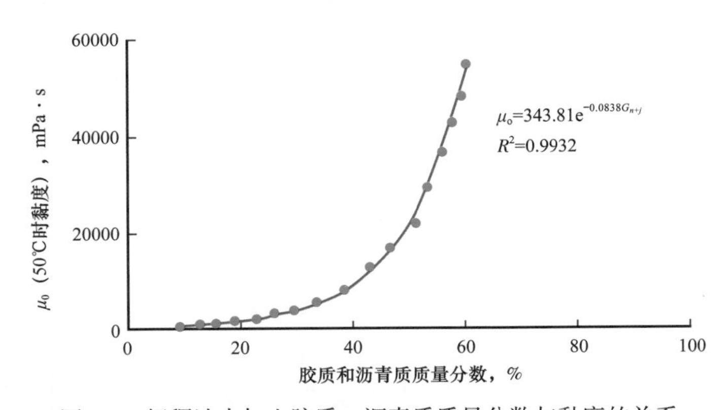

图 1.3　超稠油中加入胶质、沥青质质量分数与黏度的关系

由图 1.1 至图 1.3 可知：稠油的黏度随饱和烃的质量分数增加而下降的速率明显大于其随芳香烃质量分数增加而下降的速率；稠油的黏度随饱和烃的质量分数增加而下降的速率明显大于其随芳香烃质量分数的增加而下降的速率；稠油的黏度随饱和烃和芳香烃质量分数的增加而呈指数函数关系降低；稠油的黏度随胶质和沥青质质量分数的增加而呈指数

函数关系升高。

从原油体系结构上看，原油是一个主要由饱和烃、芳香烃、胶质和沥青质构成的连续分布的动态稳定胶体分散体系，沥青质和附着于其上的胶质作为分散相以胶粒形式悬浮于油相中，而分散介质是由极性和芳香度依次递减的部分胶质、芳香烃和饱和烃构成。表 1.1 列出了稠油族组成对黏度影响的计算结果。由表 1.1 中数据可以看出，沥青质是影响稠油黏度最重要的组分。

一般认为沥青质和胶质是对稠油黏度影响较大的组分，因黏度随着化合物环状结构、相对分子量增大而增大，而沥青质中芳香环及杂原子又是造成其影响的主要原因，其次，过渡金属、脂肪性侧链因素等也会对稠油黏度产生影响，稠油体系的不稳定性构成的物理作用也会对稠油黏度造成一定影响。总而言之，稠油黏度是各组分共同贡献且相互作用的结果。

（2）金属离子。

原油中含有少量的钠、钙、镁、铁、镍、钒、铜和铅等金属元素，一般认为原油中金属元素的来源有 3 个方面：一是以乳化状态分散于原油中的水所含的盐类；二是悬浮于原油中的极细的矿物质微粒；三是结合于有机化合物或络合物。尽管金属元素含量很低，原油开采及输送过程中金属杂质的沉积，仍会引发原油性质发生变化，导致原油黏度变化。原油中的金属（如镍和钒）对其黏度影响最大，金属杂原子主要缔合在沥青质与胶质中，是影响原油黏度的主要内在因素。一般来说，金属元素含量越高，越容易沉积缔合在沥青质与胶质中，导致原油黏度大幅度增加。

表 1.1　稠油黏度与四组分含量关系表

样品	黏度（50℃）mPa·s	四组分含量，%			
		饱和烃	芳香烃	胶质	沥青质
单 130	72000	19.41	21.52	30.92	10.44
单 6-14-40	66600	19.05	23.33	30.83	10.34
单 6-12-40	26100	22.33	21.76	26.53	10.50
单 2-2-10	16300	31.12	28.63	32.37	12.45
单 6-12-18	9200	26.88	25.14	30.64	13.29
单 10-23-7	8800	25.26	20.53	25.53	8.95
单 14-18	4600	35.23	21.41	28.18	8.67
高 3-62-176	4177	30.54	25.15	41.08	3.23
雷 64-26-26	621	27.38	27.79	42.54	2.27
高 2-0-07	480	53.31	19.92	24.46	2.31

二、表面活性剂对原油黏度影响

在原油输送过程中，一般添加适当的降凝降黏剂可以降低原油的凝点和黏度，使其易于流动，加入表面活性剂则可以增强降黏剂分子在原油中的分散性、增溶性和渗透性，从而增强降黏效果。另外，表面活性剂分子由极性基团和非极性基团构成，同时具有亲油性和亲水性，所以表面活性剂分子自身在原油中的分散性和渗透性也会对原油黏度产生一定影响。油水两相体系中，表面活性剂的降黏机理可归结为 3 种：（1）乳化降黏，指表面活性剂使油包水型乳状液反相成为水包油型乳状液；（2）破乳降黏，指表面活性剂使油包水型乳状液破乳而生成游离水从而降黏；（3）吸附降黏，指将表面活性剂水溶液注入油井，使油管的原油膜表面形成连续的水膜而降黏。

三、外界物理因素

（1）温度。

温度是影响地层原油黏度的主要因素，通常地层原油黏度随温度的升高而降低。这是由于温度升高，地层原油体积膨胀，原油内部分子间距离增加，相互之间的引力减小，一部分中间相态的碳氢化合物在高温下由液相转为气相，地层原油密度减小，地层原油黏度降低，原油流动阻力降低。

（2）气体含量。

原油对气体有一定的溶解能力，原油对气体的最大溶解能力称为原油的泡点压力。当原油中溶解一定的气体时，原油物性发生改变，原油中分子间距离加大，分子间作用力变小，密度降低，原油流动性变好，原油黏度降低。在没有外力作用下，原油黏度随原油含气量的增加黏度降低。如果存在外力作用，原油中的含气量超过泡点压力时，已没有空间溶解气体，原油受压力作用，体积收缩，密度增加，分子间距变小，原油内部摩擦力增大，从而黏度增加。当压力等于饱和压力时，原油中溶气量达到最大值，原油的组分达最佳组合，此时原油黏度最低，或称极小值。

（3）压力。

原油黏度随压力变化的关系与原油中含气量的多少有关。脱气原油黏度随压力的提高而增大，基本呈线性关系。其主要原因是压力增加，对原油造成挤压，原油中各组分分子间距变小，使得原油密度增加，黏度变大。含气原油黏度随压力的增加先降低，降低至一定程度后随压力的增加黏度变大。其主要原因为含气原油的黏度对压力十分敏感，当压力低于饱和压力时，随压力的上升，气体溶入油中，改善了原油的组成，使原油黏度急剧下降。

（4）含水率。

原油乳化理论认为，原油中含水导致原油乳化，乳化程度不同导致原油黏度大小不同，乳化程度越高，黏度越大。一般随着含水率增加，原油乳化程度越严重。但当含水率达到一定值时，乳化发生相的转变，导致原油黏度降低，此值即为乳化拐点，也可认为黏度变化拐点。

（5）气泡。

原油在开采举升过程中伴随有大量的气泡，气泡的存在导致了原油黏度大幅提高。其

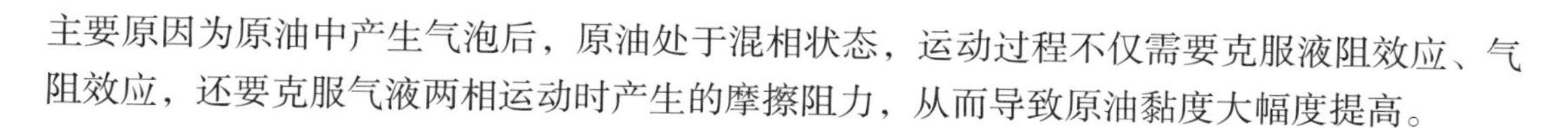

主要原因为原油中产生气泡后，原油处于混相状态，运动过程不仅需要克服液阻效应、气阻效应，还要克服气液两相运动时产生的摩擦阻力，从而导致原油黏度大幅度提高。

第二节　过热蒸汽热力学性质

过热蒸汽是一种过饱和蒸汽，将干饱和蒸汽继续加热就可以得到过热蒸汽。与普通蒸汽相比，过热蒸汽具有更高的热焓和更大的比容。当注汽量相同时，过热蒸汽的井底干度和加热半径更大，驱油效果更好。

在标准状态下（15℃，0.101MPa），水是所有元素和化合物中比热容最高的，因此，在相同温度下，水比任何其他液体能承载更多的热量。水不仅是比热容最高的液体，而且还是汽化潜热最高的液体。汽化潜热指某种液体一旦达到沸点，如果继续加热，其温度不再上升，这些热完全使液体汽化，并直到该液体全部汽化为止。就水和蒸汽而言，其汽化潜热就是在相同压力和相同温度下蒸汽热焓与热水热焓之差。

通常情况下，由于水具有最高的比热容和汽化潜热值，因此，水是最适合的热载体。

（1）饱和状态下水的热焓与饱和温度的关系。

水从冰点温度加热到某一压力下的饱和温度，其吸收的热量是确定的，这一热量被称为饱和液体（水）的焓，也称之为“显热”。饱和状态下水的热焓与饱和温度的关系式为：

$$H_{\mathrm{w}} = 4.095t + 8.765\times10^{-4}t^2 \quad (t < 240℃) \tag{1.1}$$

$$H_{\mathrm{w}} = 307 + 1.3t + 7.315\times10^{-3}t^2 \quad (t \geqslant 240℃) \tag{1.2}$$

式中　H_{w}——饱和水的热焓，J/g；

t——饱和温度，℃。

（2）饱和状态下水的汽化潜热及蒸汽热焓。

饱和状态下水的汽化潜热（蒸汽的潜热）与饱和温度的关系式为：

$$L_{\mathrm{v}} = 273\times(374.14 - t)^{0.38} \tag{1.3}$$

式中　L_{v}——蒸汽汽化潜热，J/g。

而蒸汽热焓等于水的热焓与蒸汽的潜热之和，即：

$$H_{\mathrm{v}} = H_{\mathrm{w}} + L_{\mathrm{v}} \tag{1.4}$$

式中　H_{v}——蒸汽热焓，J/g。

一、湿蒸汽

在热力采油工程中，常用的蒸汽发生器产出的蒸汽含有15%～20%（质量分数）的水分。含有水分的饱和蒸汽叫湿蒸汽。在单位重量的湿蒸汽中，干蒸汽所占的质量分数称之为蒸汽干度。通常情况下，注蒸汽开采矿场的蒸汽干度小于100%，由于蒸汽具有很高的潜热，因此，蒸汽干度越高，湿蒸汽的热焓越高。湿蒸汽热焓与蒸汽干度的关系式为：

$$H_v = H_w + xL_v \tag{1.5}$$

式中 H_v——湿蒸汽热焓，J/g；

H_w——水的显热，J/g；

L_v——蒸汽的潜热，J/g；

x——蒸汽干度。

由式（1.5）可知，蒸汽干度对蒸汽热焓影响很大，尤其是在较低的压力范围内。

二、过热蒸汽

在某一恒定压力条件下，蒸汽具有确定的饱和温度，如果继续加热，蒸汽的温度就会超过该压力下的饱和温度，成为过热蒸汽。实际蒸汽温度大于相应的压力下的饱和温度的差值，称为过热度。

第三节　不同黏度稠油水热裂解性能

设计了高温高压反应釜，来进行高温条件下不同黏度稠油与过热蒸汽的水热裂解反应实验。实验后运用安东帕流变仪测量反应后稠油的黏度，可以得出不同黏度稠油的时间敏感性和温度敏感性；运用色谱仪来测量反应前后稠油的组分变化，可以研究出过热蒸汽对原油性质的影响规律及机理。

图 1.4　CWYF-1 型高温高压反应釜

高温高压反应釜结构如图 1.4 所示。釜体、釜盖采用整段不锈钢加工制成，具有较好的耐腐蚀性能。高温高压釜能达到高温高压密封效果。其采用电加热形式，温度自动控制，数据由控温、测温智能仪表显示。高温高压反应釜釜体上配有压力表、安全阀、取样口等部件。高温高压反应釜的最高设计工作温度为 350℃，最大设计工作压力为 40MPa。加入适量的油样和水样，可以实现过热蒸汽条件下的水热裂解反应。

一、不同黏度稠油的黏温曲线测量

为了研究不同黏度稠油下过热蒸汽作用机理，首先选取黏度不同的油样，并且对其黏温曲线进行测量。实验仪器为安东帕流变仪，如图 1.5 所示。第三代 MCR 模块化智能型高级流变仪是目前最先进的流变测试系统，其完全模块化、智能化的设计，使其既有最强大的扩展功能，又具有简单方便的操作性，其测黏范围很广，可以实现非常精确的黏度测量。实验所用的油样来自辽河油田高升采油厂，分别取自高 2-0-07、雷 64-26-26 和高 3-71-202 这 3 口井。

图 1.6 为不同黏度稠油黏温曲线的测量结果。从图中可以看出，3 种稠油在常温下的黏度分别为 700mPa·s、4000mPa·s 和 12000mPa·s。黏温曲线会出现一些波动，并不十分平滑，是流变仪测量过程中的一些误差造成的，但是不影响常温下 3 种稠油黏度的测定。

图 1.5　安东帕流变仪

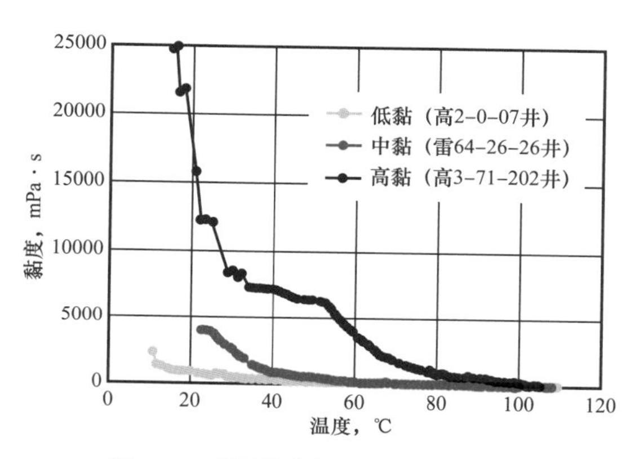

图 1.6　不同黏度稠油的黏温曲线图

二、不同黏度稠油的时间敏感性和温度敏感性

1. 时间敏感性

设定反应温度为 240℃，反应时间分别设定为 12h、24h、36h、48h，水热裂解反应后测得的油样黏度结果如图 1.7 至图 1.9 所示。由实验结果可知，240℃过热蒸汽作用后，两种原油黏度均表现为明显降低，原油黏度随着反应时间的增加而降低。

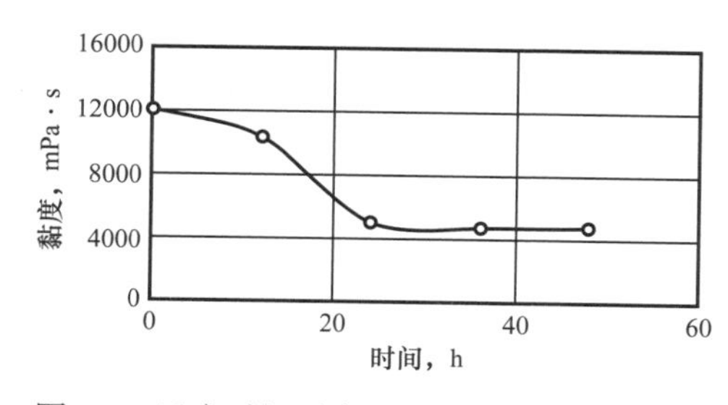

图 1.7　反应时间对高黏度稠油的影响曲线图

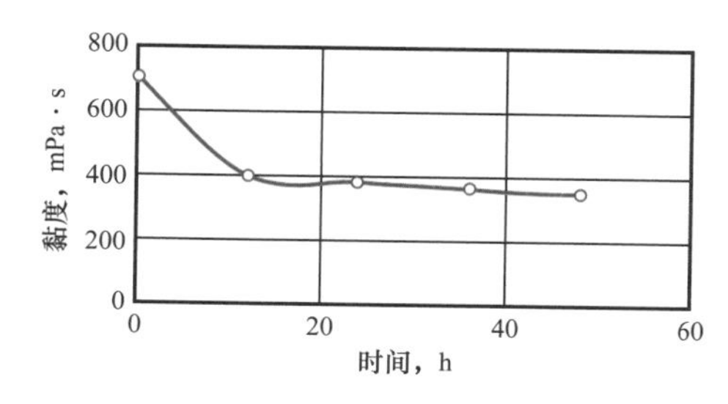

图 1.8　反应时间对低黏度稠油的影响曲线图

从图 1.9 可以看出，不同黏度稠油完全水热裂解所需时间不同，高黏度稠油在 30h 左右水热裂解完全，最终降黏率达到 60%；低黏度稠油在 15h 左右水热裂解完全，最终降

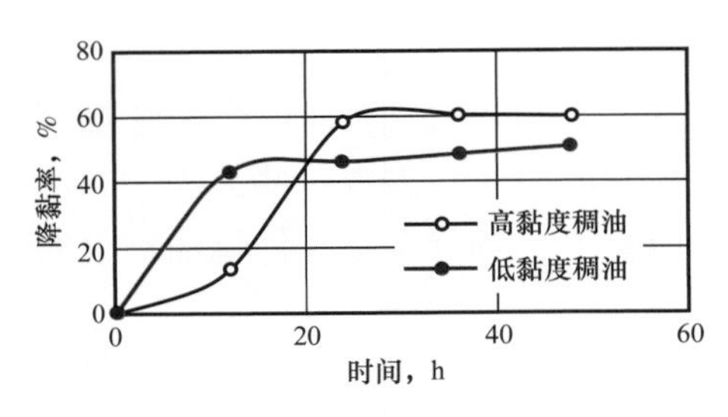

图 1.9　不同黏度稠油降黏率随时间变化曲线图

黏率达到 48%。原因在于不同黏度稠油的组分含量不同，高黏度稠油胶质、沥青质等重质组分含量多，所以需要更多的反应时间才能够裂解完全。该结论可以与实际的不同黏度稠油生产时间进行对比。

在实际生产时，一般在注汽过程中，近井地带会形成过热蒸汽区域，从而使稠油发生水热裂解反应。表 1.2 为莫尔图克油田实际生产数据，5 口井的平均注汽时间为 9.8d，平均累计产油为 254.92m^3。表 1.3 为库姆萨依油田实际生产数据，10 口井的平均注汽时间为 8d，平均累计产油为 187.7m^3。可见在实际的生产中，稠油黏度高的莫尔图克油田注汽时间更长，平均累计产油也更多。

表 1.2　莫尔图克油田 5 口井时间生产数据

井号	注汽日期	注汽时间，d	生产时间，d	累计产液，m^3	累计产油，t
MB-5	2014.1.12—2014.1.18	6	48	563.9	347.0
MB-10	2014.2.17—2014.2.26	9	16	138.5	72.7
MB-6	2014.2.26—2014.3.3	7	10	62.1	25.3
MB-9	2014.3.3—2014.3.18	15	73	865.2	464.9
MB-4	2014.4.19—2014.5.1	12	57	554.2	364.7

表 1.3　库姆萨依油田 10 口井时间生产数据

井号	注汽日期	注汽天数，d	生产时间，d	累计产液，m^3	累计产油，t
451	2014.4.10—2014.4.26	17	41	2170	1234
452	2014.5.19—2014.5.31	13	8	259	58
453	2014.5.19—2014.5.31	13	8	209	65
424	2014.5.02—2014.5.11	10	25	247	34
416	2014.5.17—2014.5.17	1	24	615	0
415	2014.5.17—2014.5.19	3	23	486	149
417	2014.5.13—2014.5.19	7	15	282	150
418	2014.5.13—2014.5.19	7	14	120	53
447	2014.5.16—2014.5.17	2	8	59	22
445	2014.5.25—2014.5.31	7	10	281	112

2. 温度敏感性

设定反应时间为 36h，反应温度分别设定为 160℃、200℃、240℃、300℃，水热裂解反应后测得的油样黏度结果如图 1.10 至图 1.12 所示。

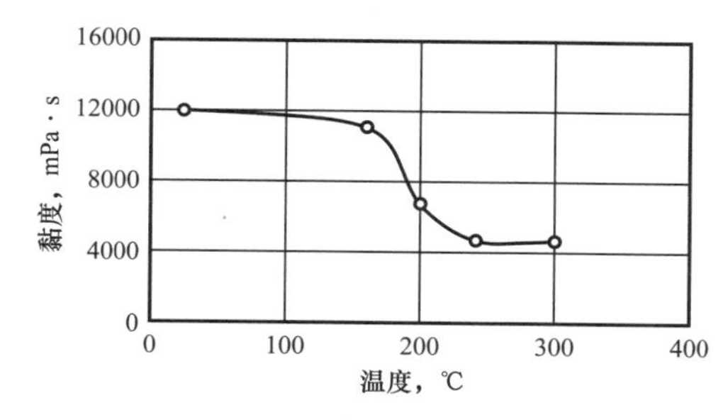

图 1.10　反应温度对高黏度稠油的影响曲线图

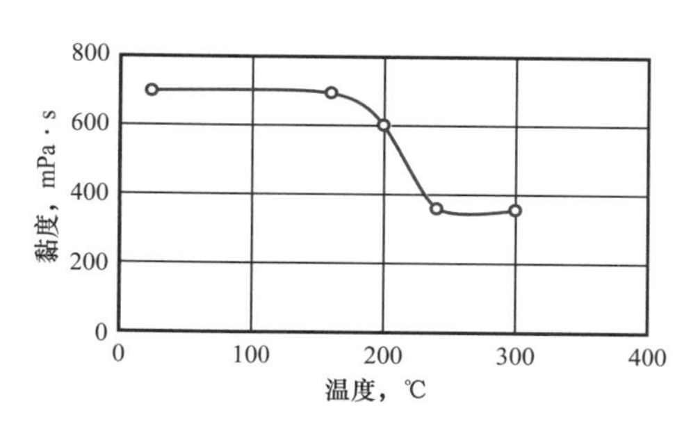

图 1.11　反应温度对低黏度稠油的影响曲线图

从图 1.12 可以看出，高黏度稠油从 160℃黏度开始下降，说明有裂解的发生，到 240℃之后裂解完全。低黏度稠油从 200℃黏度降低较明显，开始发生水热裂解，裂解完全的时间为 240℃左右。进行对比可以发现，高黏度稠油所发生的裂解温度较为提前。这是因为高黏稠油的组分中含有更多的沥青质，沥青质对温度非常敏感，容易裂解且黏度降低，这是导致高黏稠油和低黏稠油在裂解温度上不同的原因。

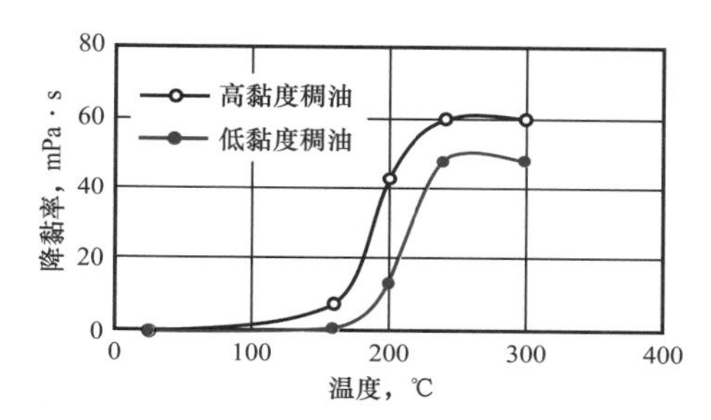

图 1.12　降黏率随反应温度的变化曲线图

表 1.4 为莫尔图克油田实际注汽温度数据，该井的平均注汽温度为 251.3℃；表 1.5 为库姆萨依油田实际注汽温度数据，10 口井的平均注汽温度为 283.2℃。可见在实际的生产中，稠油黏度高的莫尔图克油田注汽温度更低。

表 1.4　莫尔图克油田某口井注汽温度

井号	注汽日期	注汽温度，℃
MB-5	2014.1.12	227
MB-5	2014.5.5	240
MB-5	2014.11.7	258
MB-5	2015.2.19	264
MB-5	2015.3.4	267
MB-5	2015.5.23	252

表 1.5　库姆萨依油田 10 口井注汽温度

井号	注汽日期	注汽温度，℃
451	2014.4.10—2014.4.26	290
452	2014.5.19—2014.5.31	283
453	2014.5.19—2014.5.31	283
424	2014.5.02—2014.5.11	277
416	2014.5.17—2014.5.17	295
415	2014.5.17—2014.5.19	276
417	2014.5.13—2014.5.19	284
418	2014.5.13—2014.5.19	284
447	2014.5.16—2014.5.17	279
445	2014.5.25—2014.5.31	281

三、不同黏度稠油的组分及元素变化分析

1. 烃分布变化

肯基亚克盐上低黏稠油反应前后的烃分布结果如图 1.13 和图 1.14 所示，反应温度为 300℃、350℃。由图可知，原油的组分发生了明显的改变，高碳链的重质组分减少，低碳链的轻质组分增加。另外，反应前后的 1 号原油组分要比 2 号原油变化明显。

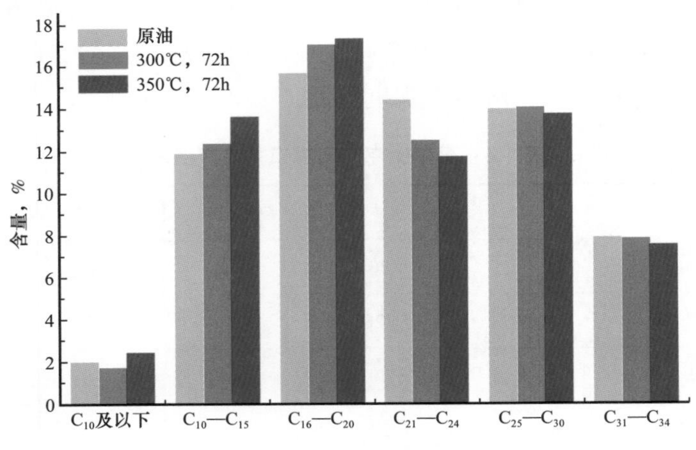

图 1.13　反应前后 1 号原油烃分布对比直方图

反应前后原油烃分布结果表明，高温条件下原油与过热蒸汽之间发生了化学反应，反应后轻烃含量增加，原油品质有了一定程度的提高。分析变化原因认为，一些高碳链烃分子发生了裂解，分子链断开后形成低碳链的轻质组分。

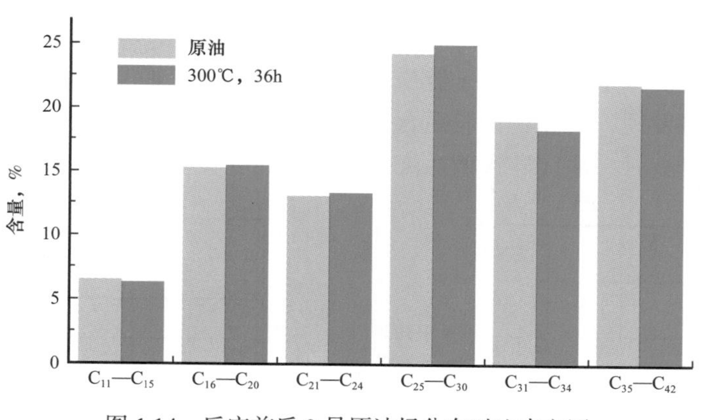

图 1.14 反应前后 2 号原油烃分布对比直方图

2. 原油组分分析

分别取反应前后油样进行四组分分析，结果见表 1.6。结果表明，与过热蒸汽发生化学作用后，稠油中的饱和分含量均增多，胶质、沥青质含量都减少。

表 1.6 反应前后原油组分对比

油样		原油组分含量，%			
		饱和烃	芳香烃	胶质	沥青质
肯基亚克盐上（260mPa·s）	反应前	63.37	25.00	10.98	0.65
	反应后	66.18	25.10	8.39	0.45
高 2-0-07 井（700mPa·s）	反应前	53.31	19.92	24.46	2.31
	反应后	58.76	23.03	16.26	1.95
雷 64-26-26 井（4000mPa·s）	反应前	27.38	27.79	42.54	2.27
	反应后	34.94	29.96	33.05	2.04
高 3-71-32 井（12000mPa·s）	反应前	30.54	25.15	41.08	3.23
	反应后	40.67	27.43	29.04	2.86

胶质、沥青质含量减少，表明原油中稠环化合物与杂环化合物发生了裂解。饱和烃和芳香烃的增多，表明稠油中重质组分裂解为轻质组分，这是造成稠油黏度降低的重要原因。

3. 原油组分变化

裂解前不同黏度稠油的组分含量如图 1.15 所示，裂解后不同黏度稠油的组分含量如图 1.16 所示。从图中可以看出，对于黏度为 260mPa·s 和 700mPa·s 的低黏稠油而言，其黏度主要受轻质组分——饱和烃和芳香烃的影响，并根据之前的调研结果可知，在稠油中轻质组分越多，其黏度越低。而对于黏度为 4000mPa·s 和 12000mPa·s 的中黏和高黏稠油而言，其黏度主要受重质组分——胶质和沥青质的影响，而其中沥青质的影响最大。对比二者的组分可以发现，高黏稠油胶质含量比中黏稠油低，但是沥青质含量却高。沥青质分子量大，其含量高时，往往导致稠油流动困难，黏度大。

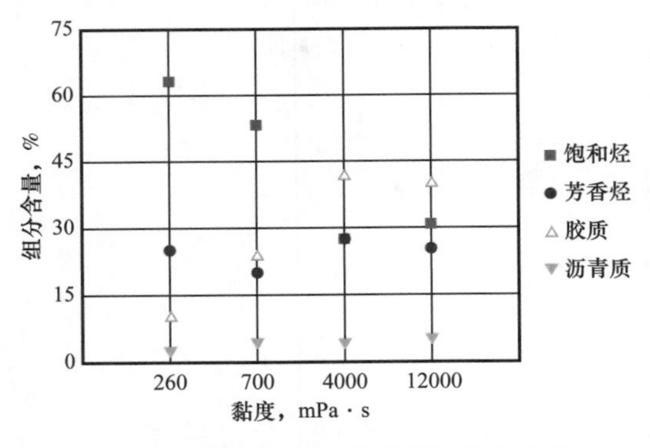

图 1.15　裂解前不同黏度稠油组分含量

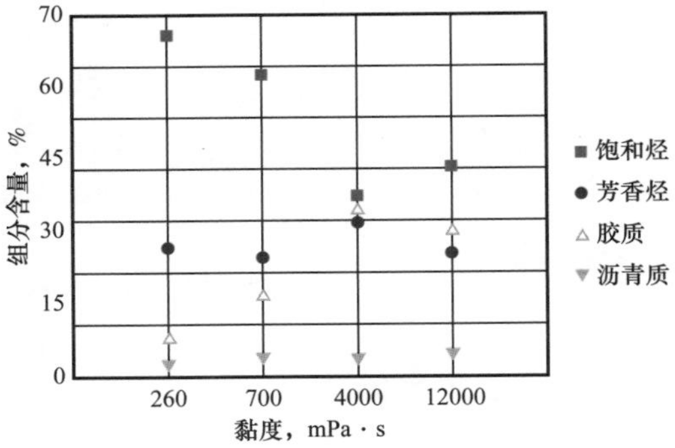

图 1.16　裂解后不同黏度稠油组分含量

图 1.17 为 260mPa·s 的低黏稠油裂解前后四组分的变化曲线，其芳香烃含量基本不变，沥青质含量非常少，可以忽略，因此认为主要是胶质发生裂解，转化为饱和烃，从而使黏度降低。

图 1.18 为 700mPa·s 的低黏稠油裂解前后四组分的变化曲线，相比于 260mPa·s 稠油，其胶质含量下降更多，饱和烃与芳香烃含量升高更多。

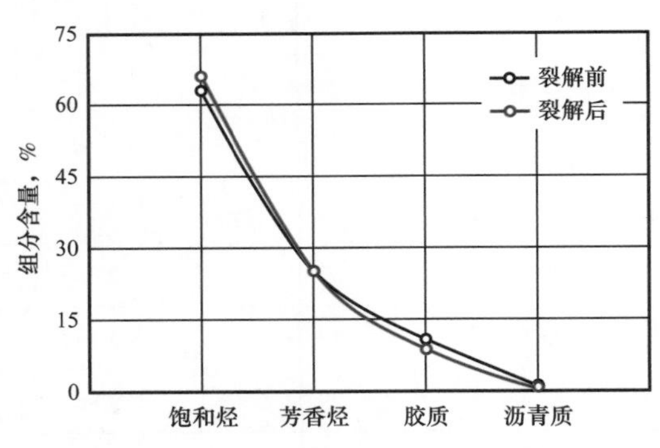

图 1.17　260mPa·s 稠油裂解前后组分变化曲线图

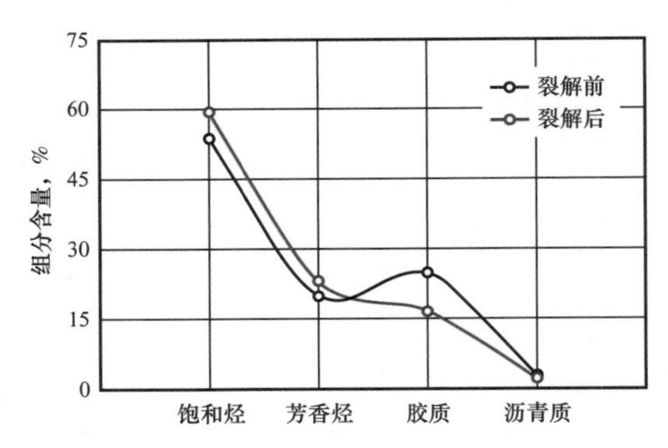

图 1.18　700mPa·s 稠油裂解前后组分变化曲线图

图 1.19 为 4000mPa·s 的中黏稠油裂解前后四组分的变化曲线，芳香烃增加较少，饱和烃增加较多，可以认为对于中黏度稠油而言，主要是胶质向饱和烃的转化，其中也有少部分沥青质发生转化。

图 1.20 为 12000mPa·s 的高黏稠油裂解前后四组分的变化曲线，其沥青质含量相比于前 3 种稠油下降较多，同时胶质也有下降，饱和烃与芳香烃含量相应增多，可以认为其降黏主要受沥青质裂解的影响。由于沥青质分子量很大，其裂解对于黏度的影响是非常大的。

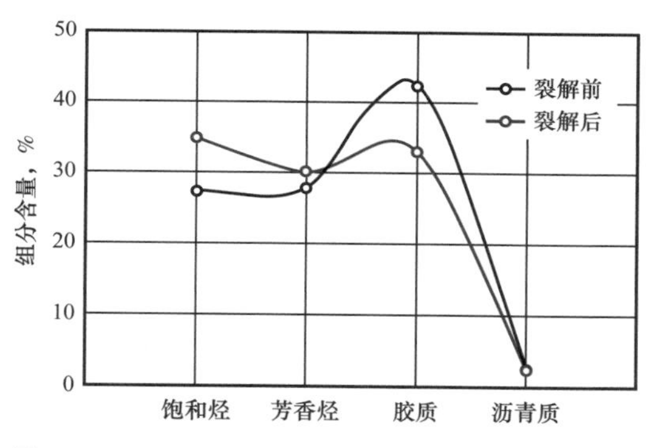

图 1.19 4000mPa·s 稠油裂解前后组分变化曲线图

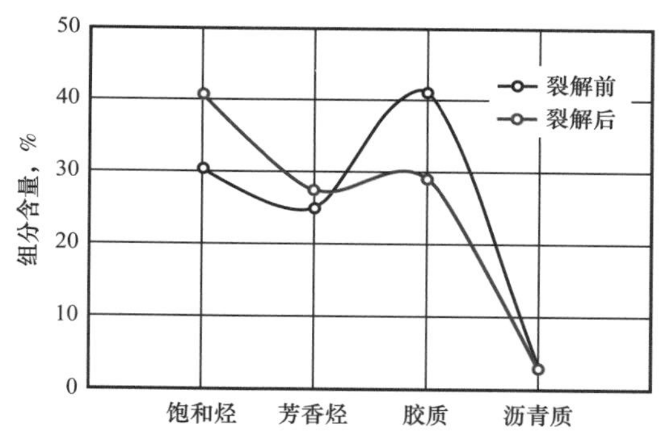

图 1.20 12000mPa·s 稠油裂解前后组分变化曲线图

图 1.21 为不同黏度稠油各个组分裂解前后含量的变化的绝对值，其中饱和烃与芳香烃含量增加，胶质与沥青质含量减少。从变化值来看，胶质与饱和烃变化最大。分析认为，胶质向饱和烃的转化是稠油黏度降低的一个重要原因。对于不同黏度的稠油而言，通常黏度越大，其胶质含量降低越多，饱和烃含量增加越多。

图 1.22 为不同黏度稠油各个组分裂解前后含量的变化率，由于黏度为 260mPa·s 的稠油沥青质含量极少，所以在此暂不考虑其变化率情况。从图 1.22 中可以看出，对于不同黏度的稠油，其胶质变化率很大，表明发生裂解时，胶质大幅度减少。同时，饱和烃与芳香烃含量的增多也表明了过热蒸汽作用下的水热裂解使得轻质组分增多，从而降黏。另外，由图 1.22 可以看出，沥青质的变化率大约为 15%。在稠油的四组分中，沥青质的分子量是最大的，沥青质的减少通常会对稠油的黏度产生很大的影响。虽然其变化率没有胶质变化率大，但是 15% 的减少却会对黏度产生很大影响。

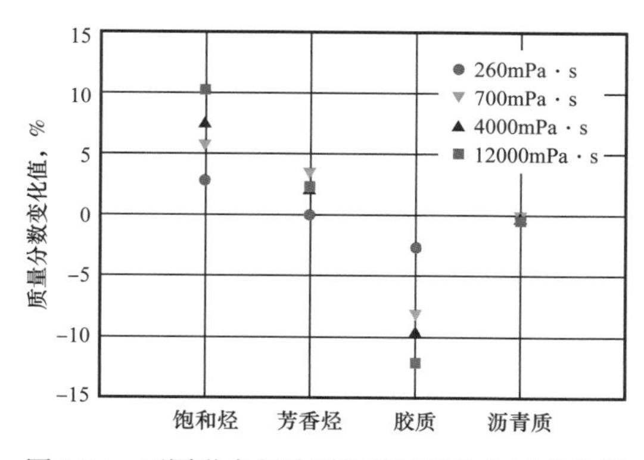

图 1.21 不同黏度稠油裂解前后组分含量变化值

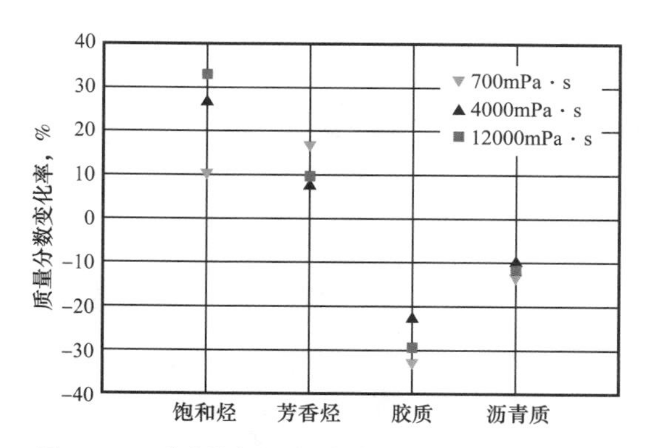

图 1.22 不同黏度稠油裂解前后组分含量变化率

四、稠油水热裂解反应机理

高温条件下，高碳链烃分子发生裂解，形成低碳链的轻质组分。发生裂解的主要成分为原油中稠环化合物与杂环化合物。

基于以上主要结论，结合文献研究成果认为，高温过热蒸汽作用条件下，原油中的高碳链烃分子（主要为稠环化合物与杂环化合物）与水分子发生反应，烃分子中的 C—S 键发生断裂，形成低碳链的轻质组分。轻质组分增多，使得原油黏度发生不可逆降低，稠油品位提高。C—S 键断裂后，产物中的硫元素以气体硫化物的形式逸出。

第四节　稠油过热蒸汽吞吐开采模拟实验

为了模拟水平井过热蒸汽吞吐温度场图，并且比较过热蒸汽和普通蒸汽吞吐的差异，设计了圆形封闭釜来进行实验。通过插入温度传感器和压力传感器，能够测定出釜内各点温度和压力，从而做出不同时刻的温度场图，并且通过压力值来判断模型内各点处的蒸汽相态。实验装置如图 1.23 和图 1.24 所示。

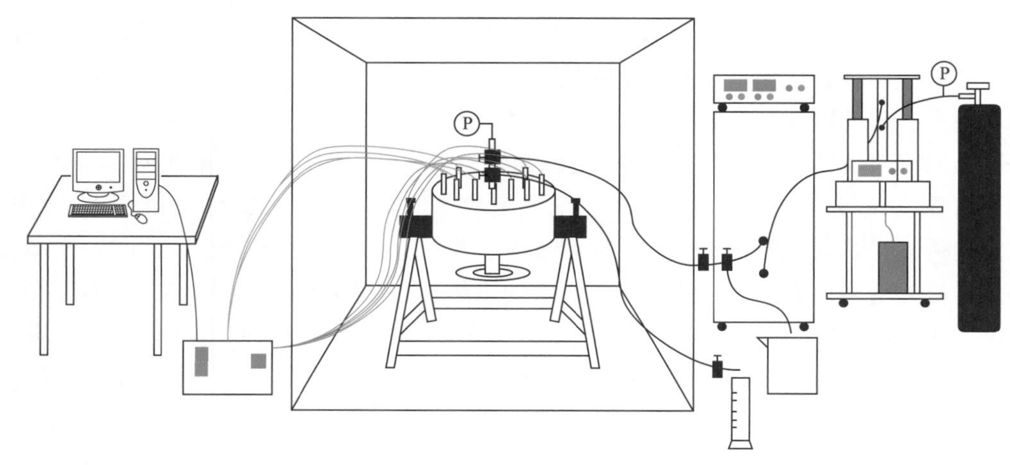

图 1.23　实验装置示意图

图 1.24　实验装置图

一、注汽结束后的温度场图及临界场图

温度场沿着分支井呈椭圆形。随着生产周期的增加，温度场图以分支井为中心逐渐扩大。过热蒸汽吞吐时，在井底附近明显存在一个过热区，如图 1.25 和图 1.26 所示。

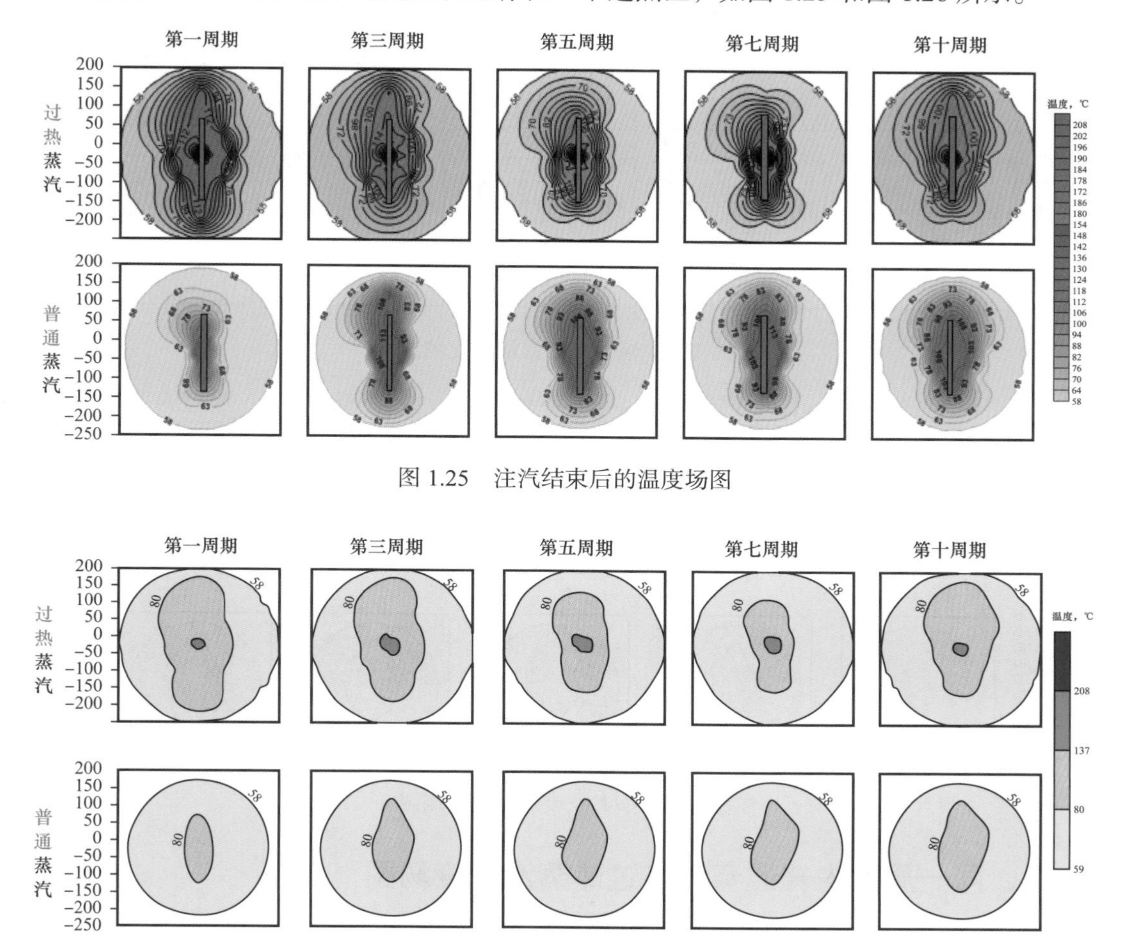

图 1.25　注汽结束后的温度场图

图 1.26　注汽结束后的临界场图

以 80℃作为稠油流动性由差变好的温度，做出临界温度场图。对于过热蒸汽吞吐而言，在近井地带还存在着一个过热蒸汽区域，如图 1.26 中红色区域所示。从图 1.26 可以看出，注进去的蒸汽只有在近井附近为蒸汽，其余都是热水在起作用，并且蒸汽作用的范围比较小。随着生产周期的增加，饱和蒸汽的作用范围沿着分支井不断扩大，这也很好地说明了近井地带附近的压力在不断下降，原油被不断采出。

二、焖井结束后的温度场图及临界场图

如图 1.27 和图 1.28 所示，在前几个周期，焖井结束后，过热蒸汽的加热范围更大；

在后两个周期，该优势体现得不明显。主要原因在于，在实验的后期，模型内饱和的水更多，蒸汽冷凝速度变快。

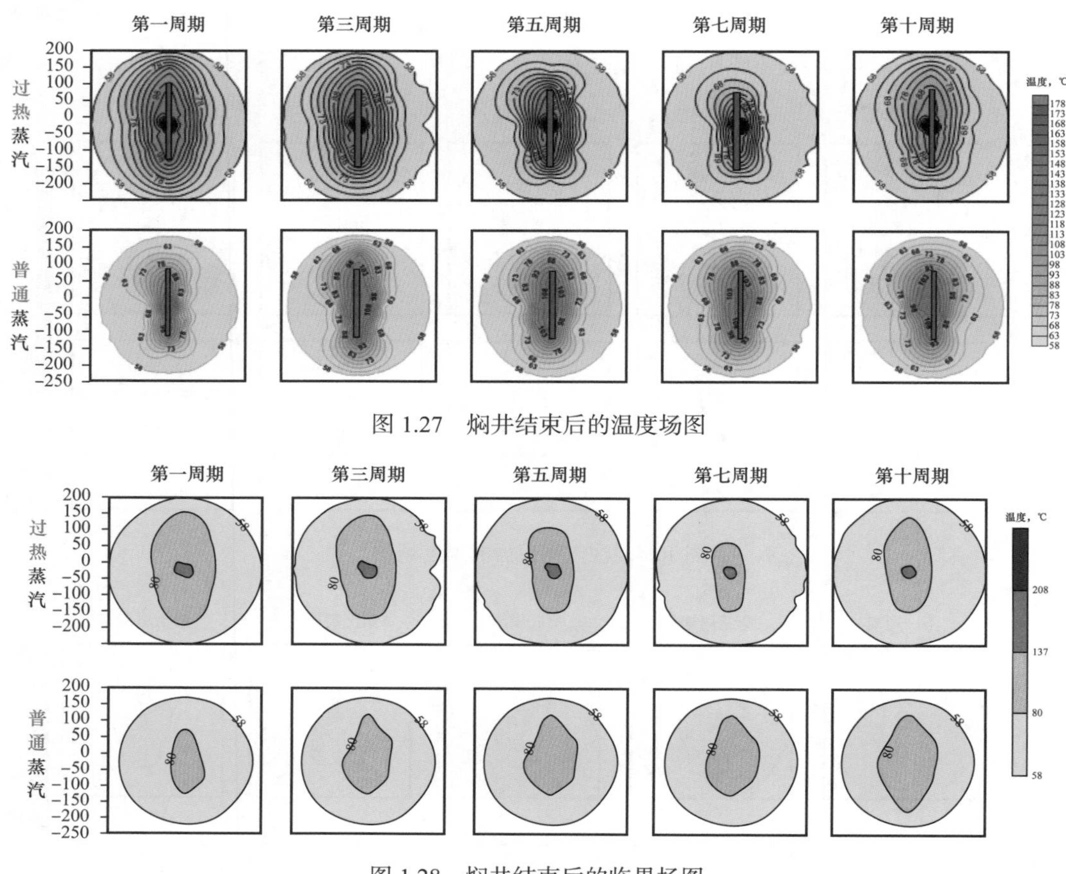

图 1.27　焖井结束后的温度场图

图 1.28　焖井结束后的临界场图

三、同一周期内普通蒸汽与过热蒸汽温度场图

普通蒸汽与过热蒸汽在同一周期内的比较结果如图 1.29 所示。温度的扩散是沿着分支井方向扩散的，基本呈椭圆形。同一周期，从注汽起，温度场便不断地扩散。注汽结束后，近井地带附近温度较高。随着焖井的开始，温度进一步地在地层中扩散。焖井结束后温度场图明显较注汽结束后的扩散范围大，之后随着原油的产出，地层温度逐渐降低，温度场趋于稳定，达到地层温度。

从上述结果也可以看出，在同一个周期内，无论是注汽结束还是焖井结束，过热蒸汽比普通蒸汽加热的范围更大，提供的热量更多，井底温度也更高，而且在近井地带，存在着过热区。

四、普通蒸汽与过热蒸汽的产量比较

普通蒸汽吞吐 10 个周期后，再利用过热蒸汽吞吐 10 个周期。从图 1.30 和图 1.31 可以看出，过热蒸汽明显增加了周期产油量。结合上述的温度场图进行分析，过热蒸汽吞吐加热范围更广，加热半径更大，所以对于模型内稠油的动用程度更多，从而能够提高周期产油量。

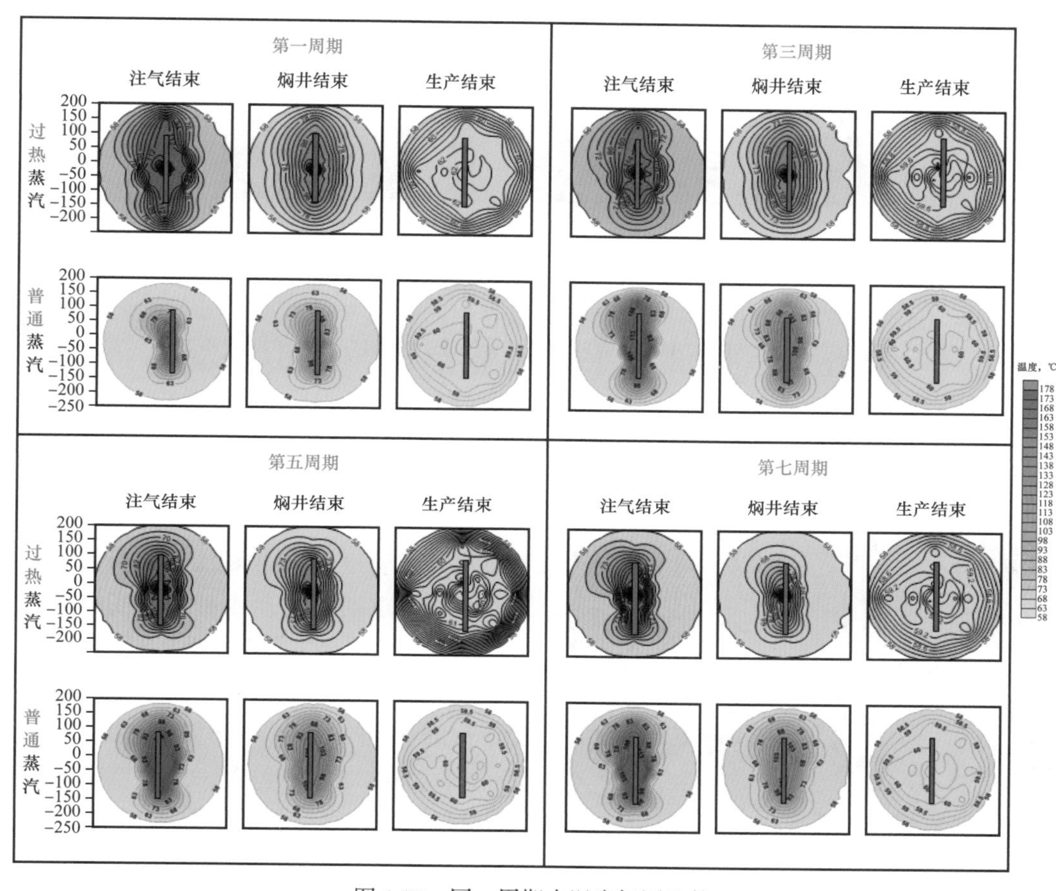

图 1.29　同一周期内温度场图比较

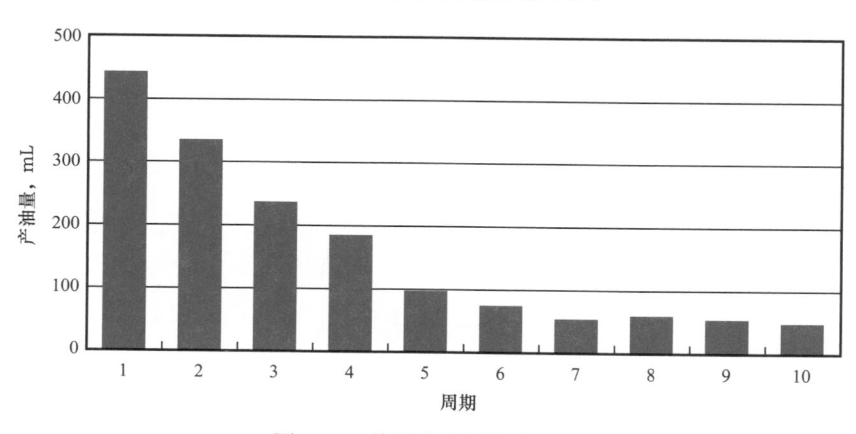

图 1.30　普通蒸汽周期产油量

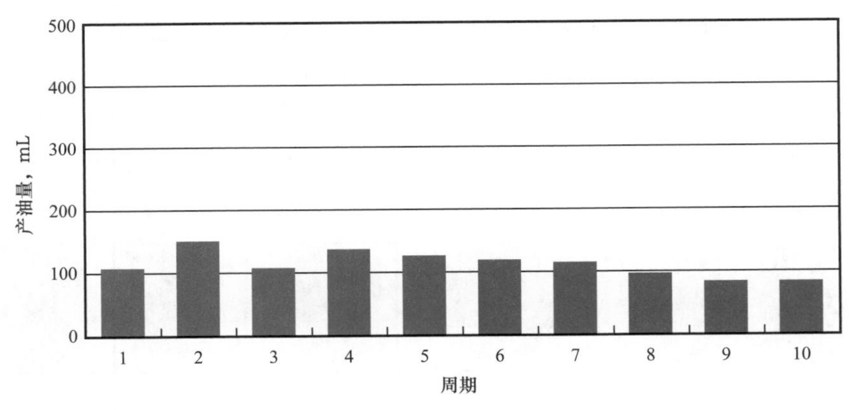

图 1.31　过热蒸汽周期产油量

第五节　稠油水平井过热蒸汽驱模拟实验

水平井沿程蒸汽分布实验装置主要用来研究热采水平井沿程的水平平面内蒸汽分布规律，具体是研究水平井蒸汽驱条件下的水平井沿程蒸汽分布规律。采用水平井正对排状井网，以一注一采的组合形式进行实验，通过注采井间的温度场来表征水平井沿程蒸汽分布，从而确定油藏的动用程度，同时通过产油和产水来评价水平井蒸汽驱的开发效果。

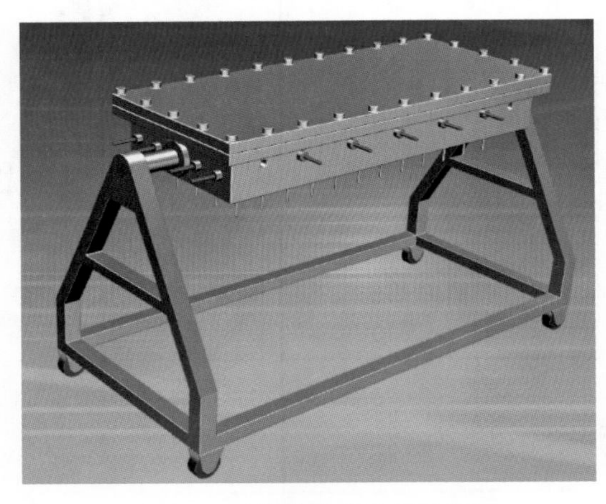

图 1.32　过热蒸汽蒸汽驱装置图

为了评价地层非均质性对水平井沿程蒸汽分布的影响规律，开展了 5 组驱油实验，分别采用均质地层，包含一条高渗透条带的非均质地层，包含一条低渗透条带的弱非均质地层、包含两条低渗透条带的强非均质地层进行水平井蒸汽驱实验，并且采集模型内部温度、产油和产水数据进行分析（图 1.32）。

一、均质地层过热蒸汽驱替温度场图

由图 1.33 和图 1.34（红色箭头为注汽方向，绿色箭头为出液方向）可以看出，在均质地层条件下，由温度场图可知，异侧注采时，汽窜通道主要在正对水平井中部偏注汽井跟端发育，蒸汽前缘从跟端到趾端成“喇叭”状；同侧注采时，汽窜通道在注汽井跟端发育，在远离跟端的注汽井段注汽量少，且分布较均匀。同侧注采时，注汽端与采油端距离近，压力梯度大，因此更容易造成汽窜；异侧注采的采出程度大于同侧注采。

二、含有一条高渗透条带的非均质地层温度场图

注汽三四个小时后就发生了严重汽窜，汽窜速度快。这是由于此时高渗透条带位于

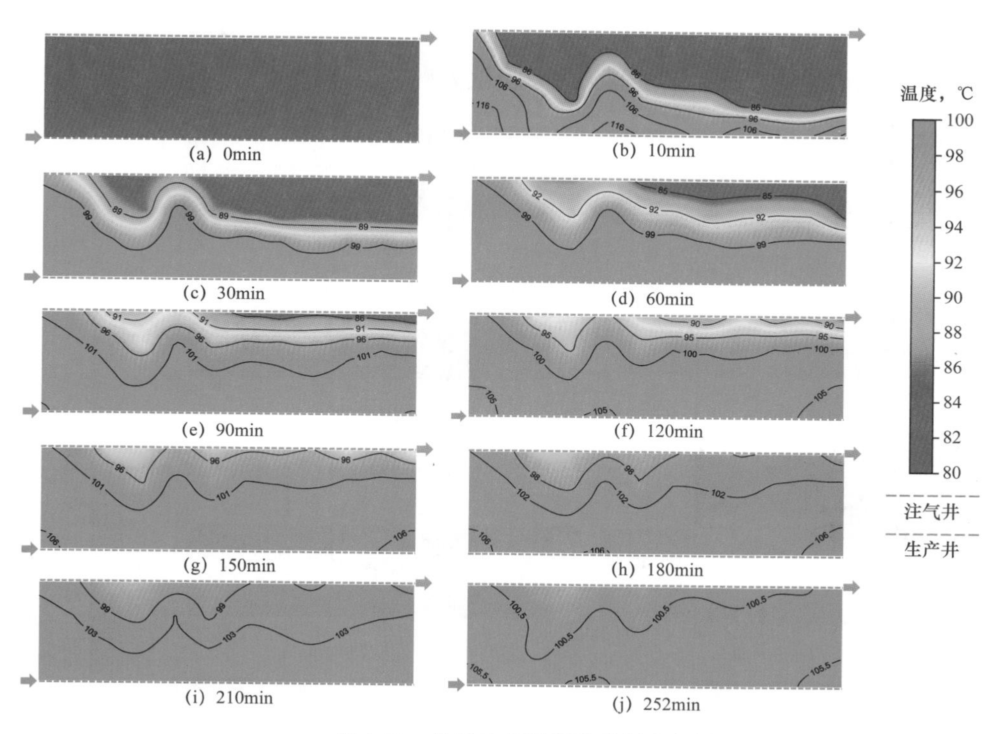

图 1.33　均质地层异侧注采温度场图

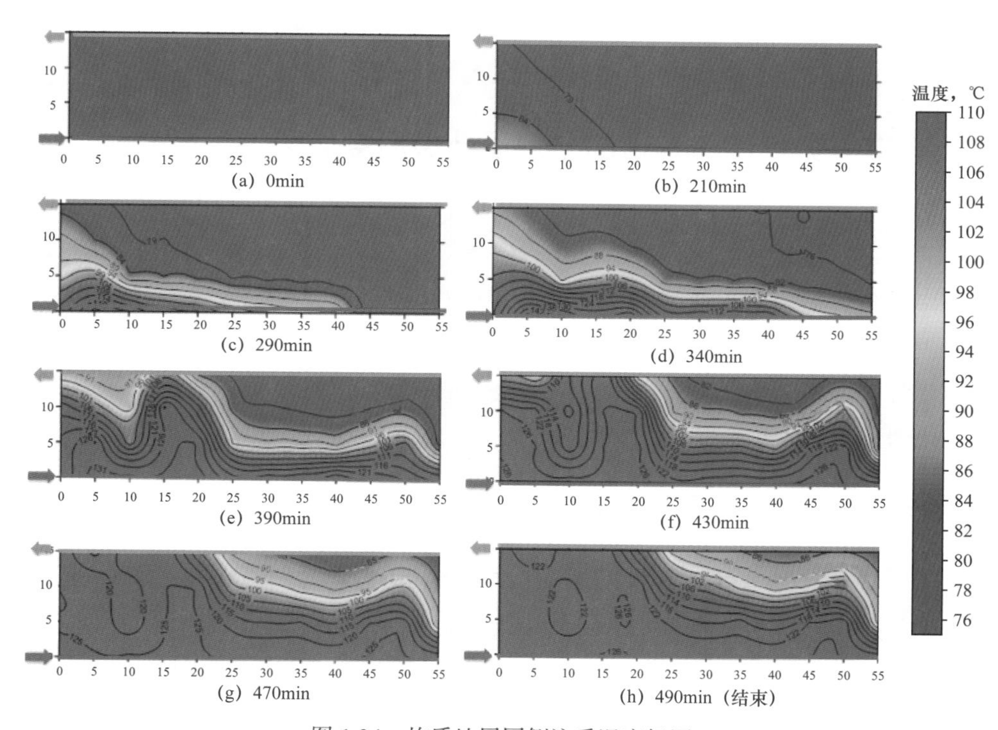

图 1.34　均质地层同侧注采温度场图

注汽跟端，注采压差大，因此造成了优势渗流通道，使得油藏的动用程度很低，如图 1.35 所示（红色箭头表示注汽方向，绿色箭头表示出液方向）。

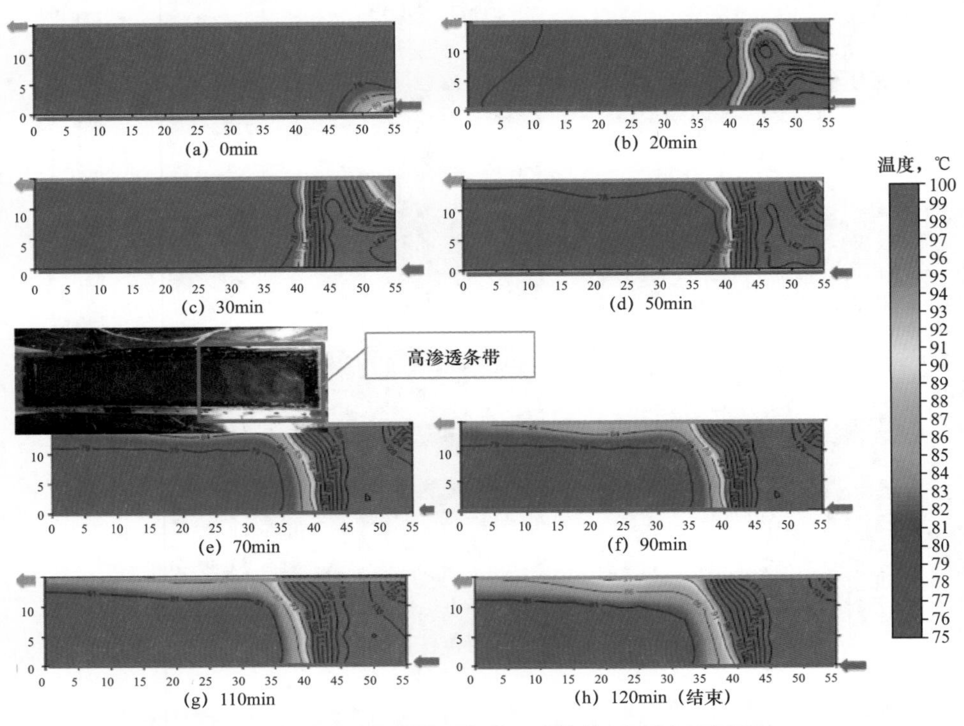

图 1.35　存在一条高渗透条带的弱非均质地层温度场图

三、含有一条低渗透条带的非均质地层温度场图

由图 1.36（红色箭头表示注汽方向，绿色箭头表示出液方向）可以看出，在弱非均质地层条件下，水平井沿程蒸汽分布呈现非均匀性。低渗透条带所在区域，蒸汽的波及程度较低；地层其他区域，蒸汽波及程度高。由于低渗透条带的存在，沿程蒸汽呈现“割裂”状态，沿程蒸汽区域被低渗透条带分割为两个发育区域。靠近注汽井跟端区域，蒸汽发育良好；靠近趾端区域，蒸汽发育较差。低渗透条带的存在降低了蒸汽对整个地层的波及程度，低渗透条带不利于水平井蒸汽驱的进行。

四、含有两条低渗透条带的非均质地层温度场图

由图 1.37（红色箭头表示注汽方向，绿色箭头表示出液方向）可知，强非均质地层条件下，水平井沿程蒸汽分布呈现出强非均匀性，整个模拟地层的蒸汽波及程度进一步降低。对于强非均质地层，在运用长水平井热采时，应该优化注汽井的长度和注汽井的安装位置，并采用合理的生产措施，保证低渗透区域的动用程度。对于非均质地层，在水平井热采后期，为改善蒸汽的波及情况，应该将低渗透区域和注汽井趾端区域列为重点研究区域。

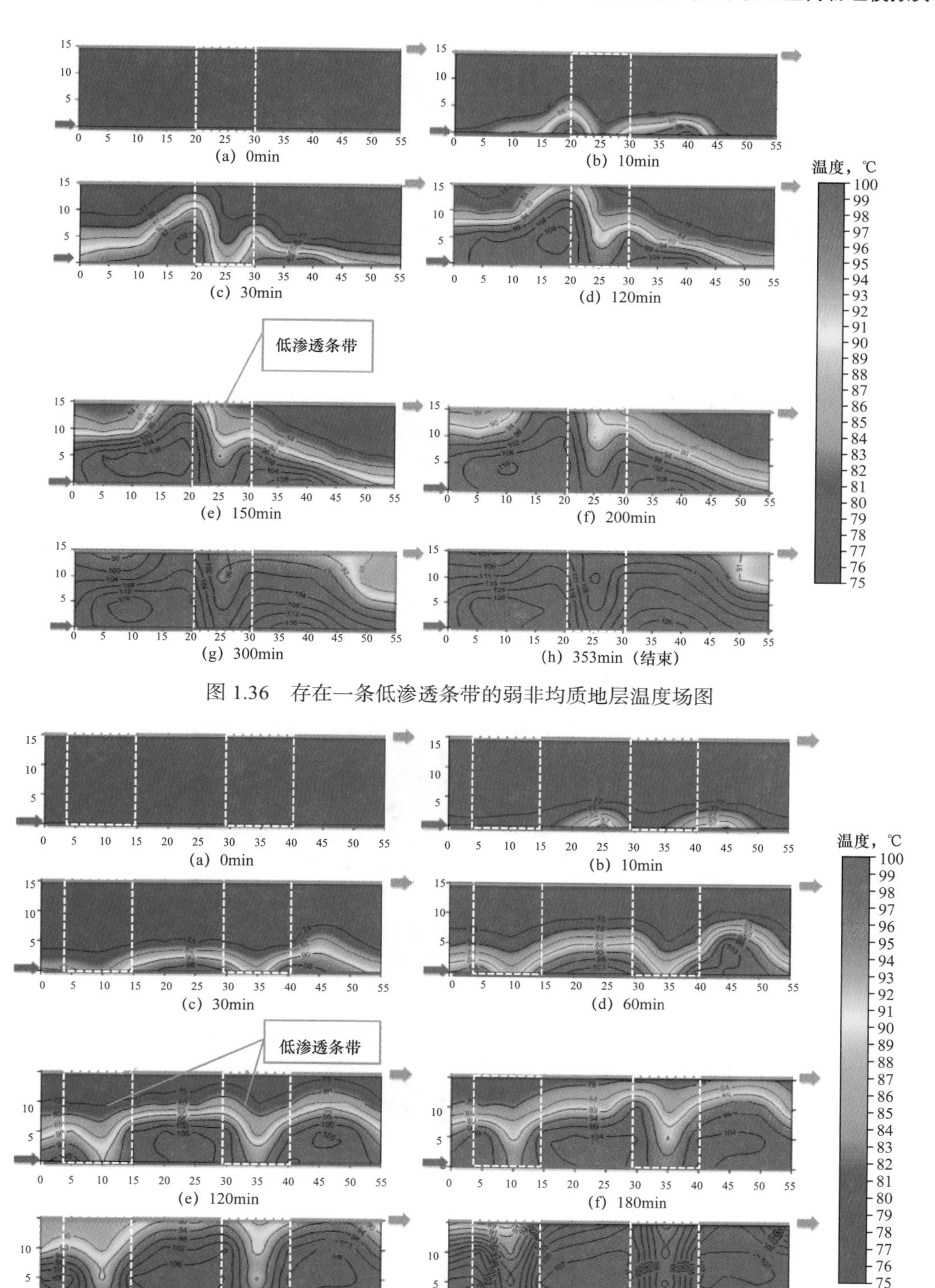

图 1.36　存在一条低渗透条带的弱非均质地层温度场图

图 1.37　存在两条低渗透条带的强非均质地层温度场图

五、过热蒸汽驱替后剩余油分布图

由图 1.38（红色箭头表示注汽方向，绿色箭头表示出液方向）可知，均质地层条件下，颜色变浅，说明整个模拟地层的剩余油含量降低明显，原油采出程度高，长水平井在均质地层均质性较好的情况下具有明显优势。

图 1.38　均质地层驱替后剩余油分布图

由图 1.39（红色箭头表示注汽方向，绿色箭头表示出液方向）可知，非均质地层条件下，相对高渗透的基质地层颜色变浅，低渗透条带颜色明显比其他区域颜色深，说明低渗透条带中存在大量的剩余油，为后期开发潜力区域。

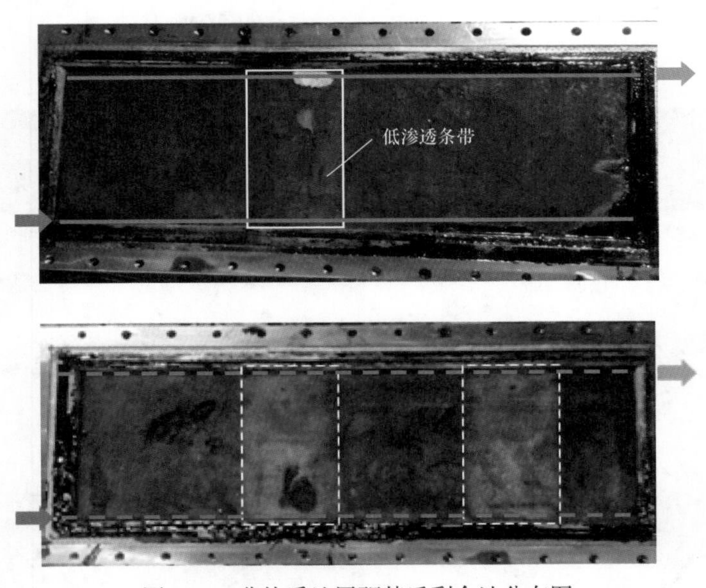

图 1.39　非均质地层驱替后剩余油分布图

第六节　过热蒸汽与储层岩石的热效应

（1）促进黏土矿物转化。

黏土矿物含量是影响过热蒸汽改善储层渗流能力的最重要因素，因此其矿物成分的特征及转化机理是相关研究的主要因素。

由表 1.7 和表 1.8 可知，实验后黏土矿物中的高岭石、伊 / 蒙混层减少，而伊利石、绿泥石含量增加，这与沉积成岩过程中黏土矿物的转化特征非常相似。

表 1.7　过热蒸汽前后矿物种类与含量

矿物来源	石英，%	钾长石，%	斜长石，%	黏土矿物总量，%
实验前	52.4	9.9	23.4	14.3
实验后	50.2	9.8	23.4	16.6

表 1.8　过热蒸汽前后黏土矿物相对含量

矿物来源	伊 / 蒙混层，%	伊利石，%	高岭石，%	绿泥石，%	混层比，%
实验前	29	12	47	12	70
实验后	15	24	40	21	45

当过热蒸汽与储层中发生膨胀的黏土矿物接触时，以其高温、过热的特点，不仅可以将黏土表面的吸附水吸收，还可以将矿物晶层内部的水分子蒸发出来，破坏晶层表面形成的扩散双电层，使得层间距收缩到初始状态。

对于未发生水敏的储层，在过热蒸汽高温冲刷过程中，其黏土矿物中的层间水会发生大量流失。由于晶层表面的电量无法平衡，容易引发晶格的重排，蒙皂石晶间距不断收缩，黏土矿物发生转化，储层的渗流通道得到改善，渗流过程中表现为渗透率增加，水敏程度降低。

① 高温环境下高岭石的转化。

高岭石的稳定性主要受温度、压力与介质环境控制。在酸性介质中高岭石一般比较稳定，环境温度、地层压力明显改变一般不会引起它的转化。然而，实验配制及实际油层地层水分析结果都表明，地层水往往呈碱性。在碱性介质中高岭石的稳定性降低，在 K^+ 条件下会向伊利石转化，在 Ca^{2+}、Mg^{2+}、Na^+ 条件下则向蒙皂石或绿泥石转化。由黏土矿物成分分析结果（表 1.8）可知，过热蒸汽渗流过后，高岭石含量降低，伊利石、绿泥石含量均有明显增加，证明高岭石发生了转化。

② 高温、过热环境下蒙皂石脱水转化。

在酸性条件下，蒙皂石将向高岭石转化。而在碱性介质条件下，蒙皂石则可能向伊利石或绿泥石转化。在转化过程中，蒙皂石会先失去一部分层间水，形成伊 / 蒙混层矿物，进一步再转变为伊利石。如果有 Fe^{2+}、Mg^{2+} 存在，蒙皂石首先转化为绿 / 蒙混层，进一步再转变为绿泥石。过热蒸汽作用后，伊 / 蒙混层矿物含量明显减少，混层比降低，既验证了蒙皂石转化，也进一步解释了储层水敏程度降低的原因。

（2）促进长石的转化。

由表 1.7 和表 1.8 中数据可知，过热蒸汽渗流以后，除了黏土矿物发生明显转化外，钾长石含量也有所减少。表 1.9 为不同矿物成分模型实验前后油砂样品分析结果，除序号 4 以外，其他矿物实验后测得的长石含量均有一定的减少。

表 1.9 过热蒸汽前后长石含量分析

填砂管编号		1	2	3	4
长石含量，%	实验前	33.3	44.6	0.8	59.2
	实验后	33.2	38.2	0.3	61.1

长石的转化会为其他矿物转化提供一定的 K^+，这有利于高岭石、蒙皂石等向伊利石转化，有利于储层水敏程度降低。然而，长石在改善渗流环境中并不是有利因素。从化学性质上来说，长石很容易水解；从物理性质上看，长石的解理发育，因而易于破碎。长石含量越高，就越不利于储层矿物骨架的稳定性，因此，认为长石含量较高的储层并不一定有利于注过热蒸汽开采。

（3）促进石英的转化。

石英是储层中含量最多的矿物之一，它抗风化能力很强，既抗磨又难分解。由于石英的高稳定性，因此其含量变化不大，对储层渗流能力的改善也没有太大的影响。但是，石英含量增加有利于储层骨架的稳定，对开发过程有利。

通过以上实验结果可以看出，在过热蒸汽条件下，储层黏土矿物发生了明显转化。过热蒸汽作用以后黏土矿物中的伊 / 蒙混层含量降低，混层比降低。过热蒸汽以其高温、过热的特点，十分有利于黏土矿物的转化，而且这种转化是膨胀黏土矿物向不膨胀的黏土矿物转化，对储层渗流能力改善有十分明显的效果。

（4）岩石微观结构变化分析。

实验研究结果表明，过热蒸汽不仅可以恢复水敏储层的渗透率，还可以提高未水敏储层的渗流能力。

如图 1.40 所示的电镜扫描结果可知，过热蒸汽前的油砂颗粒表面黏附着大量的黏土矿物微晶体。在高温、低压的过热蒸汽及其冷凝流体冲洗、携带作用下，原始黏土矿物的晶形及集合体的形态已经不同程度地遭到破坏，如图 1.41 所示。其中，曲片状伊利石、绿泥石的边缘多被溶解或机械破碎。与湿蒸汽相比，相同温度条件下过热蒸汽有更大的比容，高干度过热蒸汽在储层中的冲刷、岩石颗粒表面温度升高产生的热应力，都会导致颗粒表面微晶体的溶蚀与脱落，油砂颗粒表面微晶体的大幅度减少，岩石颗粒变得平坦、光滑。书页状、蠕虫状高岭石变化最为明显，注过热蒸汽前的高岭石集合体形态完整，而注过热蒸汽后高岭石的集合体被破坏，部分单晶片被驱走。过热蒸汽对黏土矿物微晶体的破坏作用使高岭石和粒径小的黏土矿物易被流体携带、运移至井底，从而改变了原始的孔隙结构，增大了孔隙通道。过热蒸汽的这一作用大大减少了流体在多孔介质中的渗流阻力，提高了多孔介质的渗流能力。

图 1.40 原始油砂电镜扫描图片

图 1.41 过热蒸汽作用后油砂电镜扫描图片

第二章　稠油过热蒸汽开采机理数学模型

目前国内外稠油热采普遍采用湿蒸汽吞吐或湿蒸气驱，有关湿蒸汽物性参数的计算理论体系相对完善，而稠油热采注过热蒸汽开发尚处于试验阶段，关于注过热蒸汽井筒物性参数计算体系没有建立，对过热蒸汽物性参数在井筒中的变化规律认识尚不清楚。二者主要区别在于：一是过热蒸汽是在饱和蒸汽的基础上继续被加热，温度超过了对应压力下饱和蒸汽的温度，蒸汽的干度达到 100%，以纯蒸汽形式存在。二是过热蒸汽状态的描述与湿蒸汽相比，需要的参数和方程更多、更复杂，增加了饱和蒸汽没有的物理量，例如，过热度是描述蒸汽过热程度的物理量，是过热蒸汽的特有物性参数；水蒸气在饱和状态时，其特征参数可以由温度或压力的一元函数来表示，而水蒸气在过热状态时，其特征参数需要由温度和压力 2 个独立变量才能确定。传统的对井筒蒸汽计算模型的都是基于蒸汽温度或压力的一元函数关系上的模型，当蒸汽处于过热状态时，蒸汽参数的描述需要温度和压力两个变量，传统的饱和蒸汽计算模型将不再适用。通过对井筒中过热蒸汽参数变化特点的研究，在井筒饱和蒸汽参数计算模型基础之上建立井筒纵向过热蒸汽流动和径向的热量传递综合数学模型来描述井筒中过热蒸汽的沿程参数、能量损失、压力降和外力作用因素之间的相互联系，为快速确定注过热蒸汽井口参数和井底蒸汽状态之间的定量关系提供依据。

第一节　过热蒸汽与储层岩石的热反应表征

相对渗透率曲线采用 Corey 方程：

$$K_{ro} = K_{ro}^{o}\left(1-S\right)^{n_o} \tag{2.1}$$

$$K_{rw} = K_{rw}^{o}\left(S\right)^{n_w} \tag{2.2}$$

$$S = \frac{S_w - S_{wi}}{1-S_{or}-S_{wi}} \tag{2.3}$$

式中　K_{ro}，K_{rw}——油、水的相对渗透率；

K_{ro}^{o}，K_{rw}^{o}——油、水的初始相对渗透率；

S——饱和度，%；

n_o, n_w——油、水饱和度指数；

S_w——含水饱和度；

S_{wi}——束缚水饱和度；

S_{or}——残余油饱和度。

由式（2.1）至式（2.3）可以看出，相对渗透率曲线中需要确定的参数包括束缚水饱和度、残余油饱和度、油水相对渗透率端点、油相指数、水相指数等。通过分析不同条件下的油水两相渗流特征，即可得到需要的相对渗透率曲线。

一、束缚水饱和度

温度变化对油藏岩石润湿性存在一定影响，而油藏润湿性是影响流体饱和度分布及流动渠道的直接因素之一。表 2.1 为实验得到的不同温度下的相对渗透率参数。

表 2.1　不同温度下的相对渗透率参数

序号	实验温度，℃	S_{wi}	S_{or}	K^{o}_{rw}	n_o	n_w
1	50	0.3212	0.3401	0.03	2.7	2.20
2	100	0.3767	0.2136	0.024	5.4	2.00
3	150	0.4010	0.1568	0.024	5.6	1.70
4	200	0.4320	0.1305	0.012	7.8	1.70
5	250	0.4607	0.0795	0.008	10.5	1.70

运用统计的不同驱替实验的模型参数及测定的束缚水饱和度值，通过拟和，得到计算束缚水饱和度的拟和关系表达式：

$$S_{wi}(T)=S_{wi}(T_0)+0.0007(T-T_0) \tag{2.4}$$

式中　T——加热区温度，℃；

T_0——参考温度，℃；

$S_{wi}(T)$，$S_{wi}(T_0)$——分别为温度 T、温度 T_0 时的束缚水饱和度。

二、残余油饱和度

稠油水驱驱油效率与油水流度比、原油流度间的拟合关系式：

$$\eta=a-b\ln\frac{\mu_o}{\mu_w}+c\ln K \tag{2.5}$$

式中　η——驱油效率，%；

μ_o——原油黏度，mPa·s；

μ_w——水黏度，mPa·s；

K——储层渗透率，mD；

a，b，c——实验常数，a=38.45，b=5.02，c=6.43。

另外，有：

$$\eta = \frac{1 - S_{\text{or}} - S_{\text{wi}}}{1 - S_{\text{wi}}} \times 100 \tag{2.6}$$

因此，可得：

$$S_{\text{or}} = \left(1 - \frac{\eta}{100}\right)\left(1 - S_{\text{wi}}\right) \tag{2.7}$$

三、其他相关参数

假设相对渗透率端点值、油相指数、水相指数仅与实验温度有关，根据表 2.1 中的实验结果，拟和得到各参数与温度的关系：

$$K_{\text{ro}}^{\text{o}} = 1 \tag{2.8}$$

$$K_{\text{rw}}^{\text{o}}\left(T\right) = K_{\text{rw}}^{\text{o}}\left(T_0\right) - 0.0001\left(T - T_0\right) \tag{2.9}$$

$$n_{\text{o}}\left(T\right) = n_{\text{o}}\left(T_0\right) + 0.036\left(T - T_0\right) \tag{2.10}$$

$$n_{\text{w}}\left(T\right) = n_{\text{w}}\left(T_0\right) - 0.3454\ln\frac{T}{T_0} \tag{2.11}$$

因此，由式（2–4）至式（2–11）可估算给定油藏参数下的相对渗透率曲线，进而用于产能动态预测研究。

第二节　过热蒸汽状态下不同原油黏度稠油水热裂解模型

水热裂解能使稠油的黏度降低，表现为黏度随时间而变化，但这在数模软件中无法直接实现，因此无法直接表征水热裂解。通过文献调研，水热裂解的实质是稠油组分的变化，即由重质组分转化成轻质组分。CMG 可以通过添加化学方程式来进行表征，因此建立水热裂解模型就成了表征水热裂解的关键。

建立水热裂解模型包括组分划分、水热裂解方程式及反应动力学三部分。

一、组分划分

稠油的组分非常复杂，水热裂解模型建立在稠油组分划分基础上，因此，合理划分组分是建立水热裂解模型的前提。目前稠油组分的划分方法主要有 3 种：（1）根据碳氢键的极性大小把稠油划分为饱和烃、芳香烃、胶质、沥青质；（2）用分馏的方法，将原油按沸点的高低切割为若干部分，即馏分；（3）碳的全元素分析。理论上，原油组分划分越细，越能准确反应稠油的相态变化特点，但这使得确定合理的反应方程式难度加大。另外对于目前的数值模拟计算软件，如 CMG–STARS 等，当模型组分越多时，模拟计算的稳定性和收敛性降低很多。因此本次研究选用第一种方法，将稠油划分为饱和烃、芳香烃、胶质、沥青质。

二、水热裂解方程式

水热裂解方程式包括反应物、生成物、方程系数的确定。综合实验结果和文献调研，认为反应物为胶质、沥青质，生成物为饱和烃、芳香烃、CO_2、H_2S、CH_4、CO 和 H_2。根据物质平衡，建立了基于一级平行反应的水热裂解方程式，如图 2.1 所示（其中数据为方程系数）。方程式系数由反应物和生成物的平均相对分子质量，根据物质平衡计算而来，如表 2.2 所示。

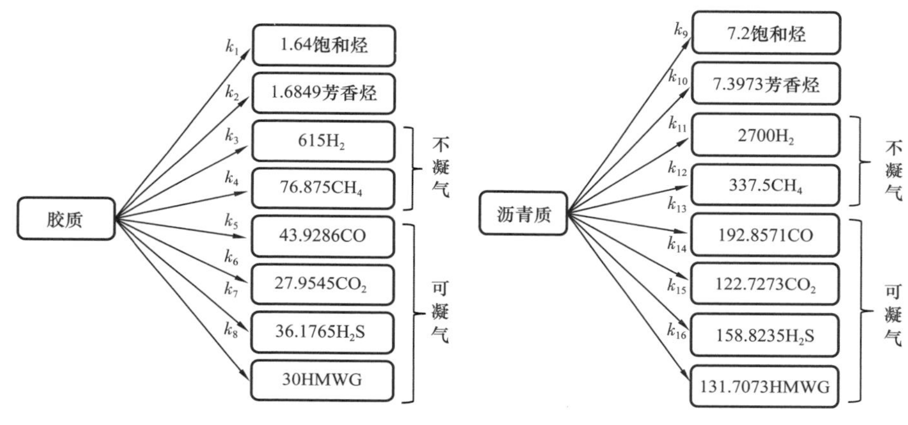

图 2.1　水热裂解方程式

表 2.2　方程式中各物质平均相对分子质量

组分	饱和烃	芳香烃	胶质	沥青质	H_2	CH_4	CO	CO_2	H_2S	HMWG
平均相对分子质量	750	730	1230	5400	2	16	28	44	34	41

三、动力学参数

动力学参数包括指前因子、活化能、反应热等参数，表征了反应的快慢和程度。因为物质浓度改变，所以反应不同时刻的反应速率不同，但反应速率常数相同。Kapadia 用反应的平均反应速率来计算反应速率常数。对特定反应，反应速率常数与温度、催化剂有关，可由反应速率计算；反应速率与反应物的浓度、温度、催化剂、状态等有关，由实验测定。反应速率常数与温度相关，因此可根据不同温度的反应速率常数计算指前因子和活化能。

反应速率常数与反应速率满足关系，可根据其计算不同温度的化学反应速率常数：

$$\frac{\mathrm{d}[生成物]}{\mathrm{d}t}=k[反应物] \tag{2.12}$$

由阿伦尼乌斯公式：

$$k_i = A_i \mathrm{e}^{-E_i/RT} \tag{2.13}$$

式中　k_i——不同组分的反应速率常数。

两边取对数得：

$$\ln k_i = \ln A_i - E_i / RT \tag{2.14}$$

与纵轴的截距为 $\ln A_i$，直线斜率为 $-E_i/R$。做$\ln k_i - \frac{1}{T}$图，求取 A_i 和 E_i。

使用文献实验数据（表 2.3），计算指前因子和活化能如图 2.2 和表 2.4 所示。

表 2.3　不同温度水热裂解生成物产量

温度 ℃	饱和烃	芳香烃	胶质	沥青质	H_2	CH_4	CO_2	H_2S	HMWG	可凝气	气体总量	不凝气
反应前	25.4	25.9	41.9	6.8	0	0	0	0	0	0	0	0
160	26.1	25.9	41.7	6.7	0.000004	0.002368	0.010208	0	0.001476	0.011684	0.014	0.002372
180	26.6	27.4	39.6	6.4	0.000064	0.002624	0.020592	0.000034	0.006519	0.027145	0.03	0.002688
200	27.9	30.2	35.8	6.1	0.000128	0.003344	0.030668	0.000136	0.008979	0.039783	0.043	0.003472
240	28.2	31.2	34.8	5.8	0.000264	0.006656	0.041184	0.000272	0.015949	0.057405	0.064	0.00692
260	28.2	31.2	34.8	5.8	0.000266	0.006832	0.041624	0.000272	0.016072	0.057968	0.065	0.007098
280	28.2	31.2	34.8	5.8	0.00027	0.007168	0.042152	0.000272	0.016236	0.05866	0.066	0.007438
300	28.2	31.2	34.8	5.8	0.000276	0.007264	0.042328	0.000272	0.016318	0.058918	0.066	0.00754

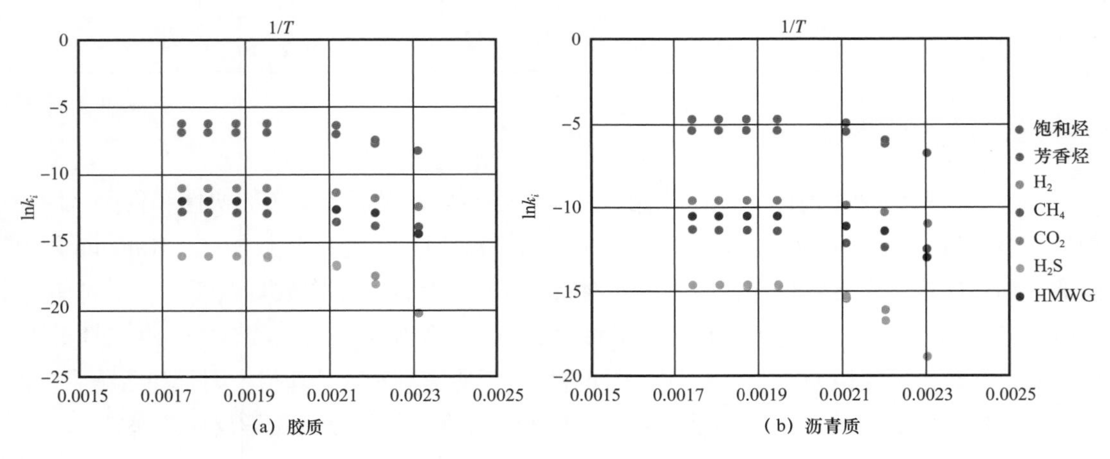

图 2.2　胶质、沥青质$\ln k_i - \frac{1}{T}$图

表 2.4　各反应 A_i 和 E_i

反应序号	A_i，h^{-1}	E_i，J/mol
1	2.884351	32851.1082
2	14.47901	37208.4756
3	218.4812	89425.384
4	0.000735	24487.2242
5	0.027554	31212.4188
6	0.34123	63321.0868
7	1.176213	50865.8834
8	12.6632	32851.11
9	63.56735	37208.48
10	959.2004	89425.38
11	0.003225	24487.22
12	0.120972	31212.42
13	1.498104	63321.09
14	5.163941	50865.88

根据计算的指前因子和活化能计算 240℃的产物变化量，见表 2.5。

表 2.5　240℃产物实验值与计算值对比

组分	实验值，g	计算值，g
饱和烃	2.8	3.373586
芳香烃	5.3	6.098468
H_2	0.000264	0.000445
CH_4	0.006656	0.006103
CO_2	0.041184	0.04732
H_2S	0.000272	0.000316
HMWG	0.015949	0.02017

从表 2.5 可知，应用模型计算的各组分值与实验值基本相等，建立的反应模型能较为准确地预测产物的量。

第三章　过热蒸汽热利用率评价

过热蒸汽注入油层后，经历了从过热蒸汽到湿蒸汽再到热水的相态变化过程，在加热区内形成过热区、蒸汽区和热水区，过热蒸汽状态与湿蒸汽相比，状态更多、更复杂，因此以注普通湿蒸汽为基础的传统加热半径计算模型对其不再适用。根据饱和蒸汽运用传热学、热力学及流体流动理论，建立井筒中过热蒸汽流动和热量传递的综合数学模型，可以较为精确地计算稠油热采井注过热蒸汽沿程参数变化规律及过热蒸汽热损失情况，评价过热蒸汽热能利用率。

第一节　过热蒸汽井筒内（非生产段）热利用率评价

一、注蒸汽垂直井筒热利用率计算方法

在注蒸汽早期阶段，即使井口注汽条件保持稳定，注汽也常常表现出非稳态特征：蒸汽的压力、温度、干度和井筒热损失速度随注汽时间发生变化。但是，理论研究表明[65]：当注汽时间大于5d时，注汽逐渐趋于稳定。在实际注汽过程中，SAGD的注汽时间一般比较长。当井口注汽条件不发生剧烈变化时，可以忽略注汽时间对井筒热利用率的影响。

根据单管注普通蒸汽对应的能量守恒方程、单管注过热蒸汽对应的能量守恒方程或同心双管注蒸汽环空对应的能量守恒方程可知注（过热）蒸汽垂直井筒热利用率计算方法有两种：直接法和间接法。

1. 直接法

计算垂直井筒热利用率直接法的关键是求解总垂直井筒热损失。这里假设井筒总深度为D，平均分成m段，那么总的井筒热损失可以通过下面的公式来计算：

$$Q_t \approx t\int_0^z \left(\frac{dQ}{dz}\right)dz \approx t\sum_{i=1}^{m}\left(\frac{dQ}{dz}\right)_i \frac{D}{m} \tag{3.1}$$

式中　Q_t——总井筒热损失，J；

t——注汽时间，s。

垂直井筒热利用率的定义为进入到油层中的热量与井口总注入热量之比，即：

$$\eta = \left(1-\frac{Q_t}{tw_t h_{m,\ z=0}}\right)\times 100\% \tag{3.2}$$

式中　η——垂直井筒热利用率；

$h_{m,\ z=0}$——井口处注入热流体的焓，J/kg；

w_t——井口处注入热流体的速度，kg/s。

$$h_{m,\ z=0} = x\left(L_v\right)_{T=T_{inj}} + \left(h_w\right)_{T=T_{inj}} - \left(h_w\right)_{T=T_0} \tag{3.3}$$

式中 T_{inj}——井口处注入热流体的温度，K；

L_v——蒸汽汽化潜热，kJ/kg；

h_w——水的比焓；

T——井筒内流体的温度，K。

同理，对于同心双管注汽，无接箍油管和环空各自的热利用率也可以利用相应的能量守恒方程进行计算。而对于总的井筒热利用率，式（3.2）需要改写为：

$$\eta_t = \left(1 - \frac{Q_{t,\ ij}}{tw_{ij}h_{ij,\ z=0}} - \frac{Q_{t,\ an}}{tw_{an}h_{an,\ z=0}}\right)\times 100\% \tag{3.4}$$

式中 η_t——同心双管注蒸汽垂直井筒总热利用率；

$Q_{t,\ ij}$，$Q_{t,\ an}$——无接箍油管和环空总井筒热损失，J；

$h_{ij,\ z=0}$，$h_{an,\ z=0}$——无接箍油管和环空井口处热流体的焓，J/kg；

w_{ij}，w_{an}——无接箍油管和环空井口处热流体的注入速度，kg/s。

2. 间接法

计算垂直井筒热利用率间接法的关键就是求解井底蒸汽干度（湿蒸汽相变前）或井底热水的温度（湿蒸汽相变后）。根据能量守恒方程，垂直井筒总热损失还可以表示为：

$$Q_t = tw_t\left(h_m + \frac{v_m^2}{2} - gz\sin\theta\right)_{\text{wellhead},\ z=0} - tw_t\left(h_m + \frac{v_m^2}{2} - gz\sin\theta\right)_{\text{bottomhole},\ z=D} \tag{3.5}$$

将式（3.3）代入式（3.5）中，整理后得到：

$$Q_t = tw_t\left(x_0L_{v,\ z=0} + h_{w,\ z=0} - x_DL_{v,\ z=D} - h_{w,\ z=D}\right) + \frac{tw_t}{2}\left(v_{m,\ z=0}^2 - v_{m,\ z=D}^2\right) + tw_tgD\sin\theta \tag{3.6}$$

式中 x_D——井底蒸汽干度。

$$h_{w,\ z=j} = \left(h_w\right)_T - \left(h_w\right)_{T=T_0}$$

如果 $j = 0$，$(h_w)_T$ 是井口温度下饱和水的焓。如果 $j = D$，$(h_w)_T$ 是井底温度下饱和水的焓。

这里忽略流体的动能变化，式（3.6）可以化简为：

$$Q_t = tw_t\left(x_0L_{v,\ z=0} + h_{w,\ z=0} - x_DL_{v,\ z=D} - h_{w,\ z=D}\right) + tw_tgD\sin\theta \tag{3.7}$$

将式（3.7）代入式（3.2）中，可以得到垂直井筒热利用率另外一种表达式：

$$\eta = \left(1 - \frac{x_0L_{v,\ z=0} + h_{w,\ z=0} - x_DL_{v,\ z=D} - h_{w,\ z=D} + gD\sin\theta}{h_{m,\ z=0}}\right)\times 100\% \tag{3.8}$$

对于超深注汽井，如果湿蒸汽沿着垂直井筒流动过程中冷凝成热水，即湿蒸汽发生了相变，对应 $x_D = 0$，这时垂直井筒热利用率可以表示为：

$$\eta = \left(1 - \frac{x_0 L_{\mathrm{v},\ z=0} + h_{\mathrm{w},\ z=0} - h_{\mathrm{w},\ z=D} + gD\sin\theta}{h_{\mathrm{m},\ z=0}}\right) \times 100\% \tag{3.9}$$

与直接法相比，间接法具有以下两个方面的优点：（1）间接法比直接法更简单，因为直接法需要先获取井筒热损失速度分布，其准确性往往比较难保证；（2）基于式（3.8）可以设计一套垂直井筒热利用率测试装置，这意味着井筒热利用率可以直接测量，因此具有十分重要的应用价值。

二、数学模型的求解步骤

对于注蒸汽垂直井筒热利用率数学模型，主要求解步骤如下：

（1）输入井口注汽参数（注汽压力、温度、干度和质量流量）、注汽时间、井筒尺寸和地层热物性等基本参数。

（2）将整个井筒平均划分成 m 段，在每一段上都采用迭代方法求解。

（3）对于其中任意一段，先假设一个压力降初值 $\Delta p^i_{\mathrm{inj}}$，根据方程计算井口处注入热流体的温度 T^i_{inj}，并得到该段平均压力和平均温度；再假设一个干度降初值 Δx_i；利用 Willhite 方法，并基于方程计算内能 U^i_{to}；根据方程计算垂直井筒单位长度单位时间的热损失（$\mathrm{d}Q/\mathrm{d}z$）$_i$；根据方程计算利用假设干度降初值计算得到的下一个干度降值 $\Delta x'_i$。

（4）将计算得到的 $\Delta x'_i$ 与假设的初值 Δx_i 对比，如果二者不在允许的误差范围内，则将计算后的 $\Delta x'_i$ 赋给 Δx_i 继续计算，直到满足精度要求。

（5）根据 Beggs-Brill 方法计算过热蒸汽的密度 ρ_{ij}、摩擦系数 f_{tp} 等参数；根据方程计算压力降 $\Delta p'^i_{\mathrm{inj}}$，并与假设的初值 $\Delta p^i_{\mathrm{inj}}$ 对比，如果二者不在允许的误差范围内，则将计算后的 $\Delta p'^i_{\mathrm{inj}}$ 赋给 $\Delta p^i_{\mathrm{inj}}$ 继续计算，直到满足精度要求。

（6）输出 p^i_{inj}，T^i_{inj}，x_i 和（$\mathrm{d}Q/\mathrm{d}z$）$_i$ 等计算结果。

（7）重复步骤（3）至步骤（6）直到计算至注汽井的底部。

（8）根据方程计算垂直井筒热利用率。

图 3.1 为注蒸汽垂直井筒热利用率评价数学模型的求解流程图。

三、数学模型的验证

为了验证注蒸汽垂直井筒热利用率评价数学模型，这里将模型计算结果与辽河油田现场测试数据进行对比，其中，基本测试数据来自文献［56］与文献［65］。测试井为辽河油田齐 40 区块 40-10-018 井，井深为 764.0m，在这次测试中，井口蒸汽干度、注汽速度和注汽压力分别为 0.628、18t/h 和 12.35MPa，注汽时间约为 10d[65]，其他井筒和地层基本参数见表 3.1。

表 3.1 辽河油田齐 40 区块 40–10–018 井筒和地层参数

参数	取值	参数	取值
内管内半径 r_{ti}	0.0310m	油套管导热系数 λ_{tub}，λ_{cas}	57W/（m·K）
内管外半径 r_{to}	0.0365m	隔热材料导热系数 λ_{ins}	0.46W/（m·K）
外管内半径 r_{di}	0.0509m	水泥环导热系数 λ_{cem}	0.933W/（m·K）
外管外半径 r_{do}	0.0572m	地层导热系数 λ_e	1.73W/（m·K）
套管内半径 r_{ci}	0.0807m	地表温度 T_0	303.15K
套管外半径 r_{co}	0.0889m	地层热扩散系数 α	0.00037m²/h
水泥环外援半径 r_h	0.1236m	静温梯度 a	0.029K/m

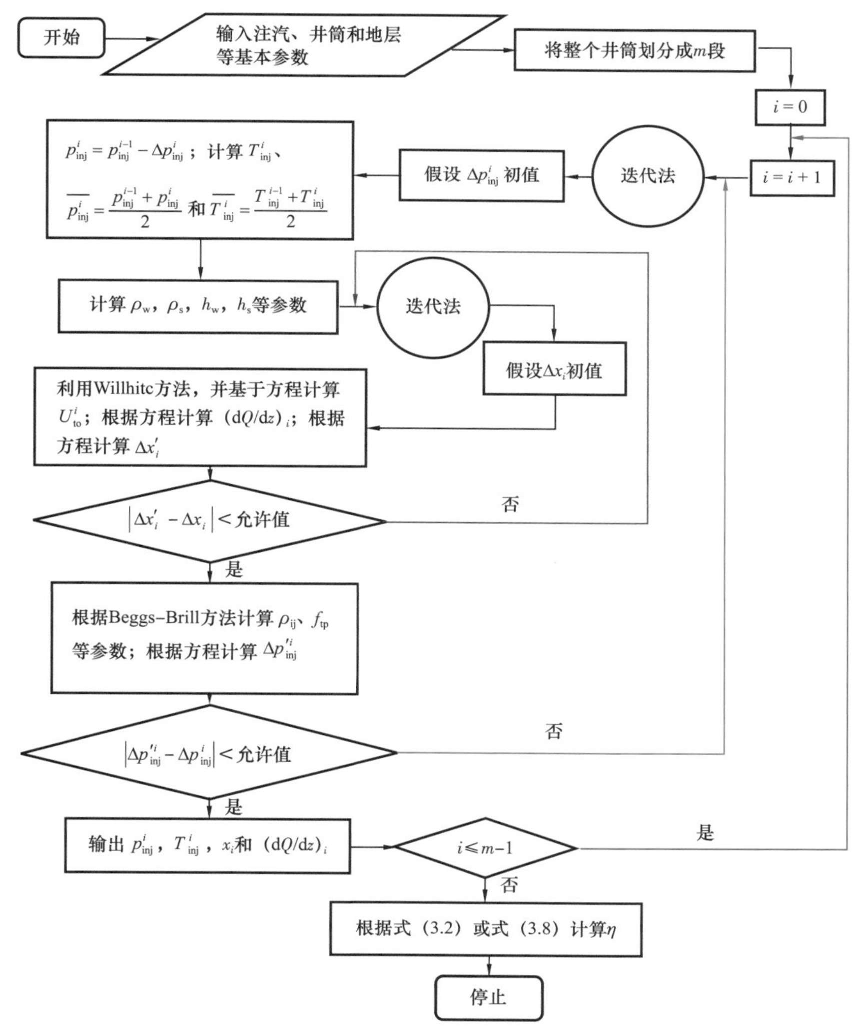

图 3.1 井筒热利用率数学模型计算流程图

图 3.2 至图 3.4 分别为利用垂直井筒流体热物性参数分布预测方法计算得到的蒸汽压力、温度和干度与现场测试数据的对比结果。从这三幅图可以看出：通过数学模型计算得到的不同深度处的蒸汽压力和蒸汽温度与现场测试值吻合较好，相对误差都小于 5%。当井深超过 600m 时，尽管计算得到的蒸汽干度的相对误差有点大，但是这些误差从工程计算角度上都是可以接受的。因此，上述提出的蒸汽压力、温度和干度计算方法是可靠的，这为整个垂直井筒热利用率评价数学模型的准确性奠定了基础。

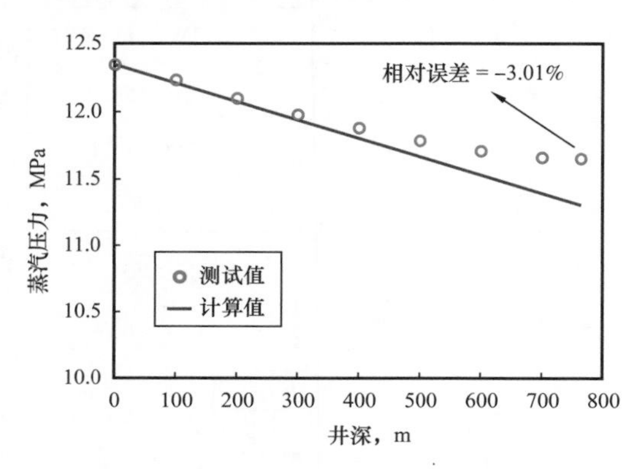

图 3.2 计算的蒸汽压力与现场测试数据对比

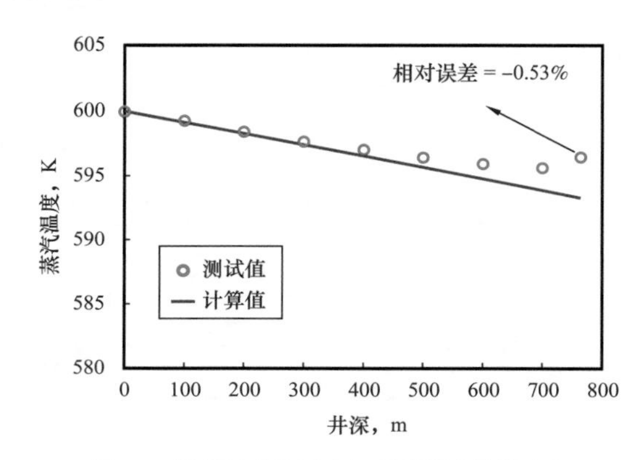

图 3.3 计算的蒸汽温度与现场测试数据对比

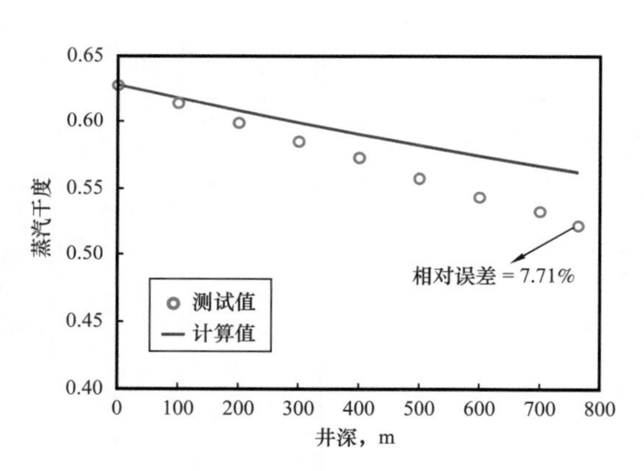

图 3.4 计算的蒸汽干度与现场测试数据对比

在验证了注蒸汽垂直井筒流体热物性参数分布预测方法的可靠性后，就可以利用直接法或间接法计算垂直井筒热利用率。如果采用直接法，计算得到的垂直井筒总热损失和从井口注入井筒中总的热量分别约为 423.02GJ 和 9154.81GJ，根据式（3.2）可以计算得到垂直井筒热利用率为 95.38%。如果采用间接法，因为计算得到井底蒸汽干度为 0.562，根据式（3.8）可以计算得到垂直井筒热利用率为 95.72%。因此，利用直接法和间接法得到的最终井筒热利用率十分接近。下面将利用其中一种方法来计算垂直井筒热利用率，并分析不同因素对垂直井筒热利用率的影响。

四、影响因素分析

根据式（3.7）可知，提高井底蒸汽干度（x_D）是提高垂直井筒热利用率的方法之一，主要原因可以解释为：当温度一定时，较高的井底蒸汽干度意味着蒸汽 / 水混合流体流动到井底后仍能携带较多的热量。另外，在辽河油田，很多注汽井相对比较深，为了确保井底蒸汽具有较高的干度，现场通常采用的措施有提高井口注汽速度和井口蒸汽干度，采用较好的隔热管，即选用低导热系数的隔热材料。因此，利用验证后的垂直井筒热利用率评价数学模型。下面重点分析井口注汽速度、井口蒸汽干度和隔热材料的导热系数对垂直井筒热利用率的影响。需要强调的是，为了更好地说明当注汽井比较深时湿蒸汽有可能变成热水，这里有意将 40–10–018 井的深度从 764m 延长到 1500m。

1. 井口注汽速度

定隔热材料的导热系数为 0.46W/（m·K），井口注汽压力和蒸汽干度分别为 12.35MPa 和 0.628，只改变井口注汽速度，分别取值为 3t/h、6t/h、9t/h、12t/h、15t/h 和 18t/h，对应注汽时间分别为 60d、30d、20d、15d、12d 和 10d。

图 3.5 为井口注汽速度对蒸汽干度剖面的影响。从图 3.5 可以看出：

（1）当井口注汽速度一定时，蒸汽干度总是随着井深的增加逐渐减小，直到湿蒸汽变成了热水。因此，当注汽井比较深时，井底处的热流体很有可能是蒸汽冷凝水而不是蒸汽 / 水混合物。在这种情况下，采取有效措施来确保井底蒸汽具有较高的干度对有效注汽是很有必要的。

（2）井口注汽速度越低，蒸汽干度下降越快，相变点位置距离井口越近。例如，当井口注汽速度等于 6t/h 时，相变点位置为井深 1385m 处。但是当井口注汽速度为 3t/h 时，湿蒸汽在井深 836m 处就冷凝成了热水。因此，提高井口注汽速度是提高井底蒸汽干度的不错选择。

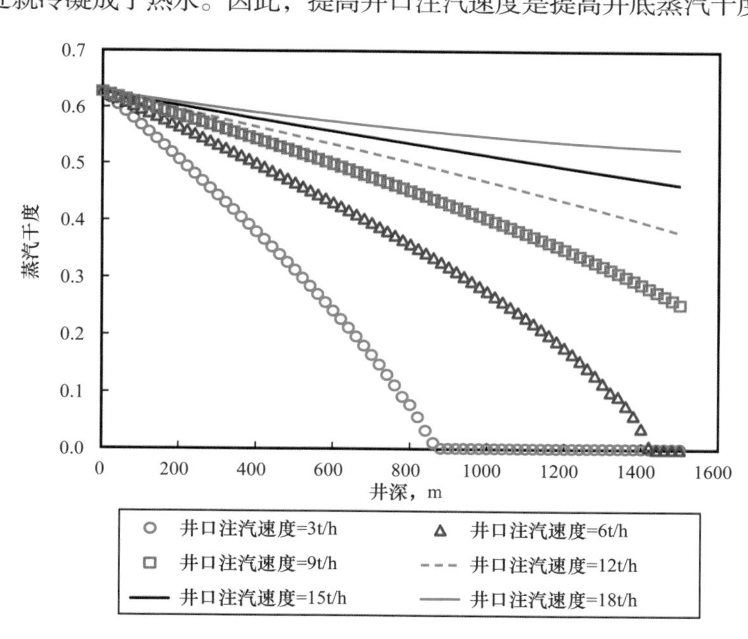

图 3.5　井口注汽速度对蒸汽干度剖面的影响

图 3.6 为井口注汽速度对井筒热利用率的影响。从图 3.6 可以看出，提高井口注汽速度有助于向油层中注入更多的热量。然而，需要强调的是，在一定范围内注汽速度和注汽压力之间存在正相关[113，114]，较高的注汽速度需要较高的井口注汽压力，而这受到油层破裂压力和设备的最高允许压力限制。

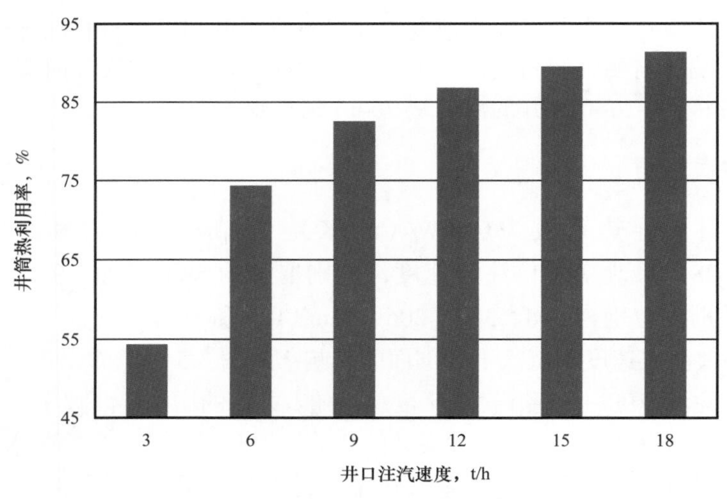

图 3.6　井口注汽速度对井筒热利用率的影响

2. 井口蒸汽干度

定隔热材料的导热系数为 0.46W/（m·K），井口注汽压力和注汽速度分别为 12.35MPa 和 18t/h，只改变井口蒸汽干度，分别取值为 0.3、0.4、0.5、0.6、0.7 和 0.8。

图 3.7 为井口蒸汽干度对蒸汽干度剖面的影响。从图 3.7 可以看出，在湿蒸汽冷凝成热水之前，井口蒸汽干度越高，井筒中蒸汽干度下降速度越慢。例如，当井口蒸汽干度为 0.3 时，蒸汽 / 水混合流体在井深 1137m 处发生了相变，对应的蒸汽干度下降了 100%。而在此深度处，井口蒸汽干度为 0.8 时的混合流体其蒸汽干度只下降了 11.51%。更重要的是，当温度一定时，高井口蒸汽干度意味着有更多的热量可以注入井筒中。根据式（3.2）或式（3.8）可知，井筒热利用率也比较高，这就是井筒热利用率随井口蒸汽干度上升的另外一个原因，如图 3.8 所示。但是，图 3.8 表明井筒热利用率随井口蒸汽干度上升趋势并不明显，也就是说通过提高井口蒸汽干度来提高井筒热利用率效果并不佳。

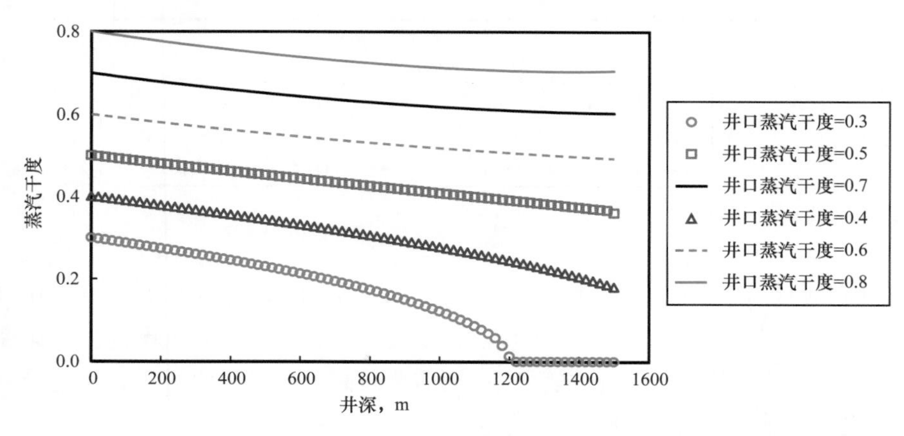

图 3.7　井口蒸汽干度对蒸汽干度剖面的影响

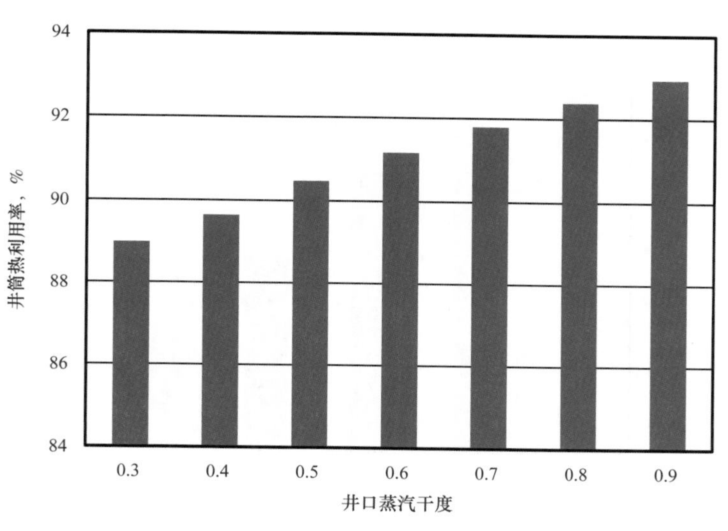

图 3.8 井口蒸汽干度对井筒热利用率的影响

3. 隔热材料导热系数

定井口注汽压力、注汽速度和蒸汽干度分别为 12.35MPa、18t/h 和 0.628，只改变隔热材料的导热系数，分别取值为 0.06W/(m·K)、0.08W/(m·K)、0.1W/(m·K)、0.3W/(m·K)、0.5W/（m·K）和 0.07W/（m·K）。

图 3.9 和图 3.10 分别为隔热材料的导热系数对蒸汽干度剖面和井筒热利用率的影响。从图中可以看出，隔热材料的导热系数越大，蒸汽干度下降越快，井筒热利用率越低。因此，采用低导热系数的隔热材料也是确保井底蒸汽具有较高干度和提高注汽井热利用率的有效方法。

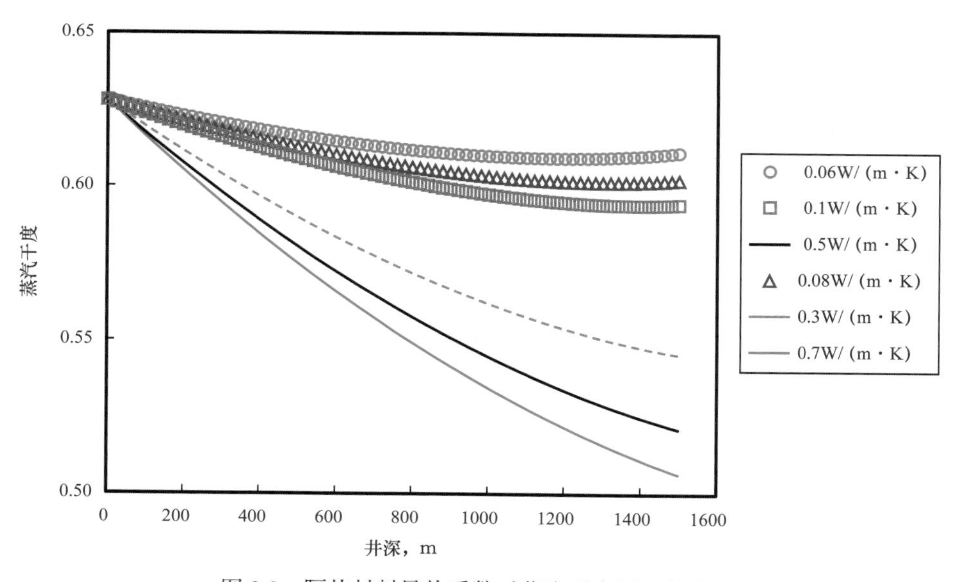

图 3.9 隔热材料导热系数对蒸汽干度剖面的影响

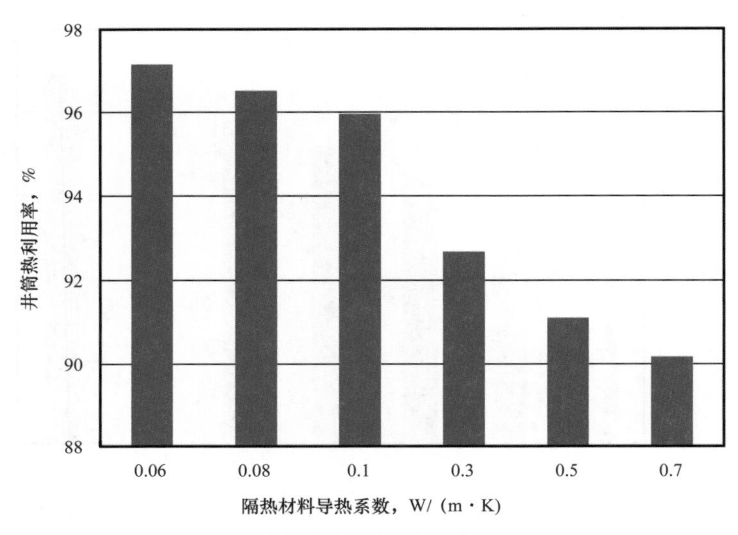

图 3.10　隔热材料导热系数对井筒热利用率的影响

第二节　过热蒸汽储层内热利用率评价

第一节的沿井筒蒸汽参数评价模型可明确井底蒸汽状态，为了研究地层中的加热效果，通过油藏工程和地层热力学方法，分析了地层热力学参数动态表征方法。

一、过热蒸汽吞吐地层加热带模型

过热蒸汽带地层参数表达式包括：过热蒸汽带面积表达式、过热蒸汽带加热半径表达式、过热蒸汽带的增长速度表达式、过热蒸汽带中原油驱替速度表达式。

理论推导的假定条件包括：油层是均质的；油层物性及流体饱和度不随温度变化；油层中无垂向温差，即垂向导热系数趋于正无穷大；在油层及围岩中，水平方向的热传导为零；注入速度及温度为常数；过热蒸汽带中平均温度为注入过热蒸汽温度；径向上加热带是圆形，垂向上不考虑蒸汽超覆。所建立的过热蒸汽地层加热模型如图 3.11 所示。

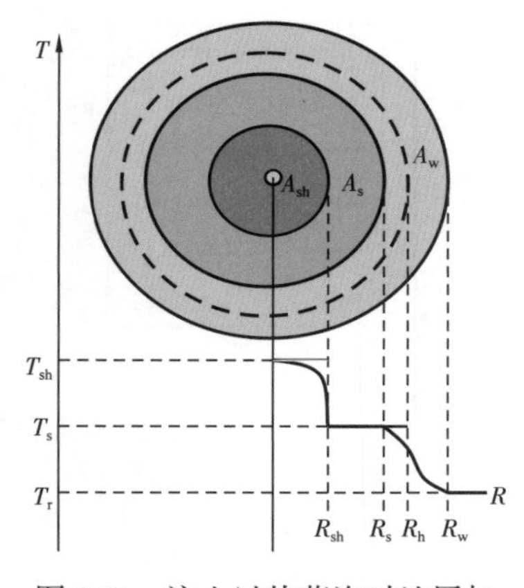

图 3.11　注入过热蒸汽时地层加热带模型

根据能量平衡方程：

$$\nabla\cdot\left(K\nabla T\right)=\frac{\partial}{\partial t}\left(\rho C\right)_{R}T \tag{3.10}$$

式中　∇——梯度算子；

K——传热系数；

T——温度，K；

ρ——密度，kg/m^3；

C——比热容，J/（kg·K）；

R——岩石；

（ρC）$_R$——地层岩石的热容，kJ/（m^3·K）。

令 y 代表垂向距离，热损失方程可以写为：

$$\frac{\partial T}{\partial t}=\frac{\lambda_s}{M_{ob}}\cdot\frac{\partial^2 T}{\partial y^2} \tag{3.11}$$

式中　λ_s——饱和蒸汽的导热系数，W/（m·K）。

其初始条件与边界条件为：

$$T(y,\ 0)=T_r \quad 0\leqslant y\leqslant\infty \tag{3.12}$$

$$T(0,\ t)=T_{sh} \tag{3.13}$$

式中　T_r——油层温度；

T_{sh}——过热蒸汽温度。

式（3.11）在给定的边界与原始条件下，根据 Carslaw 与 Jaeger 的解，推导出：

$$T(y,\ t)=T_{sh}-(T_{sh}-T_r)erf\left(\frac{X}{2\sqrt{\alpha_s t}}\right) \tag{3.14}$$

其中，顶底层散热系数 α_s：

$$\alpha_s=\frac{\lambda_s}{M_{ob}}$$

误差函数 erf（x）：

$$erf(x)=\frac{2}{\sqrt{\pi}}\int_0^x e^{-t^2}dt$$

令 $D=T_{sh}-T_r$ 表示过热蒸汽温度与油层温度之差，在任意时间 t，垂直方向热损失速度 q_1 为：

$$q_1=-\lambda_s\left[\frac{\partial T}{\partial y}\right]_{y=0}=\frac{\lambda_s D}{\sqrt{\pi\alpha_s t}} \tag{3.15}$$

顶底层总热损失速率 Q_L：

$$Q_L=2\int_0^t\frac{\lambda_s D}{\sqrt{\pi\alpha_s(t-\delta)}}\cdot\frac{dA}{d\delta}\cdot d\delta \tag{3.16}$$

式中　A——面积，m^2；

δ——厚度，m。

油层热能的增加速率 Q_o：

$$Q_o = M_R \cdot \frac{dA}{dt} \cdot h \cdot D \tag{3.17}$$

式中 M_R——油层热容，kJ（$m^3 \cdot K$）；

h——油层厚度，m。

热能的注入速率 Q_i：

$$Q_i = i_s\left(h_{sh} - h_{wr}\right) \tag{3.18}$$

式中 i_s——蒸汽注入速率，kg/h；

h_{sh}——过热蒸汽热焓值，kJ/kg；

h_{wr}——油层温度下热水热焓值，kJ/kg。

根据瞬时热平衡原理，热能的注入速率等于盖层和底层的热能损失速率与油层热能的增加速率之和，即 $Q_i = Q_L + Q_o$，应用 Laplace 变换，变换过程可参考文献［34］，变换后可得：

$$\frac{i_s\left(h_{sh} - h_s\right)}{S} = \frac{2\lambda_s D}{\sqrt{\pi\alpha_s}} S \cdot L\{A\} \cdot \sqrt{\frac{\pi}{S}} + SM_R \cdot h \cdot D \cdot S \cdot L\{A\} \tag{3.19}$$

令 $b = \frac{2\lambda_s}{M_R h\sqrt{\alpha_s}}$，可得：

$$L\{A\} = \frac{i_s\left(h_{sh} - h_s\right)}{DM_R h S^{1/2}}\left[\frac{1}{b + \sqrt{S}} - \frac{S^{1/2} - b}{S}\right] \tag{3.20}$$

由拉氏逆变换公式可得：

$$L^{-1}\left\{L\{A\}\right\} = \frac{i_s\left(h_{sh} - h_s\right)}{b^2 DM_R h} \times \left[e^{b^2 t} erfc\left(b\sqrt{t}\right) + 2\sqrt{\frac{t}{\pi}} b - 1\right] \tag{3.21}$$

可得过热蒸汽带面积 A（t）表达式：

$$A(t) = \frac{i_s\left(h_{sh} - h_s\right) h M_R \alpha_s}{4\lambda_s^2 D} \times \left(e^{t_D} erfc\sqrt{t_D} + 2\sqrt{\frac{t_D}{\pi}} - 1\right) \tag{3.22}$$

式中 t_D——无因次时间。

在地层均质的情况下，加热半径是以井筒为圆心的圆形，过热蒸汽带加热半径 R_{sh} 表达式为：

$$R_{sh} = \frac{1}{2\lambda_s}\sqrt{\frac{i_s\left(h_{sh} - h_s\right) h M_R \alpha_s}{\pi D}} \times \sqrt{\left(e^{t_D} erfc\sqrt{t_D} + 2\sqrt{\frac{t_D}{\pi}} - 1\right)} \tag{3.23}$$

经过修正后的蒸汽带面积和加热带面积的表达式为：

$$A_s(t)=\frac{i_s(h_{sh}-h_s+L_v)hM_R\alpha_s}{4\lambda_s^2(T_s-T_r)}\left(e^{t_D}erfc\sqrt{t_D}+2\sqrt{\frac{t_D}{\pi}}-1\right) \quad (3.24)$$

$$A_h(t)=\frac{i_s(h_{sh}-h_{wr})hM_R\alpha_s}{4\lambda_s^2(T_s-T_r)}\left(e^{t_D}erfc\sqrt{t_D}+2\sqrt{\frac{t_D}{\pi}}-1\right) \quad (3.25)$$

其中，无因次时间 t_D：

$$t_D=\frac{4\lambda_s^2}{M_R^2h^2\alpha_s}t$$

由式（3.22），过热蒸汽带的增长速度为：

$$\frac{dA}{dt}=\frac{i_s(h_{sh}-h_s)}{M_RhD}\left(e^{t_D}erfc\sqrt{t_D}\right) \quad (3.26)$$

这样，原油驱替速度 q_o 为：

$$q_o=\frac{dA}{dt}\cdot h\cdot\phi(S_o-S_{or})=\frac{i_s\phi(h_{sh}-h_s)(S_o-S_{or})}{M_RD}\left(e^{t_D}erfc\sqrt{t_D}\right) \quad (3.27)$$

式中　q_o——原油驱替速度，m^3/d；

ϕ——孔隙度；

S_o——初始含油饱和度；

S_{or}——残余油饱和度。

二、热利用效果实例分析

哈萨克斯坦肯基亚克油田某常规稠油油藏，油藏埋深 270～320m，原始油层温度 18.8℃，原始地层压力 2.8MPa，原油密度 $0.9g/cm^3$，油层温度下脱气原油黏度为 281mPa·s。从开始实施过热蒸汽吞吐至 2019 年，其规模已扩大到上百口油井。最早实施过热蒸汽吞吐的油井注汽 2970t，生产约 1500d，阶段累计产油近 1.06×10^4t，取得了较好的开发效果。

表 3.2 统计出了部分注过热蒸汽试验井的基本注汽资料，其中计算井深数据参考生产井主力油层射孔深度。

根据给定实际注汽资料及油层参数，运用编制的沿程蒸汽参数计算程序及推导的地层加热带半径计算公式，对生产井实际注汽效果进行了计算评价，计算结果见表 3.3。对于井底为湿蒸汽的井，运用 Marx—Langenheim 地层参数表达式计算；对于井底仍为过热蒸汽的试验井，则运用修正的加热半径计算公式。

表 3.2　过热蒸汽试验井基本注汽数据统计表

井号	井口过热蒸汽参数					计算井深 m	孔隙度 %	含油饱和度 %	油层厚度 m
	压力 MPa	温度 ℃	过热度 ℃	注汽量 t	注汽速度 t/h				
61043	3.95	300	50	2970	8.00	272	35.38	68.87	18.5
61045	3.90	290	41	2620	6.90	289	39.00	72.40	37.0
61055	3.50	300	57	2946	7.60	290	37.73	57.39	29.5
61039	3.44	300	58	2676	8.40	285	37.89	69.94	36.1
61041	4.00	301	50	2088	8.10	280	38.23	71.61	30.5
61054	3.70	301	55	1203	10.90	290	37.70	73.45	27.0
61038	3.80	312	64	2324	12.40	275	36.72	65.72	34.0
61046	3.50	308	65	1805	7.80	320	37.40	65.50	8.0
61056	3.90	298	49	1325	7.40	292	33.73	56.79	35.0
61015	3.20	295	57	1693.6	7.40	304	37.98	84.82	17.0
61033	3.10	315	79	1718.2	7.40	304	36.05	69.16	13.7
61035	3.60	300	56	2680.8	8.10	288	36.72	73.42	20.0
61026	3.00	310	76	1923	7.80	284	36.05	81.23	13.0
61019	3.20	301	63	3200	9.80	270	39.00	73.27	20.0
平均值	3.56	302	59	2227	8.43	289	37.11	70.26	24.2

表 3.3　过热蒸汽试验井井底蒸汽参数计算结果

井号	井底蒸汽压力，MPa	井底蒸汽温度，℃	蒸汽干度，%	过热度，℃	加热半径，m
61043	3.53	250	100	7.1	15.7
61045	3.64	245	98		10.6
61055	3.03	239	100	4.4	12.5
61039	2.84	239	100	8.2	11.1
61041	3.57	248	100	4.0	10.5
61054	2.69	227	100		9.0
61038	2.46	239	100	15.4	11.3
61046	2.94	237	100	4.1	18.1
61056	3.55	244	99		7.8
61015	2.71	228	99		13.1

续表

井号	井底蒸汽压力，MPa	井底蒸汽温度，℃	蒸汽干度，%	过热度，℃	加热半径，m
61033	2.53	239	100	14.7	14.4
61035	3.08	239	100	3.4	14.7
61026	2.38	237	100	15.2	16.1
61019	2.29	231	100	11.1	16.7
平均值	2.95	239			13.0

井底蒸汽的温度范围为230～250℃，多数井的井底蒸汽依然是过热状态，加热半径范围为10～16m。部分井注入的过热蒸汽到达井底时已经转变为湿蒸汽，然而其干度值都十分高，井底蒸汽干度都在90%以上。计算结果表明，过热蒸汽到达井底后具有高干度的特点，高干度使得蒸汽所具有的大量汽化潜热得以保存到井底，能把更多的热量有效地注入地层。

将表3.2和表3.3的数据进行对比分析，可以得出以下结论：

（1）注过热蒸汽过程中，沿程蒸汽压力损失较大。井口平均蒸汽压力3.56MPa，而井底平均蒸汽压力为2.95MPa，蒸汽压力有较明显的降低。分析认为，单一气体的过热蒸汽密度较小，重力对其压力变化的影响小。而过热蒸汽比容大，注汽过程中的流速高，使得摩擦力的影响增加，压力损失大。这一结果也表明，在没有井底再加热装置时，过热蒸汽仅适用于较浅的储层。

（2）过热蒸汽的温度变化大。井口平均蒸汽温度302℃，而井底平均蒸汽温度约为240℃，温度下降了约60℃。温度明显降低的原因是过热蒸汽传热过程中没有发生相态变化，井筒传热中损失的热量主要依靠温度的大幅降低，这使得其干度得以最大限度地提高。

（3）计算结果表明，虽然井底蒸汽依然为过热蒸汽状态，但沿程热损失使得其过热度大幅度降低。井口蒸汽的过热度约60℃，到达井底后最高值才15℃。

虽然过热蒸汽的压力、温度、过热度都有明显的降低，但是有效保证了蒸汽干度的大幅度提高，因此注入地层中的热量大幅度增加。用更少的外来流体，将更多的热量注入地层中，其加热利用效率明显提高。

第三节　过热蒸汽注入过程中热利用率评价流程

对于注蒸汽垂直井筒热利用率数学模型，主要求解步骤如下：

（1）输入井口注汽参数（注汽压力、温度、干度和质量流量）、注汽时间、井筒尺寸和地层热物性等基本参数。

（2）将整个井筒平均划分成 m 段，在每一段上都采用迭代方法求解。

（3）对于其中任意一段，先假设一个压力降初值 $\Delta p_{\mathrm{inj}}^{i}$，根据方程计算 T_{inj}^{i}，并得到该段平均压力和平均温度；再假设一个干度降初值 Δx_i；利用Willhite方法，并基于方程计

算 U_{to}^{i}；根据方程计算（dQ/dz）$_i$；根据方程计算 $\Delta x_i'$。

（4）将计算得到的 $\Delta x_i'$ 与假设的初值 Δx_i 对比，如果二者不在允许的误差范围内，则将计算后的 $\Delta x_i'$ 赋给 Δx_i 继续计算，直到满足精度要求。

（5）根据 Beggs—Brill 方法计算 ρ_{ij}、f_{tp} 等参数；根据方程计算 $\Delta p_{inj}'^{i}$，并与假设的初值 Δp_{inj}^{i} 对比，如果二者不在允许的误差范围内，则将计算后的 $\Delta p_{inj}'^{i}$ 赋给 Δp_{inj}^{i} 继续计算，直到满足精度要求。

（6）输出 p_{inj}^{i}、T_{inj}^{i}、x_i 和（dQ/dz）$_i$ 等计算结果。

（7）重复步骤（3）至步骤（6）直到计算至注汽井的底部。

（8）根据方程计算垂直井筒热利用率。

图 3.12 为注蒸汽垂直井筒热利用率评价数学模型的求解流程图。

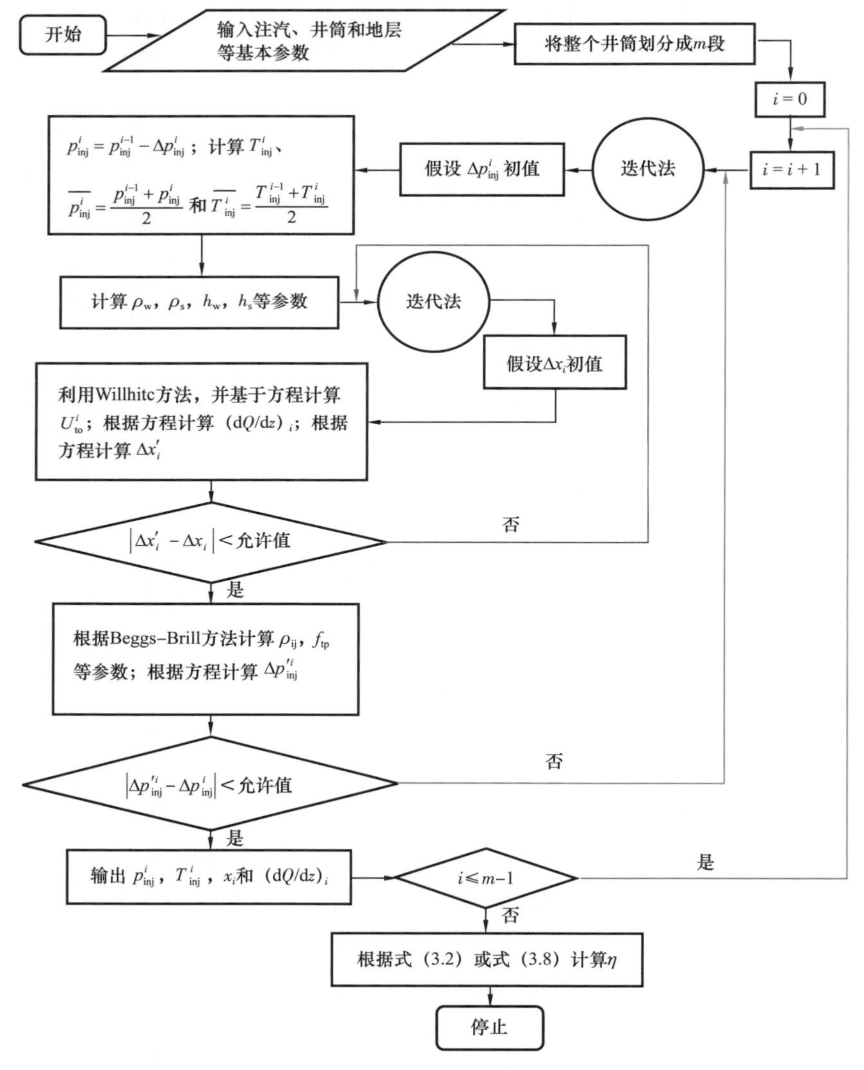

图 3.12　井筒热利用率数学模型计算流程图

第四章　不同井型过热蒸汽吞吐产能评价

蒸汽吞吐产能评价和动态预测是以加热半径的确定为基础的。常规加热半径计算方法均假设加热区为等温区，且等于蒸汽温度，而实际上加热区内地层温度是由蒸汽温度逐渐降低到原始地层温度。针对加热区内地层温度为非等温分布的这一实际情况，通过引入热水区前沿温度，构建了地层温度非等温分布模型，并在此基础上利用 Marx-Langenheim 加热理论建立了蒸汽吞吐产能预测模型。并且对 Marx-Langenheim 方法进行了改进，建立了水平井加热面积计算模型，分析了不同井型过热蒸汽吞吐产能影响因素。

第一节　直井过热蒸汽吞吐方式下加热形状描述

对常规稠油油藏而言，前面预测方法中存在以下两点问题：（1）传统产能预测方法中，均假设注入蒸汽的冷凝水只存在于热区，计算过程中仅考虑了冷区压力变化，没有考虑流体饱和度变化，这对稠油油藏而言并不合理；（2）近井地带存在热水带的假设不合理，并缺乏热水带大小的确定方法。分析认为，蒸汽注入过程中，蒸汽超覆等现象会造成近井地带的含水饱和度高，但由于蒸汽蒸馏作用存在，近井地带不会存在热水带。

基于以上原因，结合过热蒸汽开发机理，提出常规稠油过热蒸汽吞吐井的地质模型，开展产能预测方法研究，其油层剖面如图 4.1 所示。

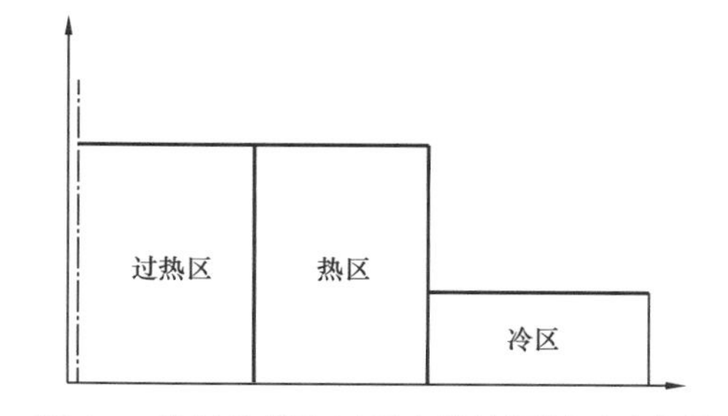

图 4.1　注过热蒸汽过程中的油层剖面示意图

为了开展相关研究，提出以下假设：

（1）在注过热蒸汽过程中，油层分为过热区、热区和冷区 3 个区，考虑过热蒸汽对储层渗流能力的改善及原油水热裂解反应，原油黏温关系符合 Arrhenius 方程；

（2）蒸汽注入储层后，热量向油层的传递、蒸汽的冷凝过程均在瞬间完成，油层中仅有油、水两相流动；

（3）注入过热蒸汽的部分热量因顶底层热传导损失，其他热量用于加热油层；

（4）焖井结束后，过热区和热区温度相同，冷区温度为原始油藏温度 T_i；

（5）无论是注过热蒸汽阶段还是采油过程中，热区和冷区之间受压力差作用而有流体相互渗流，但不考虑流体渗流时携带的热量。

第二节　直井过热蒸汽吞吐的产能评价

一、过热蒸汽吞吐井产量计算公式

注过热蒸汽过程中，蒸汽前缘冷凝水、被加热的原油向冷区渗流，其流量可由下式计算：

$$q_o = \frac{2\pi K K_{ro} h}{\mu_{oh}\left(\ln\frac{r_e}{r_h} - \frac{3}{4}\right)}(p_h - p_e) \tag{4.1}$$

$$q_w = \frac{2\pi K K_{rw} h}{\mu_{wh}\left(\ln\frac{r_e}{r_h} - \frac{3}{4}\right)}(p_h - p_e) \tag{4.2}$$

式中　μ_{oh}，μ_{wh}——地层条件下热区的油、水黏度，mPa·s；

K——渗透率，D；

p_h——井口压力，MPa；

p_e——供给边界压力，MPa；

K_{ro}，K_{rw}——热区某一时刻的油相、水相相对渗透率。

焖井结束后，生产阶段产量公式为：

$$Q_{oh} = \frac{1}{R_{sh}^{o} + R_{s}^{o}}(p_h - p_{wf}) \tag{4.3}$$

$$Q_{wh} = \frac{1}{R_{sh}^{w} + R_{s}^{w}}(p_h - p_{wf}) \tag{4.4}$$

$$Q_{oc} = \frac{1}{R_{c}^{o}}(p_a - p_h) \tag{4.5}$$

$$Q_{wc} = \frac{1}{R_{c}^{w}}(p_a - p_h) \tag{4.6}$$

式中　p_{wf}——井底流压，MPa；

p_a——各生产阶段的平均地层压力，MPa；

R_{sh}^{o}——过热区油相热阻，kJ/（m^2·h·K）；

R_{sh}^{w}——过热区水相热阻，kJ/（m^2·h·K）；

R_{s}^{o}——热区油相热阻，kJ/（m^2·h·K）；

R_{s}^{w}——热区水相热阻，kJ/（m^2·h·K）；

R_{c}^{o}——冷区油相热阻，kJ/（m^2·h·K）；

R_{c}^{w}——冷区水相热阻，kJ/（m^2·h·K）；

Q_{oh}，Q_{wh}——地层条件下热区的油、水产量，m^3/d；

Q_{oc}，Q_{wc}——地层条件下冷区的油、水产量，m^3/d。

其中：

$$R_{sh}^{o}=\frac{\mu_{oh}}{2\pi K_{sh}K_{rosh}h}\left[\ln\frac{r_{sh}}{r_{w}}-\frac{1}{2}\left(\frac{r_{sh}}{r_{h}}\right)^{2}\right] \tag{4.7}$$

$$R_{s}^{o}=\frac{\mu_{oh}}{2\pi KK_{ro}h}\left[\ln\frac{r_{h}}{r_{sh}}+\frac{1}{2}\left(\frac{r_{sh}}{r_{h}}\right)^{2}\right] \tag{4.8}$$

$$R_{sh}^{w}=\frac{\mu_{wh}}{2\pi K_{sh}K_{rwsh}h}\left[\ln\frac{r_{sh}}{r_{w}}-\frac{1}{2}\left(\frac{r_{sh}}{r_{h}}\right)^{2}\right] \tag{4.9}$$

$$R_{s}^{w}=\frac{\mu_{wh}}{2\pi KK_{rw}h}\left[\ln\frac{r_{h}}{r_{sh}}+\frac{1}{2}\left(\frac{r_{sh}}{r_{h}}\right)^{2}\right] \tag{4.10}$$

$$R_{c}^{o}=\frac{\mu_{oc}}{2\pi KK_{roc}h}\left(\ln\frac{r_{e}}{r_{h}}-\frac{3}{4}\right) \tag{4.11}$$

$$R_{c}^{w}=\frac{\mu_{wc}}{2\pi KK_{rwc}h}\left(\ln\frac{r_{e}}{r_{h}}-\frac{3}{4}\right) \tag{4.12}$$

式中　μ_{oc}，μ_{wc}——地层条件下冷区原油黏度、水黏度，mPa·s；

r_w——井径，m；

r_h——水泥环外缘半径，m；

r_{sh}——过热蒸汽带半径，m；

K_{sh}——过热蒸汽区的绝对渗透率，D；

K_{rosh}，K_{rwsh}——过热蒸汽区油相和水相相对渗透率；

K_{roc}，K_{rwc}——冷区的油相和水相相对渗透率。

二、模型参数的计算方法

从前面提出的动态预测方法可知，要预测过热蒸汽吞吐井的产油和产水能力，需要获得以下几个主要参数：

（1）过热蒸汽带半径、热区加热半径及供给半径；

（2）注汽、焖井及生产阶段热区和冷区的平均地层压力；

（3）注汽、焖井及生产阶段热区的平均地层温度；

（4）注汽、焖井及生产阶段热区和冷区的油水饱和度；

（5）不同温度、不同时间后（考虑稠油水热裂解降黏）的油水黏度；

（6）不同温度和饱和度下的油水相对渗透率。

1. 加热半径

加热半径采用推导的加热半径计算公式。在地层均质的情况下，加热半径是以井筒为圆心的圆形，其中，过热蒸汽带加热半径 r_{sh} 表达式为：

$$r_{sh}=\frac{1}{2\lambda_s}\sqrt{\frac{i_s(h_{sh}-h_s)hM_R\alpha_s}{\pi D}}\times\sqrt{\left(e^{t_D}\mathrm{erfc}\sqrt{t_D}+2\sqrt{\frac{t_D}{\pi}}-1\right)} \qquad (4.13)$$

热区的加热半径 r_h 表达式为：

$$r_h=\sqrt{\frac{i_s(h_{sh}-h_{wr})hM_R\alpha_s}{4\pi\lambda_s^2(T_s-T_r)}}\times\sqrt{\left(e^{t_D}erfc\sqrt{t_D}+2\sqrt{\frac{t_D}{\pi}}-1\right)} \qquad (4.14)$$

式中 h_{sh}——过热蒸汽热焓值，kJ/kg；

h_{wr}——油层温度下热水热焓值，kJ/kg；

M_R——油层热容，kJ/（m^3·K）；

2. 地层压力

根据体积平衡原理，可计算各阶段热区和冷区的平均地层压力。

（1）注汽过程中的平均地层压力。

由于考虑了热区与冷区间流体的相互渗流，在注汽过程中，蒸汽注入会驱替部分原油和水流入冷区。应用体积平衡原理，得到某一时刻热区、冷区的地层压力为：

$$\bar{p}_h=p_i+\frac{\left[i_s tB_{we}-Q_oB_{oe}-Q_wB_{we}+N_{oh}(\bar{T}-T_i)\beta_e\right]}{N_{oh}B_{oe}C_e} \qquad (4.15)$$

$$\bar{p}_c=p_i+\frac{Q_oB_{oe}+Q_wB_{we}}{(N-N_{oh})B_{oe}C_e} \qquad (4.16)$$

式中 $\bar{p}_h$——热区地层压力，MPa；

$\bar{p}_c$——冷区地层压力，MPa；

i_s——注汽速度，t/h；

t——注汽时间，h；

p_i——原始地层压力，MPa；

T_i——原始地层温度，℃；

B_{oe}，B_{we}——油藏条件下的油、水体积系数；

β_e——t 时刻热膨胀系数，1/℃；

Q_o，Q_w——t 时间内热区流入冷区的累计油量、累计水量，m^3；

N，N_{oh}——总地质储量和 t 时刻热区地质储量，m^3；

$\bar{T}$——t 时刻热区温度，℃；

C_e——t 时刻综合压缩系数，（10^{-1}MPa）$^{-1}$。

$$C_e = C_o + C_w \frac{S_w}{S_o} + \frac{C_p}{S_o} \quad (4.17)$$

$$\beta_e = \beta_o + \beta_w \frac{S_w}{S_o} \quad (4.18)$$

式中 C_o——原油压缩系数，（10^{-1}MPa）$^{-1}$；

C_w——地层水压缩系数，（10^{-1}MPa）$^{-1}$；

C_p——孔隙压缩系数，（10^{-1}MPa）$^{-1}$；

β_o——原油热膨胀系数，℃$^{-1}$；

S_o，S_w——t 时刻地层油、水饱和度；

β_w——地层水热膨胀系数，℃$^{-1}$。

（2）焖井结束时平均地层压力。

焖井过程中没有蒸汽注入油层，此时认为热区与冷区间没有流体渗流。经过较长的焖井时间，热区和冷区的压力可认为达到平衡。应用体积平衡原理，可推导出焖井结束时平均地层压力 $\bar{p}$ 为：

$$\bar{p} = p_i + \frac{GB_{we}}{NB_{oe}C_e} + \frac{N_{oh}(\bar{T} - T_i)\beta_e}{NC_e} \quad (4.19)$$

式中 G——累计蒸汽注入量，t。

（3）各生产阶段平均地层压力。

在各生产阶段，热区流体不断流入井底被产出，而冷区流体则会向热区流动。应用体积平衡原理，可推导出其公式分别为：

$$p_h = \bar{p} - \frac{(Q_{wh} - Q_{wc})B_w + (Q_{oh} - Q_{oc})B_o}{NB_oC_e} - \frac{N_{oh}\beta_e(\bar{T} - T_a)}{NC_e} + \frac{Q_{oh}\beta_e(T_a - T_i)}{NC_e} \quad (4.20)$$

$$p_c = \bar{p} - \frac{Q_{wc}B_w + Q_{oc}B_o}{(N - N_{oh})B_oC_e} \quad (4.21)$$

式中 Q_{wh}，Q_{oh}——热区累计产水量、累计产油量，m^3；

Q_{wc}，Q_{oc}——冷区流入热区的累计水量、累计油量，m^3；

p_h，p_c——热区平均地层压力、冷区平均地层压力，10^{-1}MPa；

T_a——大气温度，℃。

3. 加热区温度

（1）注汽过程中加热区的平均温度。

注汽过程中，加热区的平均温度可由能量平衡原理求得，注入蒸汽所携带的热量与热效率的乘积等于热区所得到的热量，即：

$$G\left[H_s - H_w + C_w\left(T_s - \bar{T}_a\right)\right] \times E_h = \pi r_h^2 hM\left(\bar{T}_a - T_i\right) \tag{4.22}$$

式中 H_s——过热蒸汽热焓，kJ/kg；

H_w——过热蒸汽温度下热水热焓，kJ/kg；

E_h——热利用效率；

M——油层热容量，kJ/（m^3·℃）；

T_s——饱蒸汽温度，℃；

$\bar{T}_a$——注汽过程中加热区的平均温度，℃。

热利用效率与油藏盖层和底层热损失有关，其表达式为：

$$E_h = \frac{1}{t_D}\left[e^{t_D}\mathrm{erfc}\left(\sqrt{t_D}\right) + 2\sqrt{\frac{t_D}{\pi}} - 1\right] \tag{4.23}$$

由式（4.22）整理可得：

$$\bar{T}_a = \frac{G\left(H_s - H_w\right) \times E_h + \pi r_h^2 hMT_i + GC_w T_s E_h}{\pi r_h^2 hM + GC_w E_h} \tag{4.24}$$

（2）焖井结束时加热区的平均温度。

在注汽结束后的焖井阶段，不考虑热区与冷区之间的流体渗流，因此，加热区的热量向冷区的传递主要依靠径向导热，加热区的另一部分热量则通过垂向导热传给顶底层。因此，焖井结束时加热区平均温度 $\bar{T}$ 可表示为：

$$\bar{T} = T_i + \left(\bar{T}_a - T_i\right)\bar{V}_r\bar{V}_z \tag{4.25}$$

式中 $\bar{V}_r$——径向导热系数；

$\bar{V}_z$——垂向导热系数。

其中

$$\bar{V}_r = \frac{1}{1 + 5\theta_r} \tag{4.26}$$

$$\theta_r = \frac{\alpha t_b}{r_h^2} \tag{4.27}$$

$$\bar{V}_z = \frac{1}{\sqrt{1 + 5\theta_z}} \tag{4.28}$$

$$\theta_z = \frac{4\alpha t_b}{h^2} \tag{4.29}$$

式中 α——热扩散系数，m^2/d；

t_b——焖井时间，d。

（3）生产过程中加热区平均温度。

与焖井期相比，开井生产阶段除了径向和垂向的热损失之外，还有产出液携带出的热量及冷区流体流入热区吸收的部分热量，加热区温度进一步降低。生产过程中加热区平均温度由下式计算：

$$T_a = T_i + \left(\bar{T}_a - T_i\right)\left[\bar{V}_r \bar{V}_z \left(1-\delta\right) - \delta\right] \tag{4.30}$$

$$\delta = \frac{1}{2Q_{max}} \int_0^{t_p} Q_p \mathrm{d}t \tag{4.31}$$

$$\theta_r = \frac{\alpha\left(t_b + t_p\right)}{r_h^2} \tag{4.32}$$

$$\theta_z = \frac{4\alpha\left(t_b + t_p\right)}{h^2} \tag{4.33}$$

$$Q_{max} = Q_i - \pi r_h^2 \lambda \left(T_s - T_i\right) \sqrt{\frac{t_b}{\pi\alpha}} \tag{4.34}$$

$$Q_p = \left[\left(q_o + q_{oc}\right) M_o + \left(q_w + q_{wc}\right) M_w\right]\left(T_a - T_i\right) \tag{4.35}$$

式中　t_p——开井生产时间，d；

Q_i——注入蒸汽的总热量，kJ；

λ——油层导热系数，kJ/（m·s·℃）；

q_o，q_w——某时刻的油、水产量，m^3/d；

q_{oc}，q_{wc}——某时刻冷区流入热区的油量、水量，m^3/d；

M_o，M_w——油、水的热容量，kJ/（m^3·℃）。

4. 含水饱和度

含水饱和度的求解采用质量守恒方程。对于加热区，某一时刻的地下水量受以下 4 部分影响：原始地下水量、注入水量、采出水量、冷区向热区流入水量。其表达式为：

$$S_{w1}\phi\pi r_h^2 h\rho_{w1} + S_{w2}\phi\pi\left(r_e^2 - r_h^2\right)h\rho_{w2} = S_{wi}\phi\pi r_e^2 h\rho_{wi} + G_1 - W_1 + I \tag{4.36}$$

故有：

$$S_{w1} = \frac{S_{wi}\phi\pi r_e^2 h\rho_{wi} + G_1 - W + I - S_{w2}\phi\pi\left(r_e^2 - r_h^2\right)h\rho_{w2}}{\phi\pi r_h^2 h\rho_{w1}} \tag{4.37}$$

式中　ρ_{wi}、ρ_{w1}、ρ_{w2}——原始地层水、某时刻热区地层水、冷区地层水密度，kg/m³；

W_1——累产水量，kg；

G_1——累计注入蒸汽水当量，kg；

I——冷区流入热区累计水量，kg；

S_{wi}——油藏初始含水饱和度；

S_{w1}——某时刻热区含水饱和度；

S_{w2}——某时刻冷区含水饱和度；

ϕ——孔隙度。

对于冷区含水饱和度，仍采用质量守恒方程，某一时刻的地下水量受以下3部分影响：原始地下水量、焖井阶段流入水量、冷区向热区流出水量。其表达式为：

$$S_{\mathrm{w2}}\phi\pi\left(r_{\mathrm{e}}^2-r_{\mathrm{h}}^2\right)h\rho_{\mathrm{w2}}=S_{\mathrm{wi}}\phi\pi\left(r_{\mathrm{e}}^2-r_{\mathrm{h}}^2\right)h\rho_{\mathrm{wi}}+G_2-W_2 \tag{4.38}$$

式中　W_2——冷区累计流入热区水量，kg；

G_2——热区累计流入冷区水量，kg。

故有：

$$S_{\mathrm{w2}}=\frac{S_{\mathrm{wi}}\phi\pi\left(r_{\mathrm{e}}^2-r_{\mathrm{h}}^2\right)h\rho_{\mathrm{wi}}+G_2-W_2}{\phi\pi\left(r_{\mathrm{e}}^2-r_{\mathrm{h}}^2\right)h\rho_{\mathrm{w2}}} \tag{4.39}$$

其中：

$$\rho_{\mathrm{w1}}=\rho_{\mathrm{wi}}\left[1-\beta_{\mathrm{w}}\left(T_{\mathrm{a}}-T_{\mathrm{i}}\right)+C_{\mathrm{w}}\left(p_{\mathrm{a}}-p_{\mathrm{i}}\right)\right]$$

$$\rho_{\mathrm{w2}}=\rho_{\mathrm{wi}}\left[1+C_{\mathrm{w}}\left(p_{\mathrm{a}}-p_{\mathrm{i}}\right)\right]$$

5. 黏温曲线

对于加热区温度低于200℃的原油及冷区原油，黏温曲线采用Arrhenius方程：

$$\mu(T)=\mu(T_{\mathrm{o}})\exp\left[\frac{E_{\mathrm{a}}}{R}\left(\frac{1}{T}-\frac{1}{T_{\mathrm{o}}}\right)\right] \tag{4.40}$$

式中　$\mu(T)$、$\mu(T_{\mathrm{o}})$——温度为T与T_{o}时原油黏度。

对于加热区温度高于200℃时的原油，考虑到水热裂解反应对原油黏温特征的影响，采用实验拟合后的修正形式：

$$\mu(T)=\mu(T_{\mathrm{o}})\times(1+t)^{-a}\times\exp\left[\frac{E_{\mathrm{a}}}{R}\left(\frac{1}{T}-\frac{1}{T_{\mathrm{o}}}\right)\times(1+t)^{-b}\right] \tag{4.41}$$

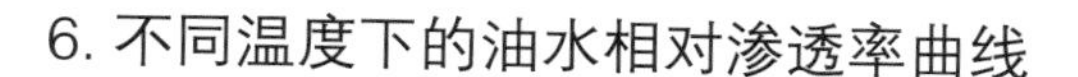

6. 不同温度下的油水相对渗透率曲线

相对渗透率曲线采用 Corey 方程：

$$K_{\mathrm{ro}}=k_{\mathrm{ro}}^{\mathrm{o}}(1-S)^{n_{\mathrm{o}}} \tag{4.42}$$

$$K_{\mathrm{rw}}=k_{\mathrm{rw}}^{\mathrm{o}}(S)^{n_{\mathrm{w}}} \tag{4.43}$$

$$S=\frac{S_{\mathrm{w}}-S_{\mathrm{wi}}}{1-S_{\mathrm{or}}-S_{\mathrm{wi}}} \tag{4.44}$$

可以看出，相对渗透率曲线中需要确定的参数包括束缚水饱和度、残余油饱和度、油水相对渗透率端点、油相指数、水相指数等。通过分析不同条件下的油水两相渗流特征，即可得到需要的相对渗透率曲线。

（1）束缚水饱和度。

温度变化对油藏岩石润湿性存在一定影响，而油藏润湿性是影响流体饱和度分布及流动渠道的直接因素之一，表 4.1 为实验得到的不同温度下的相对渗透率参数。

表 4.1　不同温度下的相对渗透率参数

序号	实验温度，℃	S_{wi}	S_{or}	$K_{\mathrm{rw}}^{\mathrm{o}}$	n_{o}	n_{w}
1	50	0.3212	0.3401	0.03	2.7	2.20
2	100	0.3767	0.2136	0.024	5.4	2.00
3	150	0.4010	0.1568	0.024	5.6	1.70
4	200	0.4320	0.1305	0.012	7.8	1.70
5	250	0.4607	0.0795	0.008	10.5	1.70

运用表 4.1 统计的不同驱替实验的模型参数及测定的束缚水饱和度值，通过拟和，得到计算束缚水饱和度的拟和关系表达式：

$$S_{\mathrm{wi}}(T)=\mathrm{S}_{\mathrm{wi}}(T_0)+0.0007(T-T_0) \tag{4.45}$$

式中　T——加热区温度，℃；

T_0——参考温度，℃；

S_{wi}（T）、S_{wi}（T_0）——温度分别为 T 与 T_0 时束缚水饱和度。

（2）残余油饱和度。

稠油水驱驱油效率与油水流度比、原油流度间的拟合关系式：

$$\eta=a-b\ln\left(\frac{\mu_{\mathrm{o}}}{\mu_{\mathrm{w}}}\right)+c\ln(K) \tag{4.46}$$

式中　η——驱油效率，%；

μ_o——原油黏度，mPa·s；

μ_w——水黏度，mPa·s；

K——储层渗透率，ms；

a，b，c——实验常数，a=38.45，b=5.02，c=6.43。

另外，有：

$$\eta = \frac{1 - S_{or} - S_{wi}}{1 - S_{wi}} \times 100 \tag{4.47}$$

因此可得：

$$S_{or} = \left(1 - \frac{\eta}{100}\right)\left(1 - S_{wi}\right) \tag{4.48}$$

（3）其他相关参数。

假设相对渗透率端点值、油相指数、水相指数仅与实验温度有关，根据表中的实验结果，拟和得到各参数与温度的关系：

$$K_{ro}^{o} = 1 \tag{4.49}$$

$$K_{rw}^{o}\left(T\right) = K_{rw}^{o}\left(T_0\right) - 0.0001\left(T - T_0\right) \tag{4.50}$$

$$n_o\left(T\right) = n_o\left(T_0\right) + 0.036\left(T - T_0\right) \tag{4.51}$$

$$n_w(T) = n_w(T_0) - 0.3454\ln\frac{T}{T_0} \tag{4.52}$$

因此，可估算给定油藏参数下的相对渗透率曲线，进而用于产能动态预测研究。

第三节 水平井过热蒸汽吞吐的产能评价

一、水平井注过热蒸汽水平段沿程热物性参数预测模型

当过热蒸汽沿着垂直井筒到达水平井的跟端后，一方面，热流体沿着水平井筒从跟端流向趾端，同时，由于温度差，热流体携带的部分热量会传递到油层中；另一方面，在井筒流体压力和油层压力差的作用下，过热蒸汽还会进入到油层中直接与油层接触，如图 4.2 所示。

为了简化计算，做出了一些假设条件，如下：

（1）水平井跟端处注入过热蒸汽的压力、温度和质量流量保持不变；

（2）水平段所处的油层水平、均质和等厚，注入流体在油层中沿着水平井径向一维流动；

（3）完井方式为射孔完井。

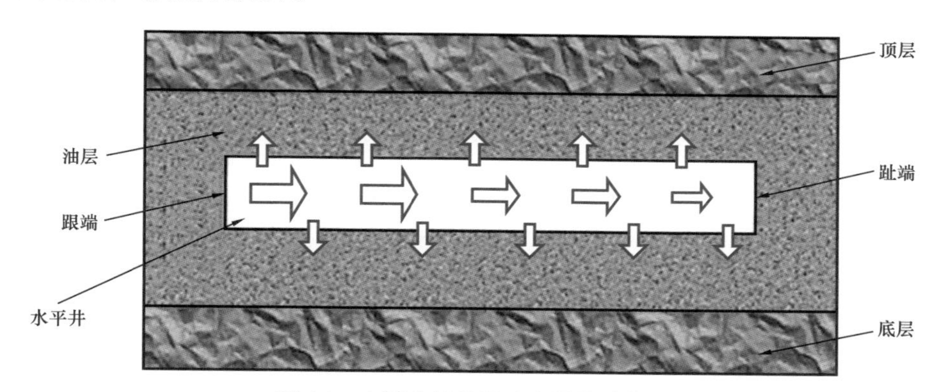

图 4.2　水平井过热吞吐水平段示意图

1. 水平段变质量流

将长度为 L 的水平井筒平均分成 N 段，并且沿着过热蒸汽在井筒中的流动方向，即从跟端流到趾端，分别记作 1，2，…，I_{i-1}，I_i，I_{i+1}，…，N。

对于第 i 截面，因为流体的质量流量等于跟端处的质量流量减去前 i 段进入地层中总的吸汽量，因此，质量守恒方程可以写成：

$$w_i = w_0 - \sum_{j=1}^{i}\left(\overline{\rho_j} I_j\right)，\ 1 \leqslant i \leqslant N \tag{4.53}$$

式中　w_i——第 i 截面流体的质量流量，kg/m^2；

w_0——跟端处的质量流量，kg/m^2；

$\overline{\rho_j}$——第 j 段流体的平均密度，kg/m^3。

对于第 i 微元段，油层的体积吸汽量可以表示为：

$$I_j = J_{pi,j} I_{r,j}\left(\overline{p_j} - \overline{p_R}\right) \tag{4.54}$$

式中　$\overline{p_j}$——第 j 微元段过热蒸汽的平均压力，MPa，$\overline{p_j} = \left(p_{j-1} + p_j\right)/2$；

$\overline{p_R}$——油藏平均压力，MPa，对于第一周期它等于油藏初始压力；

$J_{pi,j}$——第 j 微元段注入指数与采液指数比；

$I_{r,j}$——第 i 微元段注入指数与采液指数比。

对于过热蒸汽，$\overline{\rho_j}$ 是流体压力和温度的函数，可以表示成：

$$\overline{\rho_j} = \rho(\overline{p_j}, \overline{T_j}) \tag{4.55}$$

式中　$\overline{T_j}$——第 j 段过热蒸汽的平均温度，K，$\overline{T_j} = \left(T_{j-1} + T_j\right)/2$。

$J_{pi,j}$ 和 $I_{r,j}$ 可以分别表示为：

$$J_{pi,j}=\beta\frac{2\pi\sqrt{\frac{K_h}{K_v}}K_v\Delta L\left(\frac{K_{ro}}{B_o\mu_o}+\frac{K_{rw}}{B_w\mu_w}\right)}{\ln\frac{0.571\sqrt{A_{d,j}}}{r_w}+s-0.75} \tag{4.56}$$

$$I_{r,j}=\frac{2\ln\frac{A_{d,j}}{r_w^2}-3.86}{\ln\frac{A_{d,j}}{r_w^2}-2.71} \tag{4.57}$$

式中 β——单位转换因子；

K_h，K_v——油藏的水平渗透率和垂向渗透率，D；

ΔL——每一段井筒的长度，m，$\Delta L=L/N$；

K_{ro}，K_{rw}——油相、水相相对渗透率；

B_o，B_w——油水的体积系数，m^3/m^3；

μ_o，μ_w——油、水的黏度，mPa·s；

$A_{d,j}$——第 j 段泄油面积，m^2，可以采用 Badu 提出的方法进行求解；

r_w——井筒半径，m；

s——表皮系数。

可以通过过热蒸汽表插值的方法获取过热蒸汽的密度与压力、温度之间的关系，这里用到的数据见表 4.2。

表 4.2　过热蒸汽密度和压力、温度关系表

ρ，kg/m³ ＼ p，MPa ＼ T，K	1.57	1.77	1.96	2.45	2.94	3.43	3.92	4.41	4.91	5.89	6.87
493.15	7.4738	8.5106	9.5877								
513.15	7.0872	8.0515	9.0253	11.5701	14.3123						
523.15	6.9109	7.8431	8.7873	11.2284	13.8313	16.6141	19.6232				
533.15	6.7476	7.6511	8.5616	10.9194	13.4066	16.0411	18.8608	21.8962			
553.15	6.4475	7.3046	8.1633	10.3734	12.6759	15.0830	17.6087	20.2634	23.0947	29.3686	
573.15	6.1805	6.9930	7.8064	9.9010	12.0569	14.2898	16.6058	19.0114	21.5239	26.9469	33.0142
593.15	5.9418	6.7114	7.4963	9.4787	11.5207	13.6166	15.7778	17.9986	20.2963	25.1509	30.4229
613.15	5.7241	6.4599	7.2150	9.1075	11.0436	13.0293	15.0693	17.1527	19.2827	23.7361	28.4738
623.15	5.6211	6.3412	7.0822	8.9286	10.8237	12.7600	14.7449	16.7701	18.8324	23.1267	27.6625
633.15	5.5218	6.2305	6.9541	8.7642	10.6146	12.5047	14.4363	16.4069	18.4094	22.5632	26.9251
653.15	5.3333	6.0205	6.7069	8.4531	10.3093	12.0279	13.8658	15.7332	17.6336	21.5424	25.6213

提出了一个关于过热蒸汽密度的经验公式：

$$\rho = \frac{17.0886p}{0.0111(T-273.15)-0.1362p+1.2122} \quad (4.58)$$

2. 水平段压力降

图 4.3 为第 i 微元段过热蒸汽流动示意图。在水平方向上，过热蒸汽在压力差作用下沿着井筒从跟端流向趾端，并且受到与流动方向相反的套管壁摩擦阻力。与此同时，过热蒸汽在井筒流体压力和油藏压力差作用下进入到油层中，流体还要受到孔眼的影响。

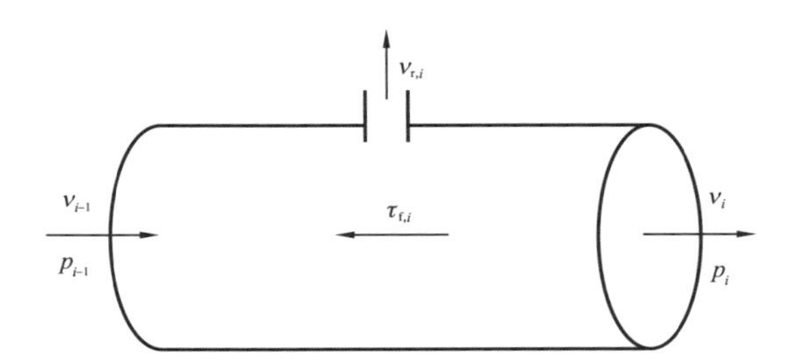

图 4.3　水平井筒第 i 微元段流体流动示意图

v_{i-1}—跟端蒸汽流速；p_{i-1}—跟端压力；

v_i—趾端蒸汽流速；p_i—趾端压力；

$\tau_{f,i}$—微元体内蒸汽所受的套管壁摩擦阻力；

$v_{\tau,i}$—在压力差作用下进入油层中的过热蒸汽的流速

每一段流体压力降 Δp_i 由套管内壁摩擦损失 $\Delta p_{wall,i}$、加速度损失 $\Delta p_{acc,i}$、射孔粗糙度 $\Delta p_{perf,i}$ 和混合损失 $\Delta p_{mix,i}$4 部分组成：

$$\Delta p_i = \Delta p_{wall,i} + \Delta p_{acc,i} + \Delta p_{perf,i} + \Delta p_{mix,i} \quad (4.59)$$

下面，分别介绍式（4.59）中每一项压力降的计算方法。首先，式（4.59）右边第一项代表套管内壁由于摩擦导致的压力降，可以通过 Darcy-Weisbach 方程来计算：

$$\Delta p_{wall,i} = f_{wall,i} \frac{\overline{\rho_i}}{D_{ci}} \frac{\overline{v_i}^2}{2} \quad (4.60)$$

式中　D_{ci}——套管内径，m；

$\overline{v_i}$——第 i 微元段过热蒸汽平均流速，m/s；

$f_{wall,i}$——套管壁面摩擦系数，它与流体的流动形态、雷诺数和管壁粗糙度有关。计算方法见表 4.3。

式（4.59）右边第二项代表由于加速度造成的压力损失，可以表示为：

$$\Delta p_{acc,i} = \rho_{i-1} v_{i-1}^2 - \rho_i v_i^2 \quad (4.61)$$

式（4.59）右边第三项代表射孔粗糙度造成的压力损失，可以采用 Su 等提出的计算方法：

$$\Delta p_{perf,i} = f_{perf,i} \frac{\overline{\rho_i}}{D_{ci}} \frac{\overline{v_i}^2}{2} \quad (4.62)$$

式中　$f_{pef,i}$——射孔粗糙度摩擦系数。

$f_{perf,i}$ 可以通过下面的隐式子求解：

$$\sqrt{\frac{8}{f_{perf,i}}} = 2.5\ln\left(\frac{Re_i}{2}\sqrt{\frac{f_{perf,i}}{8}}\right) + B - \frac{\Delta u}{u^*} - 3.75 \quad (4.63)$$

表 4.3　计算管壁摩擦阻力系数关系式

流动形态		Re_i	$f_{\text{wall},i}$
层流		$Re_i \leqslant 2000$	$f_{\text{wall},i}=\dfrac{64}{Re_i}$
过渡流		$2000 < Re_i \leqslant 3000$	—
紊流	水力光滑	$3000 < Re_i \leqslant 59.7\varepsilon^{\frac{8}{7}}$	$f_{\text{wall},i}=\dfrac{0.3164}{\sqrt[4]{Re_i}}$
	混合摩擦	$59.7/\varepsilon^{\frac{8}{7}} < Re_i \leqslant \dfrac{665-765\lg\varepsilon}{\varepsilon}$	$f_{\text{wall},i}=\left\{-1.8\lg\left[\dfrac{6.9}{Re_i}+\left(\dfrac{\varepsilon}{3.7D_{\text{ci}}}\right)^{1.11}\right]\right\}^{-2}$
	水力粗糙	$Re_i > \dfrac{665-765\lg\varepsilon}{\varepsilon}$	$f_{\text{wall},i}=\dfrac{1}{\left(2\lg\dfrac{3.7D_{\text{ci}}}{\varepsilon}\right)^2}$

注：ε——管壁的相对粗糙度，m。

这里常数 B 和粗糙度函数$\dfrac{\Delta u}{u^*}$可以分别表示为：

$$B=\sqrt{\frac{8}{f_{\text{wall},i}}}-2.5\ln\left(\frac{Re_i}{2}\sqrt{\frac{f_{\text{wall},i}}{8}}\right)+3.75 \tag{4.64}$$

$$\frac{\Delta u}{u^*}=7.0\frac{2r_{\text{ph}}}{D_{\text{ci}}}\cdot\frac{n}{12} \tag{4.65}$$

式中　r_{ph}——射孔半径，m；

n——射孔密度，m^{-1}，$n=N/L$。

式（4.59）右边第四项代表由于过热蒸汽进入油层中，主流和射孔流混合导致的压力损失，二者发生动量交换，是产生混合损失的根本原因。需要强调的是，目前关于这个方面的损失可以通过实验进行确定，当然，也可以采用 Su 等提出的经验方法进行确定。

3. 水平段非等温流

过热蒸汽沿着水平井筒流动过程中，由于井筒中流体与油层之间存在温度差，热量会由流体向周围的地层中传递。另一方面，流体从井筒进入到地层中也会携带一部分能量（对流）。对于第 i 微元段，能量守恒方程可以写成：

$$\frac{\mathrm{d}Q_{\text{h},i}}{\mathrm{d}x}+\frac{\mathrm{d}Q_{\text{m},i}}{\mathrm{d}x}+\frac{\mathrm{d}\left(\overline{w}_i\overline{h}_i+\overline{w}_i\dfrac{\overline{v}_i^{\,2}}{2}\right)}{\mathrm{d}x}=0 \tag{4.66}$$

式（4.66）中，$\frac{dQ_{h,i}}{dx}$表示由于传热导致的单位长度上水平井筒中热流体的能量损失。对于射孔完井，流体向水泥环外缘的传热可以假设为稳态传热，可以写成：

$$Q_{h,i} = 2\pi r_{co} U_{co} \left(\overline{T_i} - T_h \right) \Delta L \tag{4.67}$$

式中 $Q_{h,i}$——单位时间内 ΔL 长度上，井筒中过热蒸汽由于热传导导致的热损失，J；

r_{co}——套管外径，m；

T_h——水泥环外缘温度，K；

U_{co}——总传热系数，kJ/（$m^2 \cdot h \cdot K$）。

水泥环外缘到地层中的传热可以假设为非稳态传热，可以写成：

$$Q_{h,i} = \frac{2\pi\lambda_e \left(T_h - T_{ei} \right)}{f(t)} \Delta L \tag{4.68}$$

式中 λ_e——地层导热系数，kJ/（$m^2 \cdot h \cdot K$）；

T_{ei}——初始油层温度，K；

$f(t)$——无因次地层导热时间函数。

$f(t)$ 可以表示成：

$$f(t) = 0.982\ln\left(1 + 1.812\frac{\sqrt{\alpha t}}{r_w} \right) \tag{4.69}$$

式中 α——地层热扩散系数，m^2/h；

t——注汽时间，s。

联立方程，消除 T_h，可以得到：

$$Q_{h,i} = \frac{2\pi r_{co} U_{co} \lambda_e \Delta L}{r_{co} U_{co} f(t) + \lambda_e} \left(\overline{T_i} - T_{ei} \right) \tag{4.70}$$

式（4.66）中，$\frac{dQ_{m,i}}{dx}$表示由于传质导致的能量损失，包括过热蒸汽携带的热能和流体具有的动能，根据文献，可以表示为：

$$\frac{dQ_{m,i}}{dx} = I_i \overline{\rho_i} \left(\overline{h_i} + \frac{v_{r,i}^2}{2} \right) \tag{4.71}$$

式中 $Q_{m,i}$——由于传质导致的能量损失，J；

$v_{r,i}$——第 i 微元段流体进入油层中的平均流速，m/s；

$\overline{h_i}$——第 i 微元段热流体的平均焓，kJ/kg。

对于过热蒸汽，$\overline{h_i}$ 可以表示成为：

$$\overline{h_i} = h(\overline{p_i}, \overline{T_i}) \tag{4.72}$$

同样地，可以通过过热蒸汽表插值的方法获取过热蒸汽的焓与压力、温度之间的关系，本文用到的部分过热蒸汽的物性焓关系见表 4.4。

表 4.4　过热蒸汽焓和压力、温度关系表

h，kJ/kg　p，MPa T，K	1.57	1.77	1.96	2.45	2.94	3.43	3.92	4.41	4.91	5.89	6.87
493.15											
513.15	2846.06	2833.92	2823.04								
523.15	2894.20	2885.41	2876.62	2852.34	2825.55						
533.15	2917.22	2909.27	2901.32	2879.55	2855.27	2830.99	2830.36				
553.15	2939.83	2932.71	2925.60	2905.50	2883.74	2862.39	2838.11	2811.32			
573.15	2985.46	2979.59	2972.90	2965.15	2938.15	2920.57	2900.90	2879.55	2857.78	2808.81	
593.15	3030.66	3025.64	3019.36	3004.71	2989.64	2974.15	2957.83	2940.67	2923.50	2884.15	2841.04
613.15	3075.45	3070.85	3065.83	3052.01	3039.45	3025.64	3012.25	2997.19	2982.53	2951.55	2918.06
623.15	3120.24	3115.64	3111.87	3099.73	3088.01	3075.87	3063.73	3050.34	3038.20	3012.25	2984.62
633.15	3142.43	3138.24	3134.48	3123.17	3112.29	3100.57	3088.85	3076.71	3064.99	3040.71	3015.18
653.15	3164.62	3160.43	3156.66	3146.20	3136.15	3124.85	3113.55	3102.66	3091.36	3068.76	3044.90

根据表 4.4，提出了一个过热蒸汽焓与压力、温度关系的经验公式：

$$h = 2052.4358 + 2.7758\left(T - 273.15\right) - \frac{3923.1204}{T - 273.15} + \frac{527.8832}{p} - \frac{0.8347\left(T - 273.15\right)}{p} \tag{4.73}$$

式（4.66）中，$\dfrac{\mathrm{d}\left(\overline{w}_i \overline{h}_i + \overline{w}_i \dfrac{\overline{v}_i^2}{2}\right)}{\mathrm{d}x}$ 表示井筒内过热蒸汽的焓和动能的变化，可以表示为：

$$\frac{\mathrm{d}\left(\overline{w}_i \overline{h}_i + \overline{w}_i \dfrac{\overline{v}_i^2}{2}\right)}{\mathrm{d}x} = \left(\overline{h}_i + \frac{\overline{v}_i^2}{2}\right)\frac{\mathrm{d}\overline{w}_i}{\mathrm{d}x} + \overline{w}_i\left(\frac{\mathrm{d}\overline{h}_i}{\mathrm{d}x} + \overline{v}_i \frac{\mathrm{d}\overline{v}_i}{\mathrm{d}x}\right) \tag{4.74}$$

式中　$\overline{w}_i$——第 i 微元段流体的平均质量流量，kg。

$$\overline{w}_i = \left(w_{i-1} + w_i\right)/2$$

并且

$$\frac{\mathrm{d}\overline{w_i}}{\mathrm{d}x}=\frac{\mathrm{d}\left(\dfrac{w_{i-1}+w_i}{2}\right)}{\mathrm{d}x}=\frac{1}{2}\left(\frac{\mathrm{d}w_{i-1}}{\mathrm{d}x}+\frac{\mathrm{d}w_i}{\mathrm{d}x}\right)=-\frac{I_{i-1}+I_i}{2} \tag{4.75}$$

式中 $\overline{v_i}$ ——水平井井筒中第 i 微元段流体平均流速。

$$\overline{v_i}=\overline{w_i}/\left(\overline{\rho_i}A_{\mathrm{w}}\right)$$

并且

$$\frac{\mathrm{d}\overline{v_i}}{\mathrm{d}x}=\frac{1}{A_{\mathrm{w}}}\left(\frac{1}{\overline{\rho_i}}\frac{\mathrm{d}\overline{w_i}}{\mathrm{d}x}-\frac{\overline{w_i}}{\overline{\rho_i}^2}\frac{\mathrm{d}\overline{\rho_i}}{\mathrm{d}x}\right) \tag{4.76}$$

假设温度降为 $\Delta T=T_i-T_{i-1}$，则第 i 微元段水平井筒中流体的平均温度也可以表示为：

$$\overline{T_i}=\frac{T_{i-1}+T_i}{2}=T_{i-1}+\frac{\Delta T_i}{2} \tag{4.77}$$

另外，还可以得到：

$$\frac{\mathrm{d}\overline{\rho_i}}{\mathrm{d}x}=\left.\frac{\partial\rho}{\partial p}\right|_{\left(\overline{p_i},\overline{T_i}\right)}\frac{\mathrm{d}\overline{p_i}}{\mathrm{d}x}+\left.\frac{\partial\rho}{\partial T}\right|_{\left(\overline{p_i},\overline{T_i}\right)}\frac{\mathrm{d}\overline{T_i}}{\mathrm{d}x} \tag{4.78}$$

$$\frac{\mathrm{d}\overline{h_i}}{\mathrm{d}x}=\left.\frac{\partial h}{\partial p}\right|_{\left(\overline{p_i},\overline{T_i}\right)}\frac{\mathrm{d}\overline{p_i}}{\mathrm{d}x}+\left.\frac{\partial h}{\partial T}\right|_{\left(\overline{p_i},\overline{T_i}\right)}\frac{\mathrm{d}\overline{T_i}}{\mathrm{d}x} \tag{4.79}$$

二、水平井过热蒸汽吞吐加热面积计算模型

1. 经典的 Marx-Langenheim 方法存在的两个问题

（1）对于过热蒸汽吞吐，实际油层中还存在一个过热蒸汽区。对于湿蒸汽，按照温度分布大小，普遍认为在油层中存在三个区，即饱和蒸汽区、热水区和冷区，如图 4.4 所示。在 Marx 和 Langenheim 的研究中，他们假设蒸汽区和热水区温度相同，均为注入蒸汽的饱和温度。换句话说，经过进一步简化后，油层实际上分为两个区，即热区和冷区，如图 4.5 所示。并且他们假设热区平均温度等于井底饱和蒸汽的温度。

但是，对于过热蒸汽，由于其温度可能远远高于普通饱和蒸汽，因此，理论上，无论是直井还是水平井，在井筒附近（近井附近）还存在一个过热蒸汽区，如图 4.5 所示。因此，在求解水平井过热蒸汽吞吐加热半径的时候，应该考虑到这种特殊的区，正如上面直井过热蒸汽吞吐一样，增加一个过热区。

（2）Marx-Langenheim 方法假设热区温度为降低假设半径井底温度计算值。这是因为加热半径求解方法的本质是根据能量守恒原理来的，注入蒸汽携带的热量等于顶底盖层的热损失加上油层吸热。增加加热区平均温度会大大降低实际蒸汽加热范围。

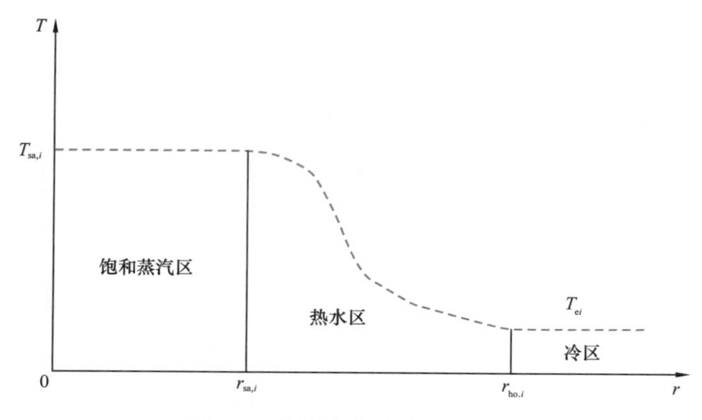

图 4.4　实际注汽油层温度分布

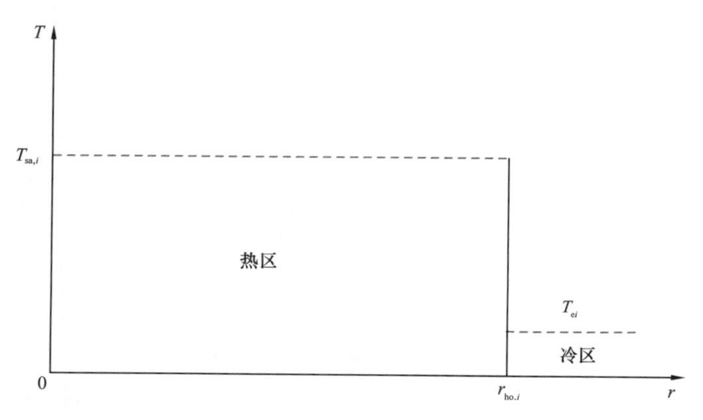

图 4.5　Marx–Langenheim 方法油层温度分区

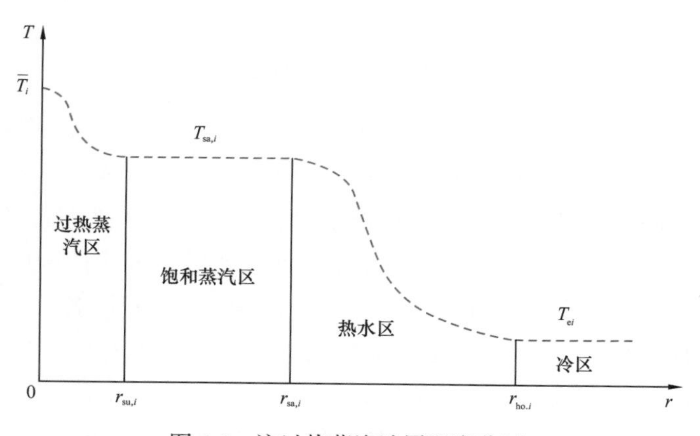

图 4.6　注过热蒸汽油层温度分区

在 Marx–Langenheim 方法中，他们认为加热区温度为井底蒸汽温度与实际不相符。图 4.7 为数值模拟得到的直井普通蒸汽吞吐第 5 个周期注汽结束后的油层温度分布场图和对应的黏度场图。可以看出，注汽结束后，地层温度是迅速降低的，尤其是较宽的热水区；而饱和蒸汽区其实是很窄的，几乎可以忽略不计。对应的黏度场也能说明这种现象，只有在单井附近很窄的区域，原油的黏度才发生明显的降低；而在稍远处，黏度变化不明显。同样地，对于过热蒸汽区，数值模拟结果也表明过热蒸汽区也很小。总之，真正能代表注蒸汽吞吐加热范围的主要还是热水区。

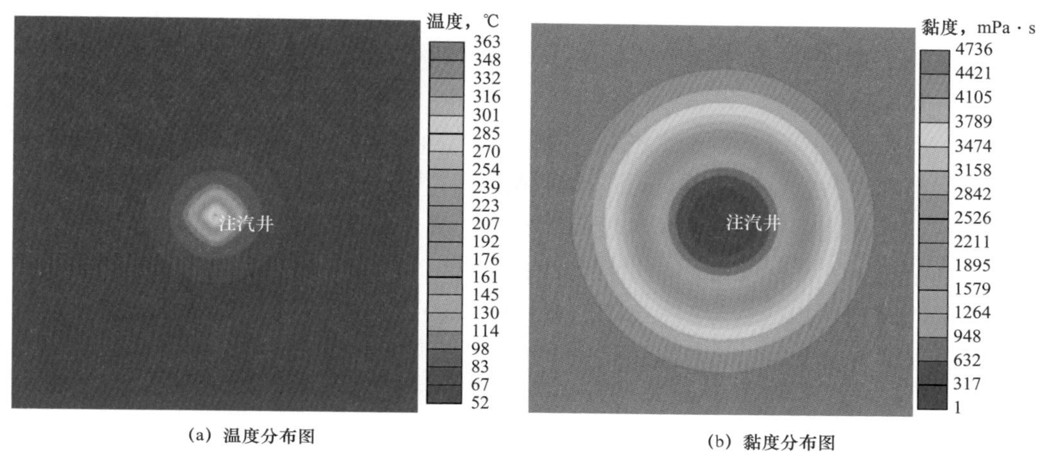

图 4.7 注汽结束后油层温度分布和黏度分布示意图

2. 水平井过热蒸汽吞吐加热面积计算模型

图 4.8 为水平井注过热蒸汽油层温度分布示意图，图中虚线代表实际油层温度分布的定性描述，而实线代表假设的热区平均温度。至于热区平均温度的大小，将在后面做详细的分析，主要包括以下几种情况：

（1）假设热区平均温度为井底过热蒸汽温度；

（2）假设热区平均温度为饱和蒸汽温度；

（3）假设热区平均温度为饱和蒸汽温度与初始地层温度和的一半；

（4）假设热区平均温度为黏度温度曲线上对应的拐点温度。

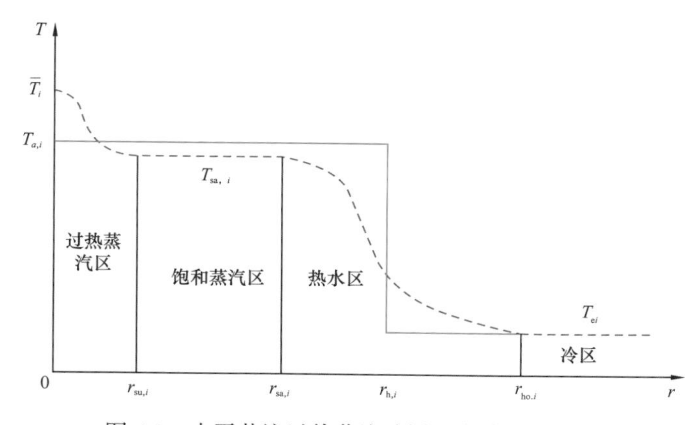

图 4.8 水平井注过热蒸汽油层温度分布示意图

也就是说，通常所谓的加热半径其实是假设的加热区平均温度的函数。如果该假设的温度越低，根据能量守恒原理，求出的加热半径就会越大。传统的 Marx–Langenheim 方法假设热区平均温度为井底蒸汽温度，这种计算方法得到的加热半径是最小的。而且，该假设半径不能代表注蒸汽后实际油层的加热范围，尽管热量是集中在单井周围。因此，应该定义一个“有效加热半径”，其与不同油藏流体物性有关系，可以通过实验的方法确定一个“有效加热温度”。在本章，我们采用这种方法确定加热半径，即“有效加热温度”对应的“有效加热半径”。

另外，需要强调的是，对于水平井，加热面积的求解不同于直井，因为前者加热面积受油层厚度影响。因此，这里重点讨论两种情况下的加热面积计算方法：热量通过顶底盖层前和同时到达顶底盖层，如图 4.9 所示。当热量没有通过顶底盖层时，如图 4.9（a）所示，在这种情况下，加热半径小于油层厚度的一半，即 $h/2$，油层加热形状可以假设为圆形。当热量同时到达顶底盖层时，如图（b）所示，在这种情况下，纵向上的加热范围为油层厚度，水平方向上的加热范围还是假设为一个圆形。

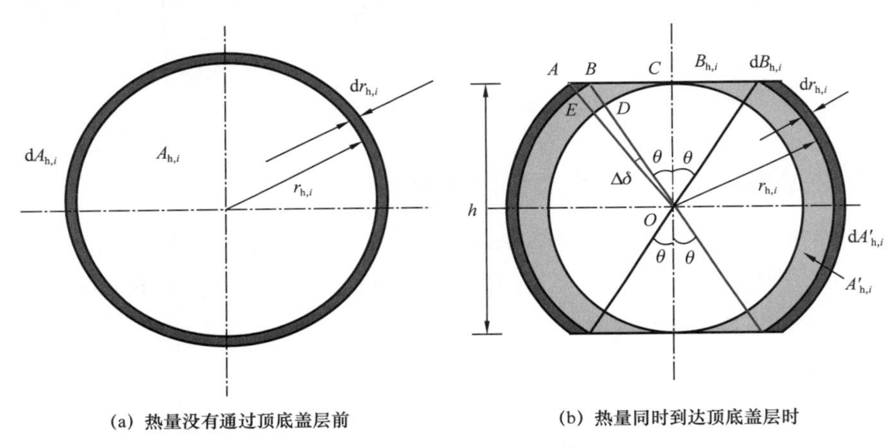

图 4.9　水平井注过热蒸汽油层加热形状示意图

（1）热量没有通过顶底盖层前。

如果油层比较厚或者在注汽前期，热量没有通过顶底盖层损失掉，注入蒸汽携带的热量全部用来加热油层，加热形状可以近似认为是圆形，如图 4.9（a）所示。根据能量守恒可知：

$$I_i \overline{\rho_i} \overline{h_i} = M_r \frac{dA_{h,i}}{dt} \Delta L \left(T_{a,i} - T_{ei} \right) \quad (4.80)$$

式中　$A_{h,i}$——第 i 微元段加热面积，m^2；

$T_{a,i}$——假设热区的平均温度，K；

M_r——油层的体积热容量，kJ/（kg·K）。

式（4.80）中，等式左边代表热能的注入速率，等式右边代表油层热能的增加速率。其中

$$M_{\mathrm{r}}=\phi\left(\rho_{\mathrm{o}}S_{\mathrm{o}}C_{\mathrm{o}}+\rho_{\mathrm{w}}S_{\mathrm{w}}C_{\mathrm{w}}\right)+\left(1-\phi\right)\rho_{\mathrm{r}}C_{\mathrm{r}} \tag{4.81}$$

式中　ϕ——油藏孔隙度；

ρ_{o}，ρ_{w}，ρ_{r}——油层中油、水和岩石骨架的密度，kg/m³；

S_{o}，S_{w}——油层中含油饱和度和含水饱和度；

C_{o}，C_{w}，C_{r}——油层中油、水和岩石骨架的比热容，J/（kg·℃）。

需要强调的是，为了简化计算，这里没有考虑温度对这些参数的影响。

初始条件为：

$$A_{\mathrm{h},i}\left(t\right)\Big|_{t=0}=0 \tag{4.82}$$

这样就可以得到加热面积 $A_{\mathrm{h},i}(t)$ 和加热半径 $r_{\mathrm{h},i}(t)$ 分别为：

$$A_{\mathrm{h},i}\left(t\right)=\frac{I_i\overline{\rho_i}\overline{h_i}t}{\Delta LM_{\mathrm{r}}\left(T_{a,i}-T_{\mathrm{ei}}\right)} \tag{4.83}$$

$$r_{\mathrm{h},i}\left(t\right)=\sqrt{\frac{I_i\overline{\rho_i}\overline{h_i}t}{\pi\Delta LM_{\mathrm{r}}\left(T_{a,i}-T_{\mathrm{ei}}\right)}} \tag{4.84}$$

从上述式子可以看出，当平均加热范围刚好扩大到顶底盖层时，此时临界注汽时间 t_{c} 满足：

$$\frac{I_i\overline{\rho_i}\overline{h_i}t_{\mathrm{c}}}{M_{\mathrm{r}}\left(T_{a,i}-T_{\mathrm{ei}}\right)}=\frac{\pi h^2}{4} \tag{4.85}$$

或

$$r_{\mathrm{h},i}\left(t\right)=\sqrt{\frac{I_i\overline{\rho_i}\overline{h_i}t}{\pi\Delta LM_{\mathrm{r}}\left(T_{a,i}-T_{\mathrm{ei}}\right)}}=\frac{h}{2} \tag{4.86}$$

式中　h——油层厚度。

由式（4.85），可以得到平均加热范围扩大到顶底盖层的临界时间为：

$$t_{\mathrm{c}}=\frac{\pi h^2M_{\mathrm{r}}\left(T_{a,i}-T_{\mathrm{ei}}\right)}{4I_i\overline{\rho_i}\overline{h_i}} \tag{4.87}$$

（2）热量通过顶底盖层后。

当油层较薄，注入的过热蒸汽携带的热量除了加热油层外，还有一部分热量通过顶底盖层损失掉，这个时候加热油层就不是圆形了，加热形状出现了变形，如图 4.9（b）所示。

当平均注汽温度范围到达顶底盖层后，继续注汽，注汽时间从临界时间 t_{c} 持续到 t，对应水平方向加热范围从 $h/2$ 扩大到半径为 $r_{\mathrm{h},i}$。同样地，根据能量守恒方程有：

$$I_i\overline{\rho_i}\overline{h_i}=M_{\rm r}\left(T_{a,i}-T_{\rm ei}\right)\Delta L\frac{{\rm d}A'_{{\rm h},i}}{{\rm d}t}+2\int_0^{B(t)}\frac{K\left(T_{{\rm a},i}-T_{\rm ei}\right)}{\sqrt{\pi D\left(t-t_{\rm c}\right)}}{\rm d}B_{{\rm h},i},\ t>t_{\rm c} \tag{4.88}$$

式中 $B(t)$——当注汽时间为 t 时顶（或底）受热层与油层的接触面积，m^2，当 $t\leqslant t_c$ 时，$B(t)=0$；

$A'_{h,i}$，$B_{h,i}$——水平方向上油层和顶底层的加热面积，m^2。

令 $t'=t-t_c$，即 t' 代表平均加热范围到达顶底盖层后开始的注汽时间。改用时间作为积分变量，式（4.88）可以表示为：

$$I_i\overline{\rho_i}\overline{h_i}=M_{\rm r}\left(T_{a,i}-T_{\rm ei}\right)\Delta L\frac{{\rm d}A'_{{\rm h},i}}{{\rm d}t'}+2\int_0^{t'}\frac{K\left(T_{{\rm a},i}-T_{\rm ei}\right)}{\sqrt{\pi D\left(t'-\xi\right)}}\frac{{\rm d}B_{{\rm h},i}}{{\rm d}\xi}{\rm d}\xi \tag{4.89}$$

其中

$$A'_{{\rm h},i}=\left[\left(\pi-2\arccos\frac{h}{2r_{{\rm h},i}}\right)r_{{\rm h},i}^2+h\sqrt{r_{{\rm h},i}^2-\frac{h^2}{4}}-\frac{\pi h^2}{4}\right] \tag{4.90}$$

$$B_{{\rm h},i}=2\Delta L\sqrt{r_{{\rm h},i}^2-\frac{h^2}{4}} \tag{4.91}$$

但是，这里存在一个问题，由于顶（或底）层的加热面积 $B_{h,i}$ 和侧向加热面积 $A'_{h,i}$ 的复杂性，上述方程还无法获得解析解。为了简化计算，假设顶底层的导热系数为 0，即 $K=0$，即不考虑顶底层的热损失，计算水平方向上最大的加热半径，这样，式（4.89）就可以表示为：

$$I_i\overline{\rho_i}\overline{h_i}=M_{\rm r}\left(T_{a,i}-T_{\rm ei}\right)\Delta L\frac{{\rm d}A'_{{\rm h},i}}{{\rm d}t'} \tag{4.92}$$

初始条件为：

$$A'_{{\rm h},i}\left(t'\right)\Big|_{t'=0}=0 \tag{4.93}$$

得到：

$$A'_{{\rm h},i}\left(t'\right)=\frac{I_i\overline{\rho_i}\overline{h_i}t'}{M_{\rm r}\Delta L\left(T_{a,i}-T_{\rm ei}\right)} \tag{4.94}$$

将式（4.90）代入式（4.94），得到：

$$\left[\left(\pi-2\arccos\frac{h}{2r_{{\rm h},i}}\right)r_{{\rm h},i}^2+h\sqrt{r_{{\rm h},i}^2-\frac{h^2}{4}}-\frac{\pi h^2}{4}\right]=\frac{I_i\overline{\rho_i}\overline{h_i}t}{M_{\rm r}\Delta L\left(T_{a,i}-T_{\rm ei}\right)} \tag{4.95}$$

式（4.95）是不考虑顶底层热损失后的水平方向加热半径的控制方程，尽管如此，上述方程也只能通过试算法进行求解。

三、水平段沿程热物性参数及加热半径敏感性因素分析

下面，针对上述建立的水平井注过热蒸汽水平段沿程参数预测模型和吞吐加热面积计算模型展开敏感性因素分析，主要包括以下几个因素：注汽量、注汽速度、过热度、渗透率和非均质性，油藏及注汽基本参数见表 4.5。

表 4.5　油藏及注汽基本参数

参数	数值	参数	数值
水平段长度，m	195.3	表皮系数	−2.5
井眼半径，m	0.12	热扩散系数，m^2/h	0.00037
射孔密度，m^{-1}	12	地层导热系数，W/（m·K）	1.73
射孔半径，m	0.0075	初始油层压力，MPa	2.32
油层厚度，m	15	跟端注汽压力，MPa	6.0
水平渗透率，D	2.2	跟端注汽温度，℃	335.81
垂向渗透率，D	1.8	跟端注汽速度，t/h	10.0
孔隙度	0.32	注汽时间，d	10

需要强调的是，由于过热蒸汽的密度和黏度都很低，计算结果表明水平段沿程压力降很小，几乎可以近似忽略不计。因此，在下面的分析中，不对沿程压力分布进行分析，重点研究温度和加热半径分布。

1. 注汽量影响

在其他因素保持不变的条件下，只改变注汽时间为 8d、10d、12d、14d 和 16d，对应注汽量分别为 1920t、2400t、2880t、3360t 和 3840t。图 4.10 和图 4.11 分别为注汽量对水平段沿程过热蒸汽温度和加热半径分布的影响。

从中可以看出：

（1）当注汽量一定时，随着水平段长度的增加，过热蒸汽的温度逐渐降低，加热半径逐渐减小。一方面是由于过热蒸汽与地层之间存在热交换（导热）。另一方面是由于过热蒸汽被注入地层中，流体能量逐渐减小（对流）。同时，虽然压力降很小，但是还是略有下降，地层吸汽量也逐渐下降，导致加热半径逐渐减小。

（2）当水平段长度一定时，即相同位置处，随着注汽量的增加，过热蒸汽温度略有上升，加热半径增加比较明显。这是因为当注汽到达稳定状态后，增加注汽时间不会对流体温度有太大影响。相反，由于注入热量的增加（对应注汽时间增加），根据式（4.84）或式（4.94）可知：油层吸收的热量也相应增加，因此，加热半径增加幅度比较大。

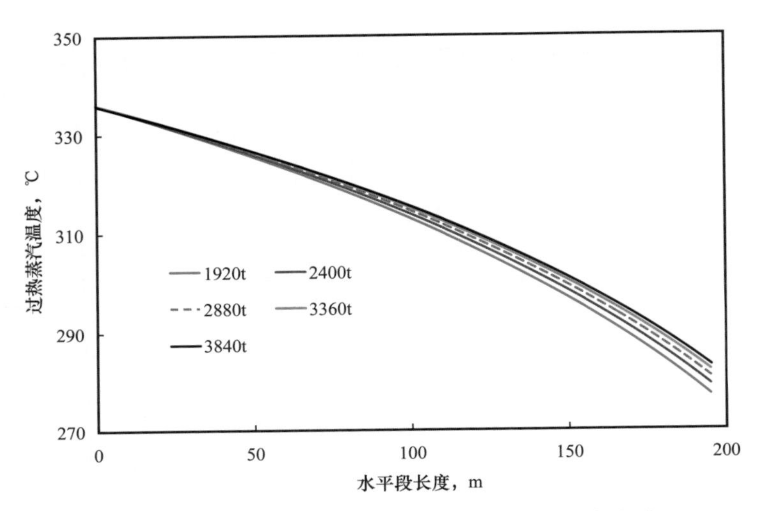

图 4.10　注汽量对水平段沿程过热蒸汽温度分布影响

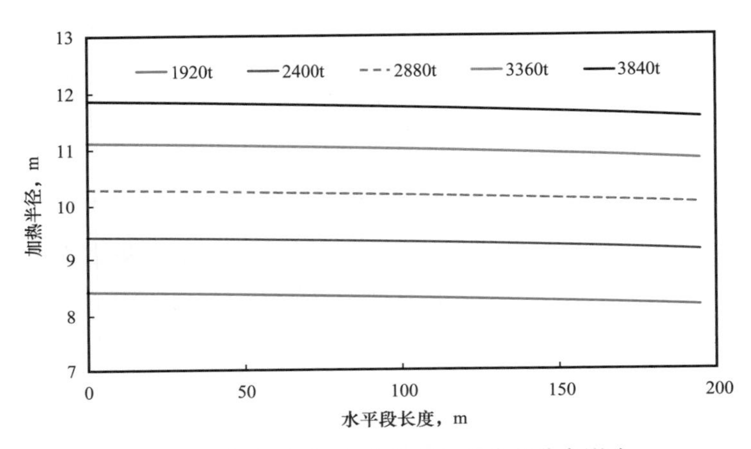

图 4.11　注汽量对水平段沿程加热半径分布影响

2. 注汽速度影响

定注汽量 2400t 等其他因素，只改变注汽速度为 10t/h、12t/h、14t/h、16t/h 和 18t/h，对应注时间分别为 10d、8.3333d、7.1429d、6.25d 和 5.5556d。图 4.12 和图 4.13 分别为注汽速度对水平段沿程过热蒸汽温度和加热半径分布的影响。从中可以看出：当水平段长度一定时，即相同位置处，随着注汽速度的增加，过热蒸汽温度逐渐上升，但是加热半径逐渐下降。这是因为注汽速度越慢，过热蒸汽与地层之间的热交换比较充分，地层吸收热量也越多。因此，井筒中过热蒸汽温度越低，加热范围越大。因此，在水平井注汽过程中，如果垂直井筒部分隔热措施比较完备，例如隔热效果比较好，适当降低注汽速度有助于起到加热油层的目的。

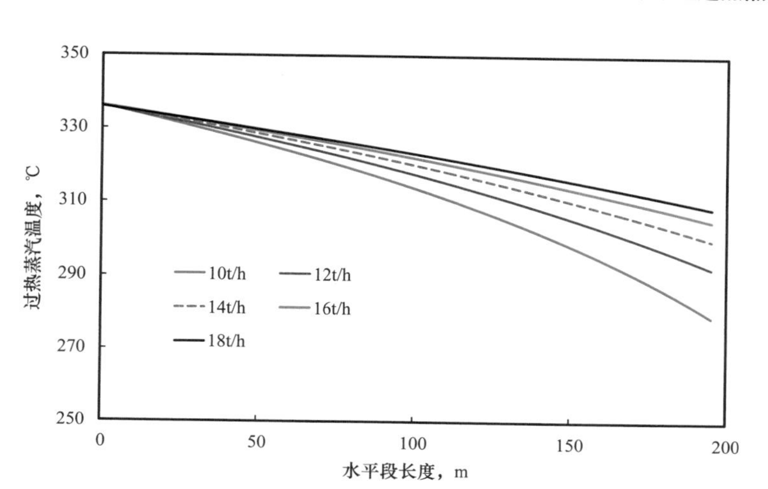

图 4.12　注汽速度对水平段沿程过热蒸汽温度分布影响

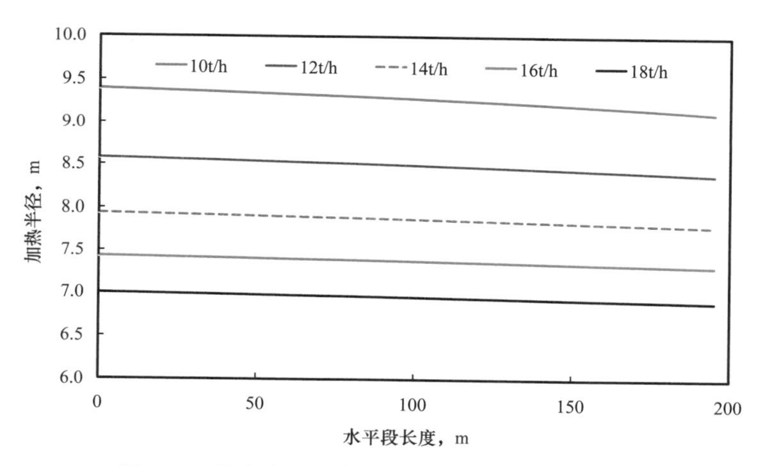

图 4.13　注汽速度对水平段沿程加热半径分布影响

3. 过热度影响

在其他因素保持不变的条件下（注汽速度 16t/h），只改变注汽温度为 608.96℃、598.96℃、588.96℃、578.96℃和 568.96℃，对应过热度分别为 60℃、50℃、40℃、30℃和 20℃。图 4.14 和图 4.15 分别为过热度对水平段沿程过热蒸汽温度和加热半径分布的影响。从中可以看出：

（1）当水平段长度一定时，即相同位置处，随着过热度的增加，过热蒸汽温度和加热半径都逐渐增加。这是因为过热度越大，对应的井筒中过热蒸汽温度高，同时，过热蒸汽携带的热量也就越多，进入到油层中用于加热油层的热量也多，加热半径也相应增加。但是，提高过热度对设备提出了更高的要求。

（2）当注入过热蒸汽的过热度比较低时，例如过热度为 20℃，在靠近水平井趾端处由于发生了相变，即过热蒸汽变成了湿蒸汽（水平井中单相流变成了汽液两相流），流体温度出现突然的下降，导致加热半径也出现降低。从这个角度也可以发现，相变发生后，过热蒸汽变成了湿蒸汽，注汽效果下降。从加热半径这个角度来讲，这或许可以作为过热蒸汽增产的原因之一。

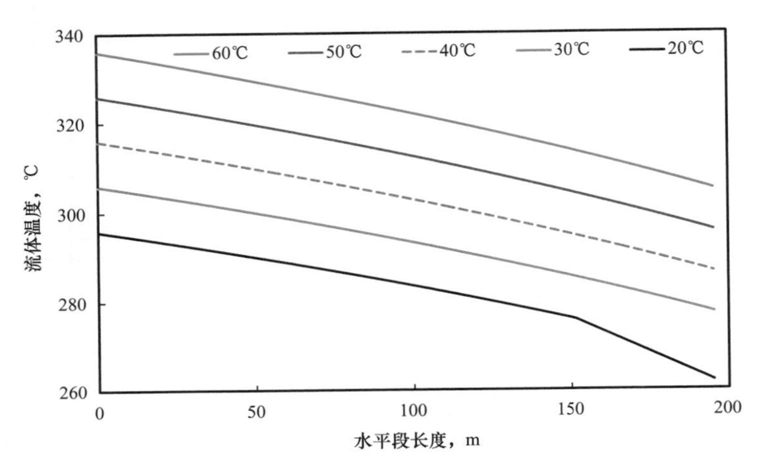

图 4.14　过热度对水平段沿程过热蒸汽温度分布影响

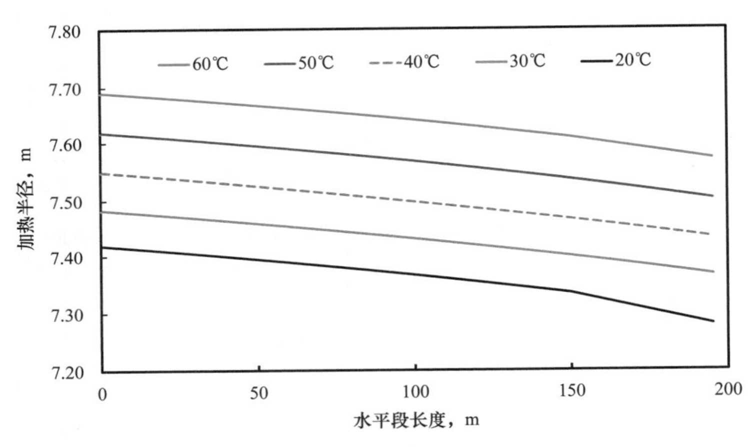

图 4.15　过热度对水平段沿程加热半径分布影响

4. 水平段沿程渗透率影响

在其他因素保持不变的条件下，只改变水平段沿程渗透率为 500mD、1000mD、1500mD、2000mD 和 2500mD，并且定垂向渗透率与水平渗透率比值为 1∶1。图 4.16 和图 4.17 分别为渗透率对水平段沿程过热蒸汽温度和加热半径分布的影响。

从中可以看出：

（1）当水平段长度一定时，即相同位置处，随着水平段沿程渗透率的增加，过热蒸汽温度逐渐降低，而加热半径逐渐增加。原因可以解释如下：① 渗透率越高，油层吸汽量越大，也就是吸收的热量越多，导致加热范围就越大；② 剩余在井筒中流体的能量就越少，对应温度就越低；③ 因为油层吸收量随渗透率增加而增加，导致井筒中流体的流速降低，过热蒸汽与地层之间的热交换进一步增加，流体温度下降也快。

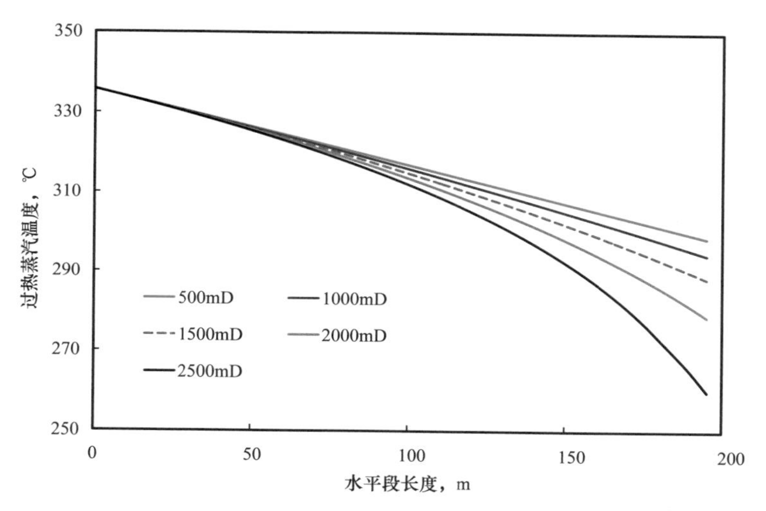

图 4.16　渗透率对水平段沿程过热蒸汽温度分布影响

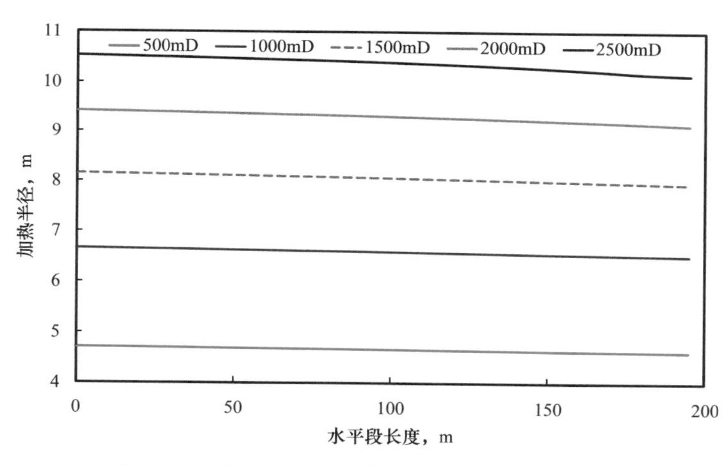

图 4.17　渗透率对水平段沿程加热半径分布影响

（2）当渗透率比较高时，例如当渗透率为 2500mD 时，由于油层吸汽量大，水平井筒中流量低，在大约距离跟端 176.72m 处过热蒸汽发生了相变，相变发生后流体温度出现迅速下降。

5. 水垂比影响

在其他因素保持不变的条件下（水平渗透率 1.5D），只改变垂向渗透率为 0.5D、1.0D、1.5D 和 2.0D，对应垂向渗透率与水平渗透率比值分别为 1/3、1/2、2/3 和 1。图 4.18 和图 4.19 分别为垂向渗透率与水平渗透率比值对水平段沿程过热蒸汽温度和加热半径分布的影响。

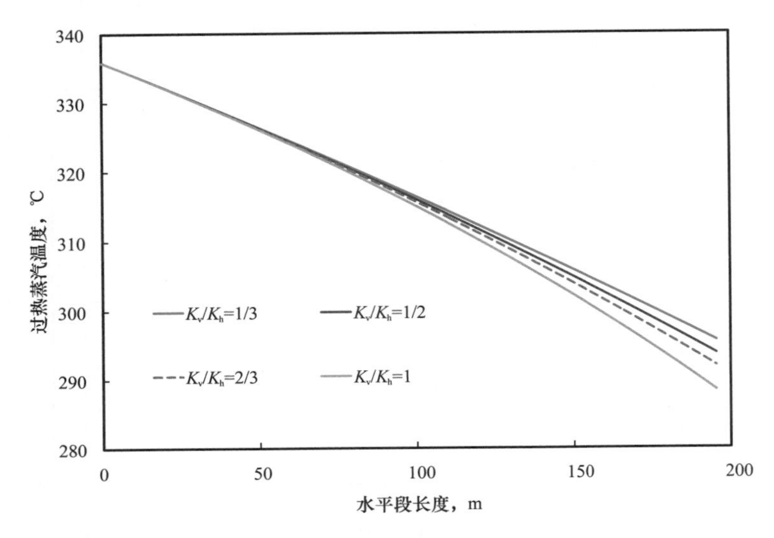

图 4.18　垂向渗透率与水平渗透率比值对水平段沿程过热蒸汽温度分布影响

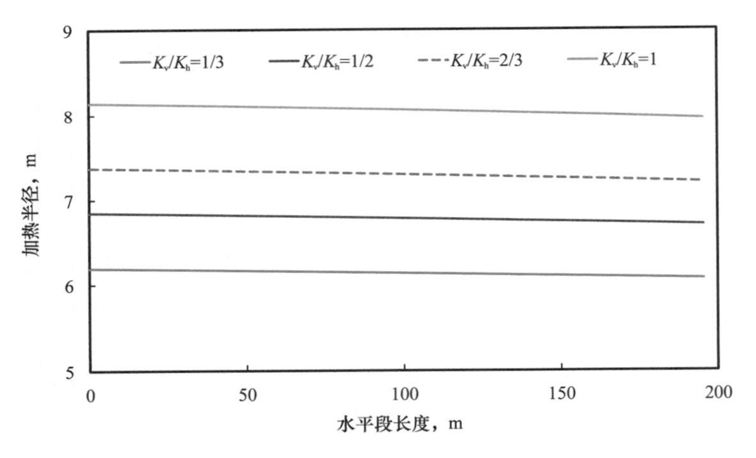

图 4.19　垂向渗透率与水平渗透率比值对水平段沿程加热半径分布影响

从中可以看出：

当水平段长度一定时，即相同位置处，随着垂向渗透率与水平渗透率比值（垂向非均质性）的增加，过热蒸汽温度逐渐降低，而加热半径逐渐增加。原因可以解释如下：

（1）垂向渗透率与水平渗透率比值越高，对应垂向渗透率增加，油层吸汽量增大，导致加热范围就越大；

（2）剩余在井筒中流体的能量减少，对应井筒中过热蒸汽的温度就越低；

（3）因为油层吸收量也随垂向渗透率增加而增加，导致井筒中流体的流速降低，过热蒸汽与地层之间的热交换进一步增加，流体温度下降也快。

四、水平井过热蒸汽吞吐稳态产能评价

1. 水平井过热蒸汽吞吐产能与加热范围关系

本章第三节详细介绍了水平井注过热蒸汽水平段沿程参数预测方法和加热面积计算方法，这为计算吞吐产能奠定了基础。关于水平井过热蒸汽吞吐产能计算方法，采用经典的Joshi公式进行计算：

$$q_h = \frac{2\pi K_h h\Delta p/(\mu_o B_o)}{\ln\left\{\left[a+\sqrt{a^2-(L/2)^2}\right]/(L/2)\right\}+(h/L)\ln\dfrac{h}{2\pi r_w}} \tag{4.96}$$

式中　μ_o——原油黏度，mPa·s；

　　　B_o——原油体积系数。

其中

$$a=\frac{L}{2}\left[0.5+\sqrt{(2r_h/L)^4+0.25}\right]^{0.5} \tag{4.97}$$

式中　r_h——平均加热半径。

需要强调的是，实际油藏大多是非均质的。对于非均质油藏，引入修正系数$\beta=\sqrt{K_h/K_v}$，同时渗透率采用有效渗透率$K=\sqrt{K_h K_v}$，得到：

$$q_h = \frac{2\pi Kh(p_R-p_{wf})/(\mu_o B_o)}{\ln\left\{\left[a+\sqrt{a^2-(L/2)^2}\right]/(L/2)\right\}+(\beta h/L)\ln\dfrac{\beta h}{2\pi r_w}} \tag{4.98}$$

对于含有边底水的油藏，求解的思路是应用保角变换方法和势函数理论推导边底水油藏水平井产能公式，其中可动半径采用计算得到的加热半径。

对于底水驱油藏水平井产能，这里采用学者范子菲提出的计算公式：

$$q_h = \frac{2\pi K}{\mu_o B_o}\frac{\phi_e-\phi_h}{\ln\dfrac{4h}{\pi r_w}+\ln\tan\dfrac{\pi z_w}{2h}} \tag{4.99}$$

式中　h——油层厚度，m；

　　　z_w——水平井距油水界面的厚度，m；

　　　ϕ_e——供给边缘的势；

　　　ϕ_h——井口的势。

根据式（4.99）可以得到比采油指数为：

$$C_r = \frac{2\pi K}{\mu_o B_o} \frac{1}{\ln \frac{4h}{\pi r_w} + \ln \tan \frac{\pi r_w}{2h}} \tag{4.100}$$

对于各向异性油藏，引入修正系数 $\beta = \sqrt{K_h / K_v}$ ，分别得到：

$$q_h = \frac{2\pi K}{\mu_o B_o} \frac{\phi_e - \phi_h}{\ln \frac{4\beta h}{\pi r_w} + \ln \tan \frac{\pi z_w}{2h}} \tag{4.101}$$

$$C_r = \frac{2\pi K}{\mu_o B_o} \frac{1}{\ln \frac{4\beta h}{\pi r_w} + \ln \tan \frac{\pi r_w}{2h}} \tag{4.102}$$

因此，长度为 L 的底水油藏水平井产能公式为：

$$Q = qL \tag{4.103}$$

2. 实例计算和分析

这里以 KMK 油田水平井及油藏物性基本参数为例进行实例计算和分析，其中，注汽参数采用表 4.6 中的数据，黏度温度曲线如图 4.20 所示。

表 4.6　KMK 油田水平井及油藏物性基本参数

参数	数值	参数	数值
水平段长度，m	100～300	水平渗透率，D	0.5～2.5
垂向渗透率与水平渗透率比值	1/3～1	原油黏度，mPa·s	1000～5000
油层厚度，m	15	原油体积系数，m^3/m^3	1.05

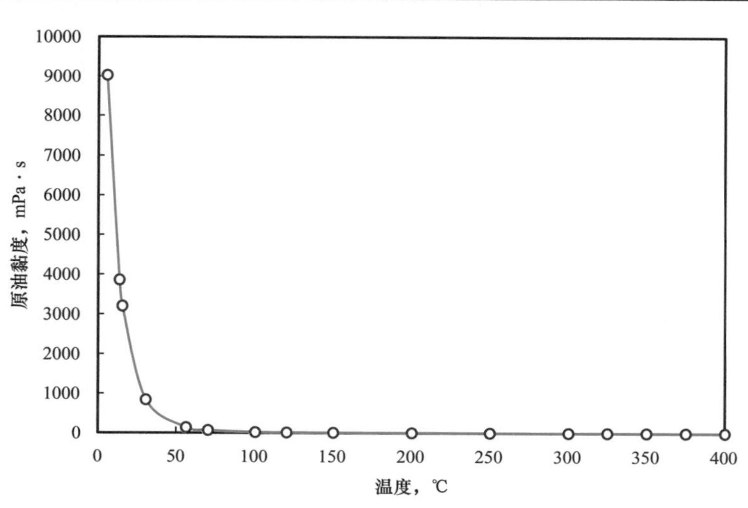

图 4.20　KMK 原油黏度温度关系曲线

定水平井长度200m，水平渗透率1.5D，垂向渗透率与水平渗透率比值为1/3，油层厚度15m等，计算结果表明：（1）焖井结束后，平均加热半径为6.48m，如图4.21所示为水平段沿程加热半径分布；（2）根据式（4.98）计算得到平均产油量为29.21m³/d。

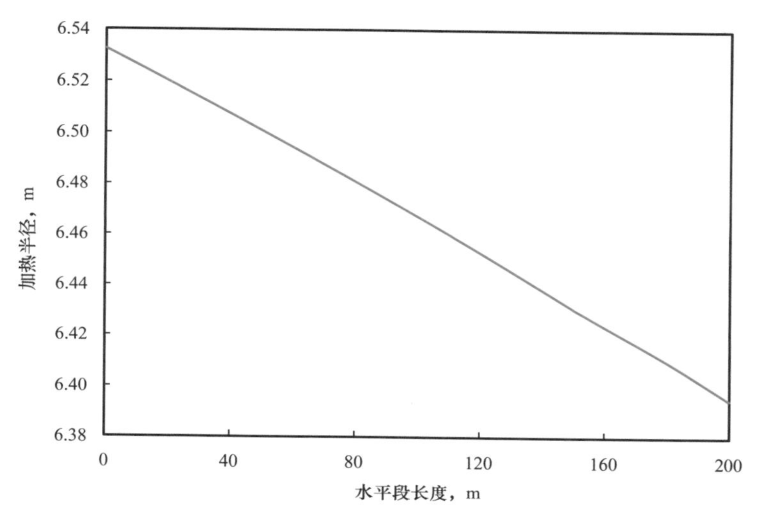

图4.21　计算实例中水平段沿程加热半径计算结果

五、水平井过热蒸汽吞吐动态产能评价

需要强调的是，如果把蒸汽吞吐不稳定生产过程进行时间离散，那么在一个较小的时间段Δt内，可以认为热区内原油的流动符合拟稳态渗流，可以采用修正的Joshi公式计算水平井过热蒸汽吞吐动态产能，求解思路如下：

$$q_{\mathrm{h}}^{t}=\frac{2\pi K\left(p_{R}^{t}-p_{\mathrm{wf}}\right)/\left(\mu_{\mathrm{o}}^{t}B_{\mathrm{o}}\right)}{\ln\left\{\left[a+\sqrt{a^{2}-\left(L/2\right)^{2}}\right]/\left(L/2\right)\right\}+\left(\beta h/2\right)\ln\frac{\beta h}{2\pi r_{\mathrm{w}}}}\tag{4.104}$$

式中　q_{h}^{t}——t时刻水平井产量，m³；

p_{R}^{t}——t时刻加热区的冷热界面压力，MPa，可以参考张红玲等提出的计算方法；

μ_{o}^{t}——t时刻加热区原油黏度，mPa·s。

另外一种思路就是将水平井分段，每一段等效成直井进行计算，下面将重点介绍这种求解思路。

1. 水平井过热蒸汽吞吐动态产能评价新模型

基本假设：（1）在生产过程中，油层分热区（过热区＋饱和区和热水区统一为热区）和冷区，热区温度随着生产过程逐渐降低，冷区温度为原始油藏温度；（2）热区和冷区之间受压力差作用而有流体相互渗流，但不考虑流体渗流时携带的热量；（3）井底流压保持不变，且不考虑生产过程水平井井筒沿程压力变化；（4）对水平段生产过程进行时间和空间离散。

（1）热量没有通过顶底盖层前。

热量没有通过顶底盖层前，整个地层的渗流过程分为三个阶段（图 4.22）：第一阶段流体从外边缘流到近井泄油体外表面的冷区线性渗流；第二阶段流体从近井泄油体的外表面流向加热区边界的冷区平面径向流；第三阶段流体从加热区边界流向水平井筒的热区平面径向流。

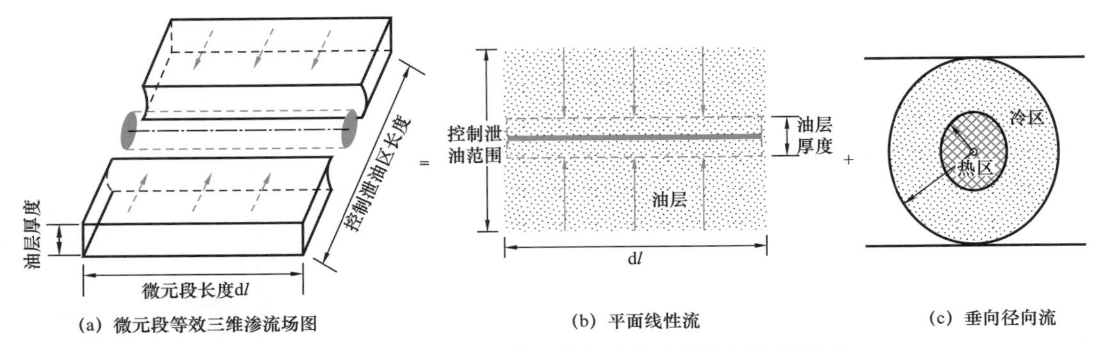

图 4.22 热量通过顶底盖层前水平井近井渗流简化模型

当加热范围未到达顶底边界时，热区内为径向流、冷区为线性流和径向流的耦合，产液指数计算如下：

$$J_{\mathrm{h}}(i,\tau)=\frac{1}{(1/J_1+1/J_{21}+1/J_{22})} \tag{4.105}$$

各生产时间水平井产量计算如下：

$$q_{\mathrm{o}}(\tau)=\sum q_{\mathrm{o}}(i,\tau)=\sum J_{\mathrm{h}}(i,\tau)\cdot\left[p_{\mathrm{a}}(i,\tau)-p_{\mathrm{wf}}\right]\cdot\left[1-f_{\mathrm{wh}}(i,\tau)\right] \tag{4.106}$$

$$q_{\mathrm{w}}(\tau)=\sum q_{\mathrm{w}}(i,\tau)=\sum J_{\mathrm{h}}(i,\tau)\cdot\left[p_{\mathrm{a}}(i,\tau)-p_{\mathrm{wf}}\right]\cdot f_{\mathrm{wh}}(i,\tau) \tag{4.107}$$

其中

$$J_1=\frac{4\sqrt{K_{\mathrm{h}}/K_{\mathrm{v}}}\cdot K_{\mathrm{v}}\cdot \mathrm{d}l\cdot a}{r_{\mathrm{e}}-h}\left(\frac{K_{\mathrm{ro}}}{\mu_{\mathrm{o}}}+\frac{K_{\mathrm{rw}}}{\mu_{\mathrm{w}}}\right) \tag{4.108}$$

$$J_{21}=\frac{2\pi\sqrt{K_{\mathrm{h}}/K_{\mathrm{v}}}\cdot K_{\mathrm{v}}\cdot \mathrm{d}l\cdot a}{\ln\dfrac{h}{2r_{\mathrm{h}}}-0.75}\left(\frac{K_{\mathrm{ro}}}{\mu_{\mathrm{o}}}+\frac{K_{\mathrm{rw}}}{\mu_{\mathrm{w}}}\right) \tag{4.109}$$

$$J_{22}=\frac{2\pi\sqrt{K_{\mathrm{h}}/K_{\mathrm{v}}}\cdot K_{\mathrm{v}}\cdot \mathrm{d}l\cdot a}{\ln\dfrac{r_{\mathrm{h}}}{r_{\mathrm{w}}}-0.75+S}\left(\frac{K'_{\mathrm{ro}}}{\mu'_{\mathrm{o}}}+\frac{K'_{\mathrm{rw}}}{\mu'_{\mathrm{w}}}\right) \tag{4.110}$$

$$f_{\mathrm{wh}}(i,\tau)=\frac{\dfrac{K'_{\mathrm{rw}}}{\mu'_{\mathrm{w}}}}{\dfrac{K'_{\mathrm{rw}}}{\mu'_{\mathrm{w}}}+\dfrac{K'_{\mathrm{ro}}}{\mu'_{\mathrm{o}}}} \tag{4.111}$$

式中 $q_{\mathrm{o}}(i,\tau)$——水平井微元段第 τ 天产油量，$\mathrm{m^3/d}$；

$q_{\mathrm{w}}(i,\tau)$——水平井微元段第 τ 天产水量，$\mathrm{m^3/d}$；

$J_h(i,\tau)$——水平井微元段第 τ 天产液指数，$\mathrm{m^3/(MPa\cdot d)}$；

$p_{\mathrm{a}}(i,\tau)$——水平井微元段第 τ 天平均地层压力，MPa；

p_{wf}——井底流压，MPa；

$f_{\mathrm{wh}}(i,\tau)$——水平井微元段第 τ 天含水率；

K_{h}——地层水平渗透率，mD；

K_{v}——地层垂向渗透率，mD；

r_{e}——泄油半径，m；

r_{h}——加热半径，m；

r_{w}——井筒半径，m；

h——油层厚度，m；

$\mathrm{d}l$——微元段长度，m；

a——单位换算系数，取值 86.4；

K_{ro}——微元段第 τ 天冷区油相相对渗透率，mD；

K_{rw}——微元段第 τ 天冷区水相相对渗透率，mD；

μ_{o}——微元段第 τ 天冷区原油黏度，mPa·s；

μ_{w}——微元段第 τ 天冷区地层水的黏度，mPa·s；

K'_{ro}——微元段第 τ 天热区油相相对渗透率，mD；

K'_{rw}——微元段第 τ 天热区水相相对渗透率，mD；

μ'_{o}——微元段第 τ 天热区原油黏度，mPa·s；

μ'_{w}——微元段第 τ 天热区地层水的黏度，mPa·s；

S——表皮系数。

（2）热量通过顶底盖层后。

整个地层的渗流过程分为三个阶段（图 4.23）：第一阶段流体从外边缘流到加热区外边界的冷区线性渗流；第二阶段流体从加热区外边界流向近井泄油体外表面的热区平面线性流；第三阶段流体从近井泄油体外表面流向水平井筒的热区平面径向流。

加热范围到达顶底边界时，冷区内为线性流、热区为线性流和径向流的耦合，产液指数计算方程如下：

$$J_{\mathrm{h}}=\frac{1}{(1/J_1+1/J_{21}+1/J_{22})} \tag{4.112}$$

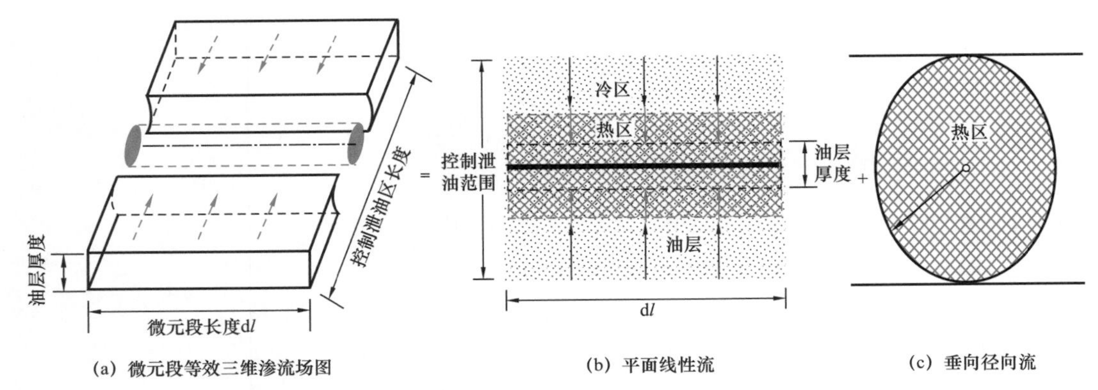

(a) 微元段等效三维渗流场图　　(b) 平面线性流　　(c) 垂向径向流

图 4.23　热量通过顶底盖层后水平井近井渗流简化模型

各生产时间水平井产量计算如下：

$$q_{\mathrm{o}}(\tau)=\sum q_{\mathrm{o}}(i,\tau)=\sum J_{\mathrm{h}}(i,\tau)\cdot\left[p_{\mathrm{a}}(i,\tau)-p_{\mathrm{wf}}\right]\cdot\left[1-f_{\mathrm{wh}}(i,\tau)\right] \tag{4.113}$$

$$q_{\mathrm{w}}(\tau)=\sum q_{\mathrm{w}}(i,\tau)=\sum J_{\mathrm{h}}(i,\tau)\cdot\left[p_{\mathrm{a}}(i,\tau)-p_{\mathrm{wf}}\right]\cdot f_{\mathrm{wh}}(i,\tau) \tag{4.114}$$

其中

$$J_1=\frac{4\sqrt{K_{\mathrm{h}}/K_{\mathrm{v}}}\cdot K_{\mathrm{v}}\cdot \mathrm{d}l\cdot a}{r_{\mathrm{e}}-h}\left(\frac{K_{\mathrm{rl}}}{\mu_{\mathrm{l}}}+\frac{K_{\mathrm{rg}}}{\mu_{\mathrm{g}}}\right) \tag{4.115}$$

$$J_{21}=\frac{4\sqrt{K_{\mathrm{h}}/K_{\mathrm{v}}}\cdot K_{\mathrm{v}}\cdot \mathrm{d}l\cdot a}{2r_{\mathrm{h}}-h}\left(\frac{K'_{\mathrm{rl}}}{\mu'_{\mathrm{l}}}+\frac{K'_{\mathrm{rg}}}{\mu'_{\mathrm{g}}}\right) \tag{4.116}$$

$$J_{22}=\frac{2\pi\sqrt{K_{\mathrm{h}}/K_{\mathrm{v}}}\cdot K_{\mathrm{v}}\cdot \mathrm{d}l\cdot a}{\ln\dfrac{h/2}{r_{\mathrm{w}}}-0.75+S}\left(\frac{K'_{\mathrm{rl}}}{\mu'_{\mathrm{l}}}+\frac{K'_{\mathrm{rg}}}{\mu'_{\mathrm{g}}}\right) \tag{4.117}$$

$$f_{\mathrm{wh}}(i,\tau)=\frac{\dfrac{K'_{\mathrm{rw}}}{\mu'_{\mathrm{w}}}}{\dfrac{K'_{\mathrm{rw}}}{\mu'_{\mathrm{w}}}+\dfrac{K'_{\mathrm{ro}}}{\mu'_{\mathrm{o}}}} \tag{4.118}$$

（3）各生产阶段加热区的平均温度 T_{a}。

$$T_{\mathrm{a}}=T_{\mathrm{i}}+(T_{\mathrm{A}}-T_{\mathrm{i}})\left[\overline{V_{\mathrm{r}}}\,\overline{V_{\mathrm{z}}}(1-\delta)-\delta\right] \tag{4.119}$$

$$\delta=\frac{1}{2Q_{\max}}\int_0^{t_{\mathrm{p}}}Q_{\mathrm{p}}\mathrm{d}t \tag{4.120}$$

$$\theta_{\mathrm{r}}=\frac{\alpha(t_{\mathrm{m}}+t_{\mathrm{p}})}{r_{\mathrm{h}}^2} \tag{4.121}$$

$$\theta_z = \frac{4\alpha(t_m + t_p)}{L^2} \tag{4.122}$$

$$Q_{max} = Q_i - \pi r_h^2 \lambda (T_s - T_i)\sqrt{\frac{t_m}{\pi\alpha}} \tag{4.123}$$

$$Q_p = (q_o M_o + q_w M_w)(T_a - T_i) \tag{4.124}$$

式中　t_p——生产时间，h；

δ——修正项，用于考虑产出液体带出的热量；

Q_i——注入蒸汽的热量，kJ；

Q_{max}——扣除顶底层热量损失后的热量，kJ；

Q_p——生产带出的热量，kJ/d；

q_o，q_w——某一时刻瞬时油、水产量，m^3/d；

M_o，M_w——油、水热容量，kJ/（m^3·℃）。

（4）各生产阶段加热区的平均地层压力 p_a。

应用体积平衡原理：产出油水的地下体积应等于地下油体积的膨胀、地下水体积的膨胀与孔隙体积的减小之和。

产出油水的地下体积 V_{o+w} 为：

$$V_{o+w}=N_wB_w+N_oB_o \tag{4.125}$$

式中　N_w，N_o——不包括热水带产出的累计产水量和采出程度（地面），m^3；

B_o，B_w——分别在 p_a，T_a 下的油水体积系数。

地下油体积的膨胀 V_{oe}：

$$V_{oe} = C_o N B_o(\overline{p} - p_a) - \beta_o N_{oh} B_o(\overline{T} - T_a) \tag{4.126}$$

式中　C_o——原油压缩系数，MPa^{-1}；

N——产量，m^3；

N_{oh}——热区油产量，m^3；

p_a——各生产阶段的平均地层压力，MPa；

T_a——各生产阶段的温度，℃。

地下水体积的膨胀：

$$C_w(N_{we} + G)B_{we}(\overline{p} - p_a) - \beta_w(N_{weh} + G)B_{we}(\overline{T} - T_a) \tag{4.127}$$

式中　C_w——原油压缩系数；

N_{we}——水产量，m^3；

N_{weh}——有效加热区的水产量，m^3；

B_{we}——水的体积分数；

β_w——水的热膨胀系数，K^{-1}。

孔隙体积的减小：

$$C_p V_p(\overline{p}-p_a) \tag{4.128}$$

式中 V_p——孔隙体积，m^3；

C_p——孔隙压缩系数，MPa^{-1}。

由上整理可得：

$$p_a=\overline{p}-\frac{N_w B_w+N_o B_o}{NB_o C_e}-\frac{N_{oh}(\overline{T}-T_a)\beta_e}{NC_e} \tag{4.129}$$

同上，对于超稠油油藏，若将压力传播范围限制在加热区，式（4.129）可写为：

$$p_a=\overline{p}-\frac{N_w+N_o}{N_{oh}C_e}-\frac{(\overline{T}-T_a)\beta_e}{NC_e} \tag{4.130}$$

（5）各生产阶段地层含水饱和度计算。

在生产过程中，采出水量和冷区向热区水流水量直接影响地层的含水饱和度分布。利用水相质量守恒原理，可分别计算热区和冷区的含水饱和度。

热区含水饱和度：

$$S_{wh0}\phi V_{ph}\rho_{wh0}+I(i,\tau)-Q(i,\tau)=S_{wh}\phi V_{ph}(1+C_p\Delta P)\rho_{wh} \tag{4.131}$$

冷区含水饱和度：

$$S_{wc0}\phi V_{pc}\rho_{wc0}-I(i,\tau)=S_{wc}\phi V_{pc}(1+C_p\Delta P)\rho_{wc} \tag{4.132}$$

式中 S_{wh0}，S_{wc0}——焖井结束时热区和冷区的含水饱和度；

Q，I——热区累产水量和冷区流入热区的累计水量，kg；

V_{ph}，V_{pc}——热区体积和冷区体积，m^3；

ϕ——孔隙度。

周期生产结束后，相关的地层参数作为下一周期吞吐的原始地层参数，各微元段的剩余热量代入下一周期的加热半径计算。

2. 实例计算和分析

根据上述计算模型，以表 4.7 中的基本参数为例，进行了实例计算和分析，并开展了敏感性因素分析。

以表中的基础参数进行了一个实例计算，结果如图 4.24 至图 4.27 所示。

（1）在同一个吞吐周期内，随着吞吐时间的增加，日产油量先增加，到达峰值后，产量再逐渐下降；

（2）对于不同周期，由于地层能量逐渐消耗，不仅峰值产量逐渐降低，而且周期产油量、周期油汽比减小，周期生产时间也逐渐缩短。

表 4.7 动态产能评价中水平井及油藏物性基本参数

参数	数值	参数	数值
水平段长度，m	200	油藏压力，MPa	2.32
井眼半径，m	0.12	跟段注汽压力，MPa	6.0
油层厚度，m	15	跟段过热度，℃	30
水平渗透率，D	1.5	跟段注汽速度，t/h	10.0
垂向渗透率，D	0.5	注汽时间，d	15
孔隙度	0.32	初始地层温度，℃	13.1
初始含水饱度	25%	该温度下原油黏度，mPa·s	3860

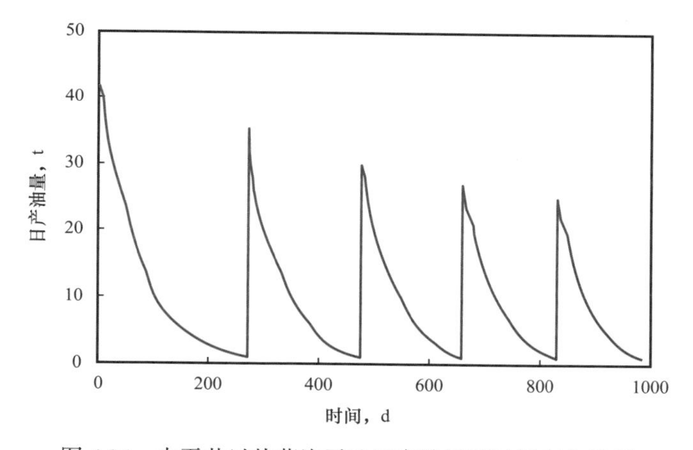

图 4.24 水平井过热蒸汽吞吐日产油量随时间变化关系

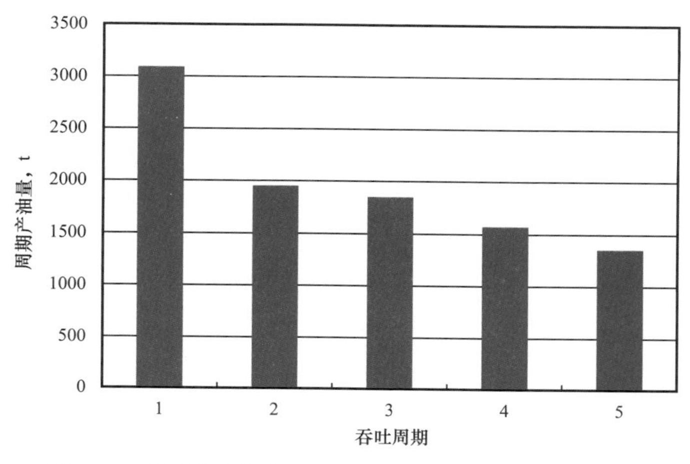

图 4.25 水平井过热蒸汽吞吐周期产油量随周期变化关系

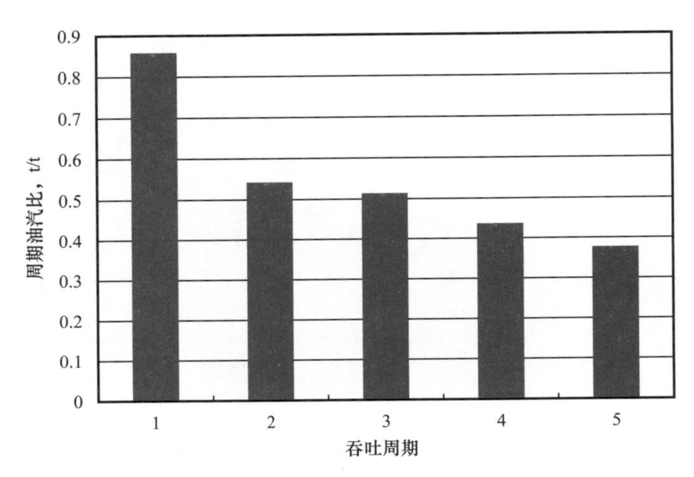

图 4.26　水平井过热蒸汽吞吐周期油汽比随周期变化关系

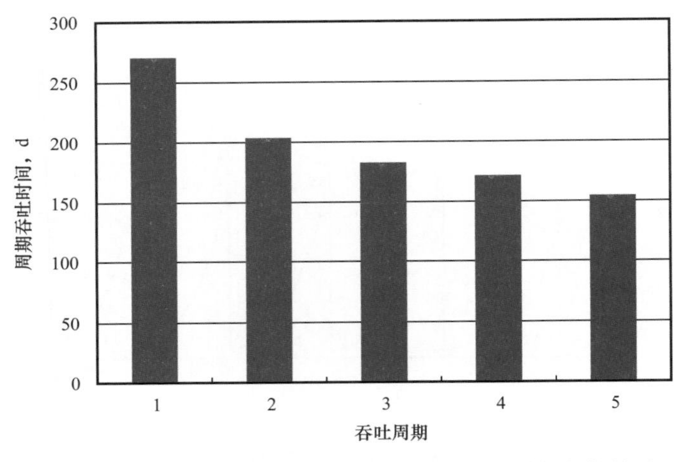

图 4.27　水平井过热蒸汽吞吐周期吞吐时间随周期变化关系

以上就是蒸汽吞吐的重要特点。蒸汽吞吐严格依赖地层能量或人工注入的热能。随着生产的进行，地层压力逐渐降低，弹性能减少，同时，地层温度下降，原油黏度增加，有效动用范围缩小，这个时候就需要进行下一轮注蒸汽弥补地层压力，重新加热冷却的原油。但是，蒸汽吞吐毕竟属于单井作业，可动范围有限，到了吞吐周期出现产油量、周期油汽比下降及吞吐时间缩短从理论上讲是正常的。

因此，按照正常吞吐作业，到了吞吐后期，由于吞吐周期比较长，比如辽河油田 J 区块部分井吞吐高达 30 多个轮次，吞吐后期生产效果比较差，具体表现为：周期产油量和油汽比低，甚至低于经济极限值，周期生产时间明显缩短。这个时候急需转换开发方式，通常是转蒸汽驱。同样地，水平井过热蒸汽吞吐在后期也可能会面临这个问题，这就要求在编制开发方案的前期需要考虑到后期的井网形式和注采关系。

第四节　不同井型过热蒸汽吞吐产能的影响因素

一、水平井过热蒸汽吞吐稳态产能影响因素分析

1. 水平井长度影响

定水平渗透率为 1.5D，垂向渗透率与水平渗透率比值为 1/3，油层厚度为 15m，水平段长度分别为 100m、150m、200m、250m 和 300m，研究水平井段长度对水平井产能的影响，如图 4.28 所示。从图中可以看出，对于 KMK 油田，由于水平井长度相对比较短，随着水平井长度增加，水平井产能递增比较明显。这主要是因为水平井长度越长，井筒与油层之间的泄油面积增加致使产量增加。事实上，当水平井长度增加到一定长度时，产量增加趋势会平缓，这主要是实际上地层供液能力有限导致的，这就是为什么我们也通常利用产能评价方法优化水平井长度。但是，对于 KMK 油田，水平井长度比较短（200m 左右），产量随水平井长度增加比较明显。

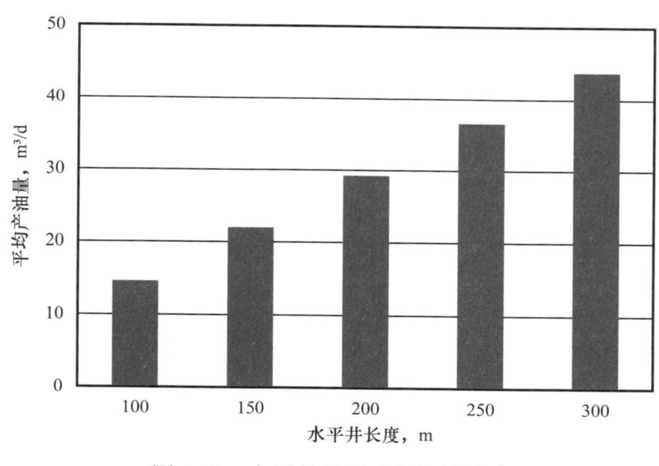

图 4.28　水平井长度对产能的影响

2. 水平渗透率影响

定垂向渗透率与水平渗透率比值为 1/3，油层厚度 15m，水平段长度为 200m，改变水平渗透率为 0.5D、1.0D、1.5D、2.0D 和 2.5D，研究渗透率对水平井产能的影响，如图 4.29 所示。从图中可以看出，随着水平渗透率的增加，水平井产能逐渐增加。这个可以从式（4.98）可以看出。

3. 水垂比影响

定水平渗透率 1.5D，油层厚度 15m，水平段长度为 200m，改变垂向渗透率为 0.5D、

0.75D、1.0D、1.125D 和 1.5D，对应垂向渗透率与水平渗透率比值分别为 1/3、1/2、2/3、3/4 和 1，研究垂向渗透率与水平渗透率比值对水平井产能的影响，如图 4.32 所示。从图中可以看出，随着垂向渗透率与水平渗透率比值的增加，水平井产能逐渐增加。事实上，垂向渗透率与水平渗透率比值增加，对应垂向渗透率增加，都是增加地层的渗透率，对应产量也相应增加。不过，需要强调的是，对于存在底水的情况，垂向渗透率的大小对底水锥进存在一定的影响。垂向渗透率低可以延缓底水上升，含水率增加缓慢，有利于生产。但是图 4.30 表明低垂向渗透率导致产能降低，因此，会存在一个临界值让水平井产量最大。

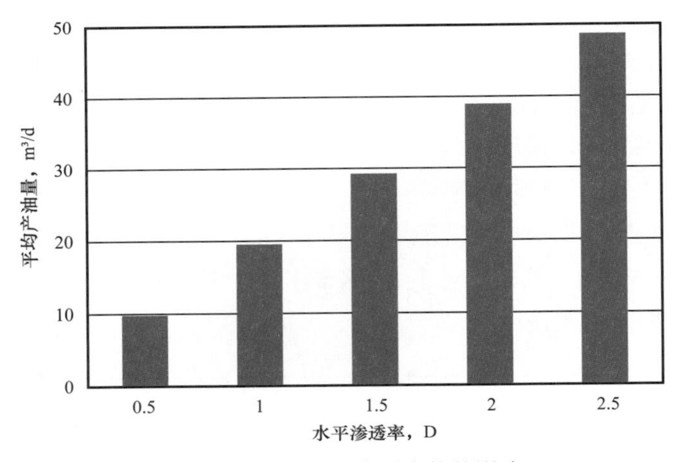

图 4.29　水平渗透率对产能的影响

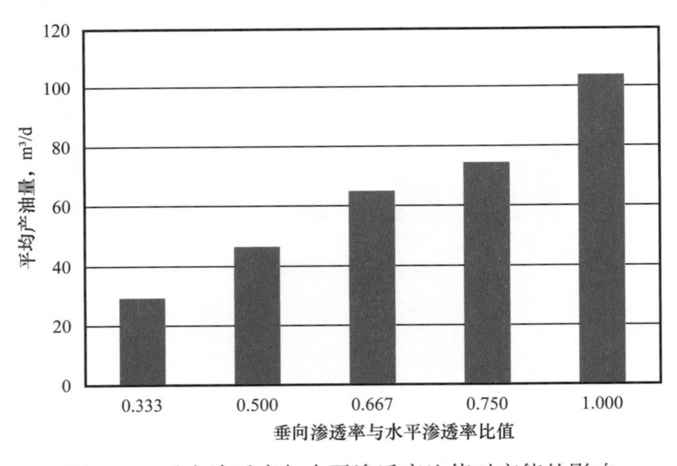

图 4.30　垂向渗透率与水平渗透率比值对产能的影响

4. 原油黏度影响

定水平渗透率 1.5D，油层厚度 15m，水平段长度为 200m，垂向渗透率与水平渗透率比值 1/3，只改变原油黏度，分别取值为 1000mPa·s、2000mPa·s、3000mPa·s、4000mPa·s 和 5000mPa·s，研究原油黏度对水平井产能的影响，如图 4.31 所示。从图中可以看出，随着原油黏度的增加，水平井产能迅速递减，说明原油黏度对水平井产能影响很大。因此，当稠油黏度高于一定程度时，原油很难流动，产量将很低。

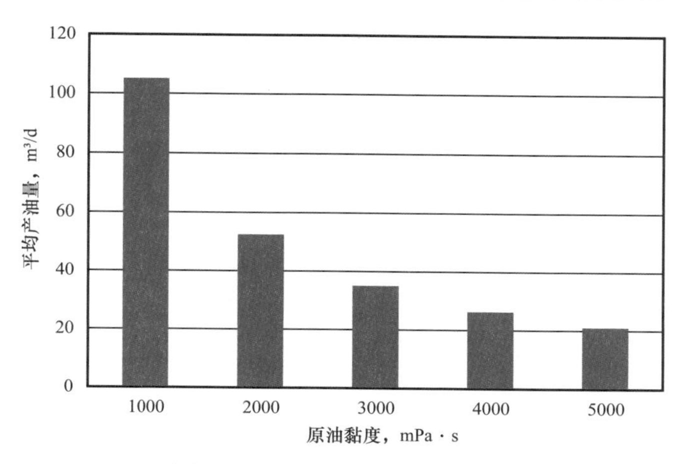

图 4.31　原油黏度对产能的影响

二、水平井过热蒸汽吞吐动态产能影响因素分析

以表 4.7 为基准参数，开展了水平井过热蒸汽吞吐稳态产能影响因素分析。

1. 水平井长度影响

以表 4.7 为基准参数，只改变水平井长度，分别取值为 100m、150m、200m、250m 和 300m，研究水平井长度对水平井过热蒸汽吞吐动态产能的影响，如图 4.32 所示。

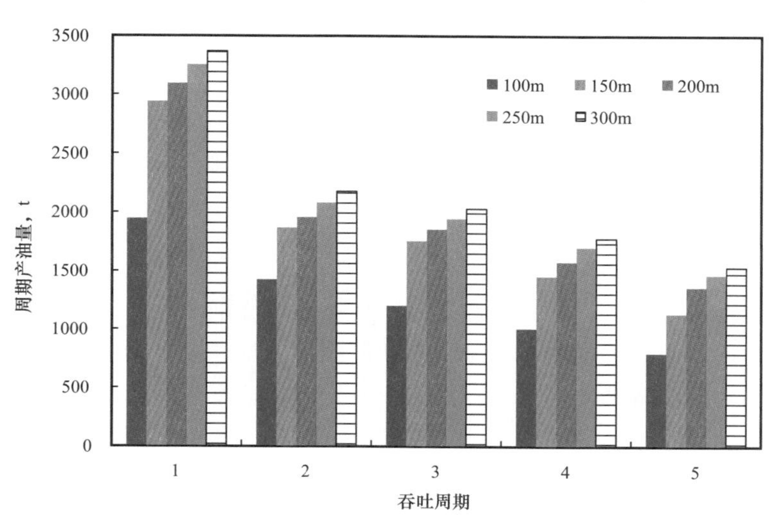

图 4.32　水平井长度对过热蒸汽吞吐不同周期产能的影响

从图中可以看出：

（1）当水平井长度一定时，周期产油量随着吞吐轮次逐渐降低。这主要是由于蒸汽吞

吐是一种依靠地层弹性能的热采方式。开井后，刚开始地层压力高，产液量大。随着地层压力逐渐降低，产液量和产油量也逐渐下降。当热产油量低于经济日产油量后关井，并开始下一个吞吐周期，进行注入热流体补充地层能量。但是，一般而言注入的能量不能完全弥补地层能量的亏损，因此，不同周期的产油量逐渐下降。

（2）在相同周期内，水平井长度越长，周期产油量越高。这主要是因为长水平井与地层的接触面积更大。但是，并不是水平井长度越长越好。一方面是由于存在井筒之间的干扰，水平井产能并不是和水平井长度成正比；另一方面还需要考虑到钻井成本，因此，存在一个合理的水平井长度。

2. 水平渗透率影响

以表 4.7 为基准参数，只改变水平渗透率，分别取值为 1000mD、1500mD、2000mD、2500 和 3000mD，研究水平渗透率对水平井过热蒸汽吞吐动态产能的影响，如图 4.33 所示。

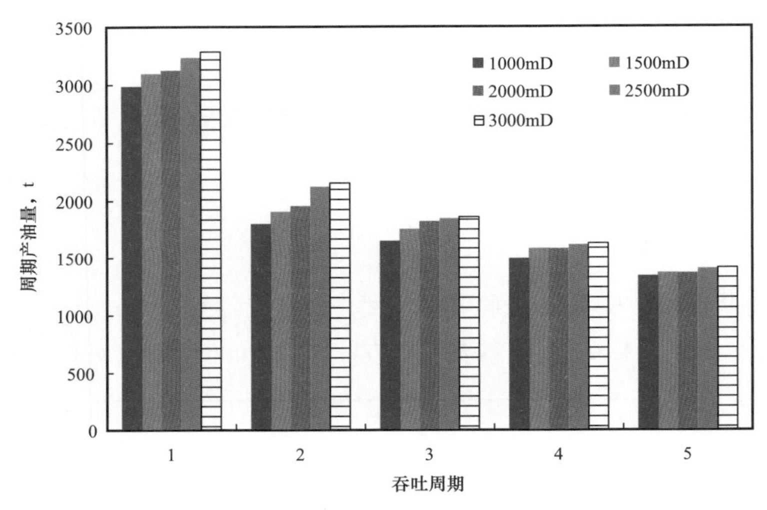

图 4.33　水平渗透率对过热蒸汽吞吐不同周期产能的影响

从图中可以看出：

（1）当水平渗透率一定时，随着吞吐周期的增加，周期产油量逐渐减少。引起周期产油量下降的原因是多方面的，除了上面提到的地层能量逐渐消耗外，还有单井周期含油饱和度逐渐降低。随着原油逐渐被采出来，单井周围含油饱和度下降，油相的相对渗透率下降，而水相的相对渗透率增加。当绝对渗透率一定时（这里先不考虑温度、压力等对渗透率的影响），吞吐后期产油量下降，含水率上升。因此，这就是国外提出压裂辅助蒸汽吞吐技术（在注汽阶段，提高注汽压力，使得注汽压力高于地层破裂压力后，形成裂缝）的原因。这种技术有两大好处：一方面可以更容易地将蒸汽注入地层中，这在注汽前期十分有利；另一方面通过提高地层渗透率，大大提高产能，不过也存在后期注汽窜的问题。

（2）在同一周期内，随着地层渗透率的增加，周期产油量逐渐增加。但是，需要注意的是，对于稠油油藏，由于渗透率一般都比较高，不同于低渗透油藏，影响稠油热采的关键制约因素是原油黏度。因此，吞吐前期，不同渗透率下的周期吞吐效果影响比较大。而到了后期，由于吞吐效果还受动用范围、含油饱和度等因素的影响，不同渗透率下的周期吞吐产油量差别不是很大。

3. 水垂比影响

以表 4.7 为基准参数，水平井渗透率为 1500mD，只改变垂向渗透率，分别取值 500mD、750mD、1000mD、1125mD 和 1500mD，对应垂向渗透率与水平渗透率比值分别为 1/3、1/2、2/3、3/4 和 1/1，研究垂向渗透率与水平渗透率比值对水平井过热蒸汽吞吐动态产能的影响，如图 4.34 所示。从图中可以看出，在同一周期内，随着垂向渗透率或垂向渗透率与水平渗透率比值逐渐增加，吞吐产能逐渐增加。这和增加水平渗透率原理一样，不同的是：

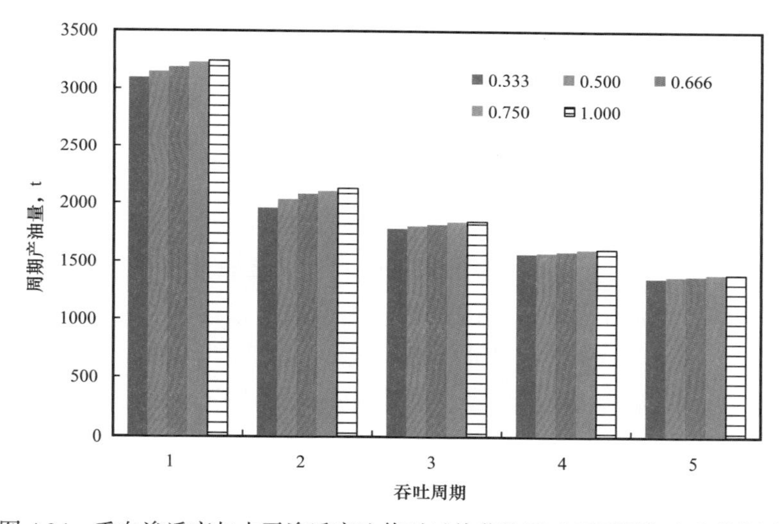

图 4.34　垂向渗透率与水平渗透率比值对过热蒸汽吞吐不同周期产能的影响

（1）垂向渗透率影响蒸汽在地层中的纵向扩展，在蒸汽吞吐中就是影响纵向加热半径，在 SAGD 中就是影响纵向蒸汽腔的扩展，这就是隔夹层的存在会影响纵向动用范围的原因。在利用水平井进行过热蒸汽吞吐的时候，垂向渗透率对吞吐效果影响比较大，尤其是对于比较厚的油层，当 KMK 油层不是很厚时，垂向渗透率影响不是很明显。

（2）对于存在底水的稠油油藏，垂向渗透率的大小对开发效果存在重要影响。主要是因为注蒸汽过程中，注入的热量很有可能被水体吸收，真正用于加热原油的热量减少。并且在开发后期，一旦底水锥进，油井含水率可能会快速上升，这个时候垂向渗透率越低，或者存在隔夹层是有利的因素。

4. 原油黏度影响

以表 4.7 为基准参数，只改变原油黏度，分别取值为 1000mPa·s、2000mPa·s、

3000mPa·s、4000mPa·s 和 5000mPa·s，研究原油黏度对水平井过热蒸汽吞吐动态产能的影响，如图 4.35 所示。

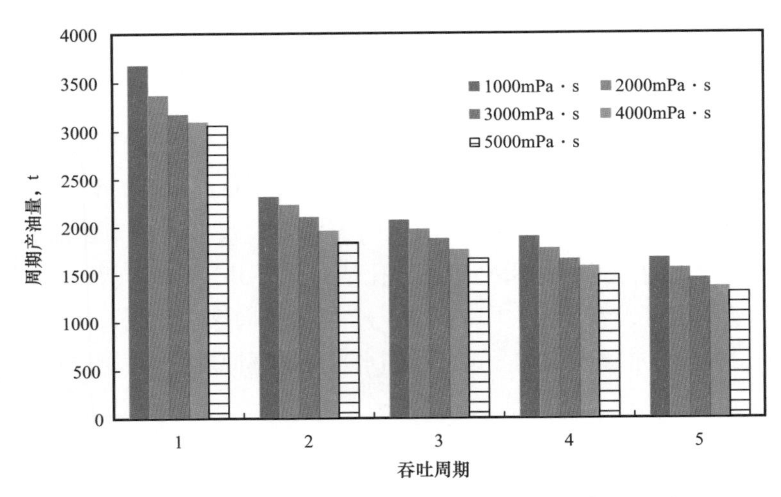

图 4.35　原油黏度对过热蒸汽吞吐不同周期产能的影响

从图中可以看出：

（1）当地层温度下原油黏度一定时，随着吞吐周期的增加，周期产油量逐渐减少。主要是由于上面阐述的地层能量逐渐消耗和含油饱和度下降导致相对渗透率减小。

（2）在同一周期，随着原油黏度的增加，周期产油量逐渐下降。这是因为对于稠油油藏，其中一个最大的开发难点就是如何最大限度地降低原油黏度，尤其是超稠油油藏，有效降低原油黏度，提高原油流动性是稠油热采的关键之一。无论是蒸汽吞吐、蒸汽驱、SAGD 还是火烧油技术，第一开采机理就是降黏。同样地，水平井过热蒸汽吞吐的开发效果也受原油黏度影响比较大。尤其是对于非均质油藏，注汽不均匀和汽窜将严重影响加热范围和油藏动用程度，注好汽是确保水平井过热蒸汽吞吐取得成功的前提。但是，需要注意的是，由于该区块的原油黏度为 3000～5000mPa·s，过热蒸汽注入油层中后原油黏度在高温下差别不大，导致真正可动用的范围不会有很大差别。而对于超稠油油藏，原油黏度的高低直接影响原油的可动范围，这种条件下，原油黏度将严重影响开发效果。目前 SAGD 技术、连续大量注汽是开采此类油藏的两种有效技术。

5. 周期注汽量的影响

以表 4.7 为基准参数（注汽速度为 10t/h），只改变注汽时间，分别取值为 8d、10d、12d、14d 和 16d，研究周期注汽量对水平井过热蒸汽吞吐动态产能的影响，如图 4.36 所示。

从图中可以看出：

（1）当注汽量一定时，随着吞吐周期的增加，周期产油量逐渐减小，主要原因和前文阐述的一样，也是由于地层能量消耗和含油饱和度降低导致的油相的渗透率减小。但是，图 4.36 还表明，从第二周期开始，产量递减速度下降。这是因为第一周期注入过热蒸汽

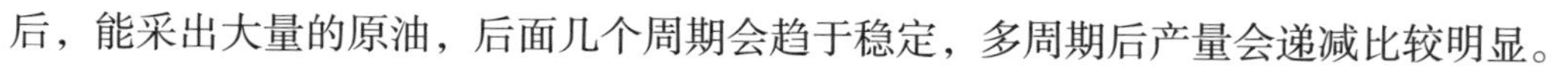

后，能采出大量的原油，后面几个周期会趋于稳定，多周期后产量会递减比较明显。

（2）在同一周期，随着周期注汽量的增加，周期产油量增加比较明显。正如上面分析那样，稠油热采的第一开采机理是降黏，注汽量越多，降黏效果越好，动用范围越大，因此，产量也越高。但是，在实际生产过程中，注汽量不是越多越好。一方面是受设备注汽压力的限制，一般是注不进去了才关井焖井。并且，如果注汽压力高于油藏压力，产生裂缝，有利有弊。另一方面，要考虑到经济因素，多注入的蒸汽净增油量后期可能会出现下降，油汽比不一定是最高的。

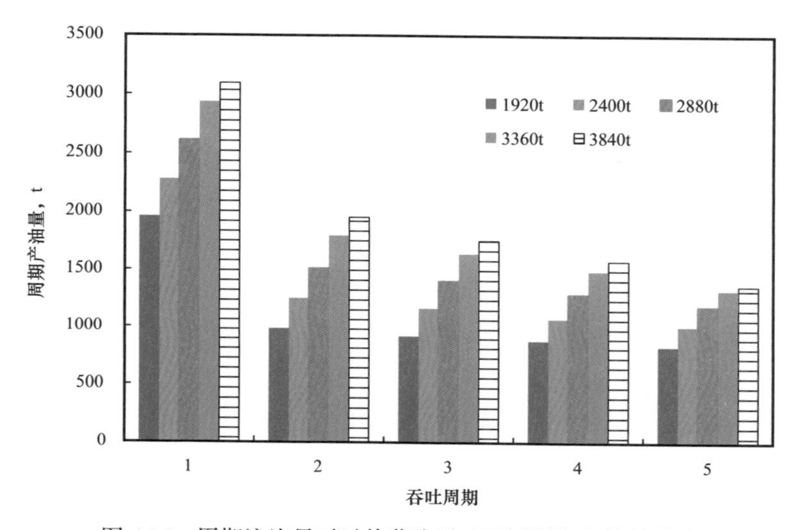

图 4.36 周期注汽量对过热蒸汽吞吐不同周期产能的影响

第五章　不同原油黏度稠油过热蒸汽开发效果的影响因素

在中亚哈萨克斯坦国内阿克纠宾地区相继投产KS（原油黏度150～690mPa·s）、KM（原油黏度3000～5000mPa·s）和M（原油黏度1500～2000mPa·s）3个稠油油藏，3个油田原油黏度各不相同。从KS油藏原油黏度269mPa·s到KM油藏地下原油黏度5000mPa·s，再到M油藏原油黏度15000mPa·s，过热蒸汽吞吐开采都见到明显效果，但各自的生产效果影响因素不尽相同。为了明确3种不同黏度稠油油藏过热蒸汽吞吐开发效果的影响因素，本章通过数值模拟方法，研究了不同黏度稠油油藏水平井过热蒸汽吞吐开发效果的影响因素，包括地质参数和开发参数两大类，并通过正交试验确定了主控因素。

第一节　模型的建立

一、M油田特稠油水平井过热蒸汽吞吐模型的建立

M油田位于滨里海盆地东部，为层状的岩性—构造边低水重油沥青油藏，其中下部R–Ⅱ和R–Ⅲ层为稠油油藏，原油黏度高达14000～19000mPa·s。经历过衰竭式开发、普通蒸汽吞吐和过热蒸汽吞吐等开发方式。

根据M油田的油藏地质特征和生产开发现状，建立了M油田特稠油水平井过热蒸汽吞吐的理论模型，研究地质和开发两大类因素对生产开发效果的影响。

1. 模型网格的建立

针对M油田的油藏地质特征，建立了40×20×20的长方体油藏模型，模拟油藏尺寸为400m×200m×40m。模型含有1倍底水，纵向上11～20层为底水。模型渗透率取值为2656mD，等于R–Ⅱ和R–Ⅲ层厚度加权平均值（表5.1）。模型中其他参数，如孔隙度、含油饱和度和原油黏度均为实际油藏的平均值。模型参数的取值见表5.2。

2. 原油黏温曲线和相对渗透率曲线

模型所用的原油黏温曲线如图5.1所示，油水相对渗透率曲线如图5.2所示，气液相对渗透率曲线如图5.3所示。

表 5.1　哈萨克斯坦 M 油田储层实际渗透率

层位	莫尔图克储层渗透率			
	最小值，mD	最大值，mD	平均值，mD	厚度加权平均值，mD
RⅡ-1	12.0	8032.7	2428.2	3122.1
RⅡ-2	77.1	7951.6	2264.3	3170.01
RⅢ-1	3.1	10443.9	2174.1	2913.61
RⅢ-2	28.6	6598.4	689.5	1419.5

表 5.2　模型参数取值

网格数量	40×20×20	底水倍数	1 倍
网格大小，m	10×10×2	水平井段长度，m	200
孔隙度，%	28.1	周期注汽时间，d	15
渗透率，mD	2656	焖井时间，D	5
含油饱和度	0.65	周期生产时间，d	180
原油黏度，mPa·s	14500	注汽温度，℃	284
埋深，m	150	注汽压力，kPa	5000
地层压力，kPa	2550	周期注汽量，m^3	2250
地层温度，℃	15	产液速度，m^3/d	50

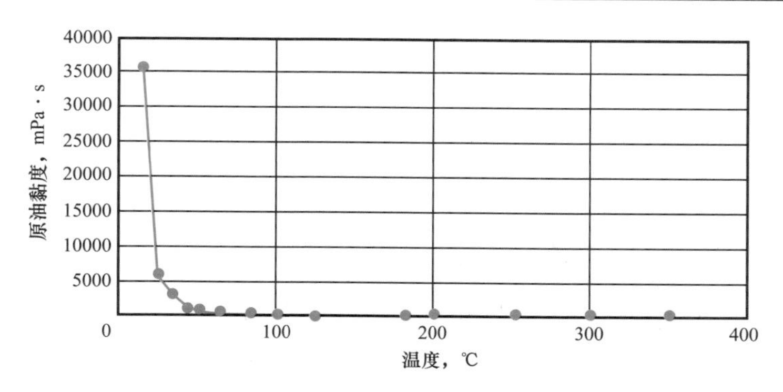

图 5.1　M 油田原油黏温曲线

3. 井和生产制度

模型中有一口水平井布在油层中部，水平井水平段长度为 200m，该井为吞吐生产井，每个周期 200d，其中注汽 15d，焖井 5d，生产 180d。注汽阶段注汽温度 284℃，注汽压力 5000kPa，周期注汽量 2250t。生产阶段采用定液 $50m^3/d$ 的生产方式。

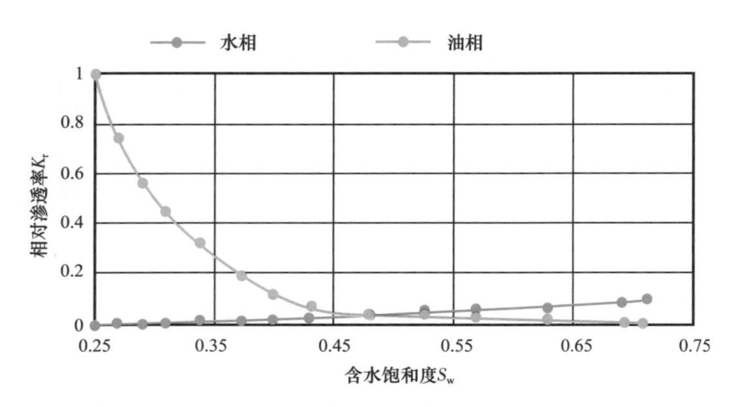

图 5.2　M 油田油相、水相相对渗透率曲线

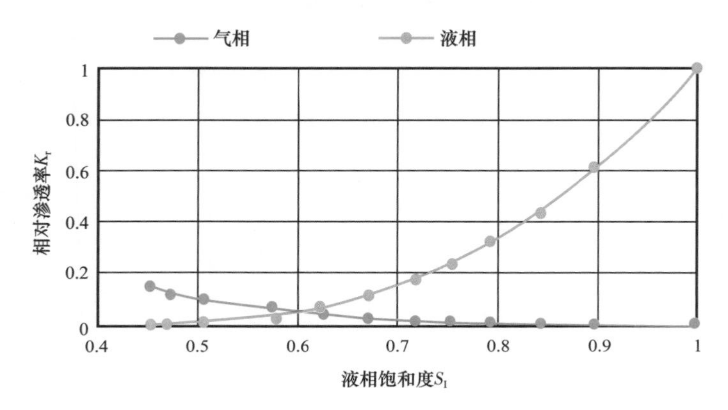

图 5.3　M 油田气相、液相相对渗透率曲线

4. 模型示意图

模型的三维图和 I–K 剖面图分别如图 5.4 和图 5.5 所示。

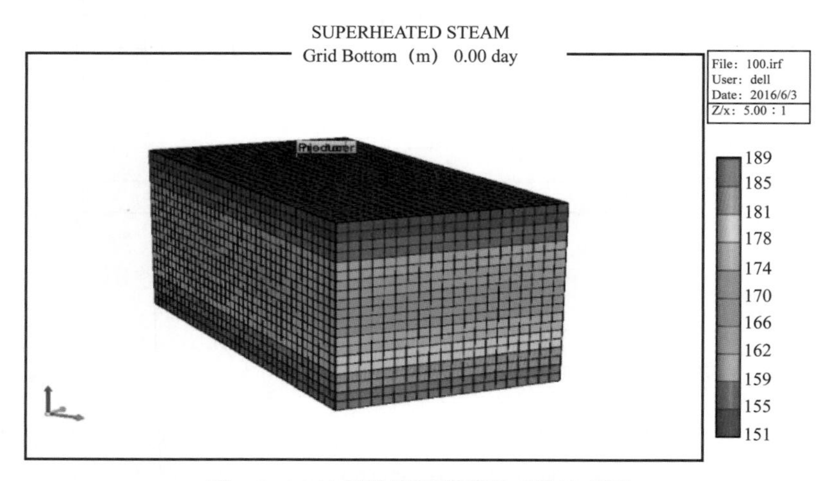

图 5.4　M 油田数值模拟模型三维示意图

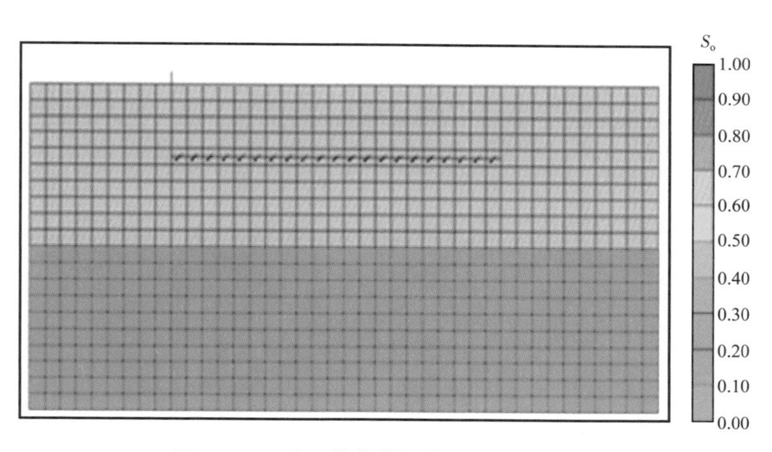

图 5.5　M 油田数值模拟模型 I–K 剖面图

二、KM 油田水平井过热蒸汽吞吐模型的建立

哈萨克斯坦 KM 油田为单层稠油油藏，油藏温度 20℃条件下脱气原油黏度为 3128.7mPa·s。根据 KM 油田的油藏地质特征和生产开发现状，建立了 KM 油田水平井过热蒸汽吞吐的理论模型，研究地质和开发两大类因素对生产开发效果的影响。

1. 模型网格的建立

针对 KM 油田的油藏地质特征，建立了 40×20×20 的长方体油藏模型，模拟油藏尺寸为 400m×200m×40m。模型含有 1 倍底水，纵向上 11～20 层为底水。模型中参数的取值，如渗透率、孔隙度、含油饱和度和原油黏度均为实际油藏的平均值。模型参数的取值见表 5.3。

表 5.3　KM 油田数值模拟模型基本参数

地层大小，m	400×200×40	注汽温度，℃	315
网格大小，m	10×10×2	注汽压力，kPa	5000
埋深，m	280	水平段长度，m	200
孔隙度，%	35.6	日注汽，m^3	200
渗透率，mD	4000	周期注汽时间，d	10
含油饱和度，%	0.785	焖井时间，d	6

2. 原油黏温和相对渗透率曲线

模型所用的原油黏温曲线如图 5.6 所示，油相、水相相对渗透率曲线如图 5.7 所示，气相、液相相对渗透率曲线如图 5.8 所示。

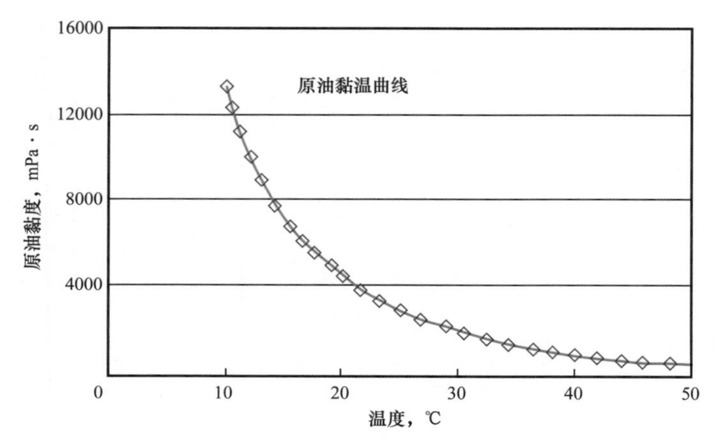

图 5.6　KM 油田原油黏温曲线

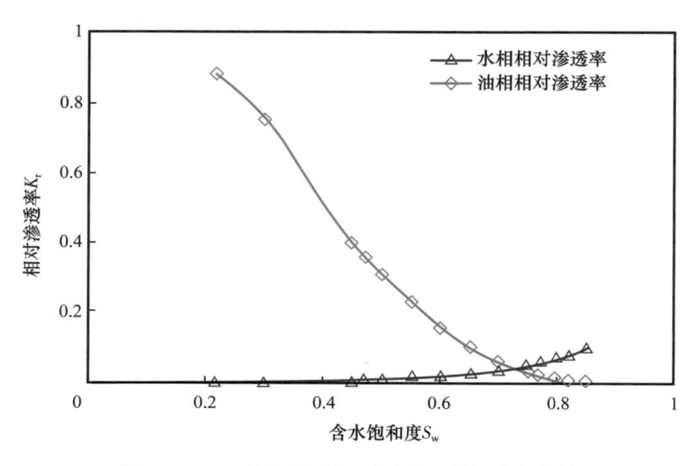

图 5.7　KM 油田油相、水相相对渗透率曲线

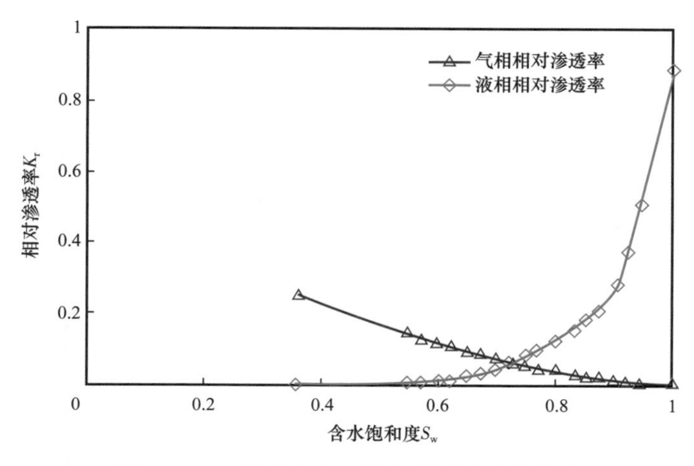

图 5.8　KM 油田气相、液相相对渗透率曲线

3. 井和生产制度

模型中有一口水平井布在油层中部，水平井水平段长度为 200m，该井为吞吐生产井，每个周期 365d，其中注汽 10d，焖井 6d，生产 349d。注汽阶段注汽温度 315℃，注汽压力 5000kPa，周期注汽量 2000t。生产阶段采用定液 60m^3/d 的生产方式。

4. 模型示意图

模型的三维图和 I–J 剖面图分别如图 5.9 和图 5.10 所示。

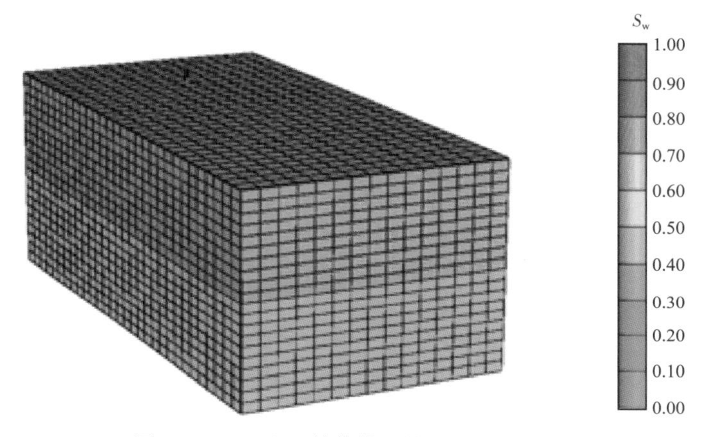

图 5.9　KM 油田数值模拟模型三维示意图

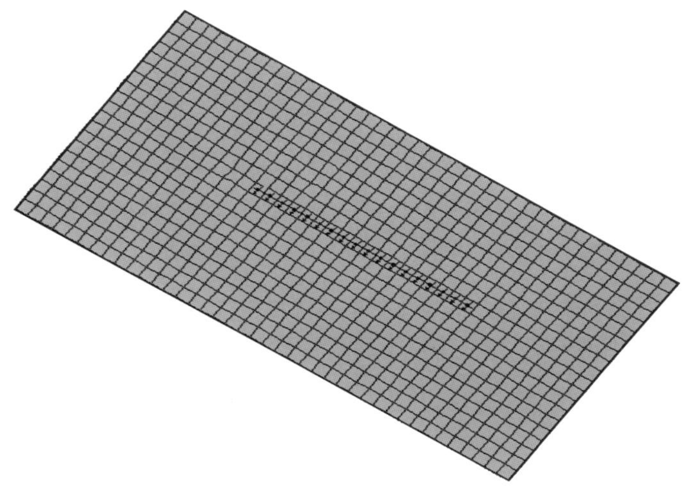

图 5.10　KM 油田数值模拟模型 I–J 剖面示意图

三、哈萨克斯坦 KS 油田水平井过热蒸汽吞吐模型的建立

KS 油田位于哈萨克斯坦阿克纠宾州南部，油藏埋深浅、物性好、非均质性强，原油黏度高，边水较活跃，地层水敏严重，属于普通稠油油藏。

1. 模型网格的建立

针对KS油田的油藏地质特征，建立了40×20×60的长方体油藏模型，模拟油藏尺寸为400m×200m×120m。模型含有5倍底水，纵向上11～20层为底水。模型中参数的取值，如渗透率、孔隙度、含油饱和度和原油黏度均为实际油藏的平均值。模型参数的取值见表5.4。

表5.4　KS油田数值模拟模型基本参数

网格大小	40×20×60	注汽温度，℃	250.46
网格步长	10×10×2	注汽压力，kPa	3578
埋深，m	270	日注汽量，m^3	200
孔隙度，%	36.1	周期时长，d	365
渗透率，mD	2000	注汽时间，d	10
含油饱和度，%	0.75	焖井时间，d	6
地层温度，℃	18.8	水平段长度，m	200

2. 原油黏温和相对渗透率曲线

模型所用的原油黏温曲线如图5.11所示，油相、水相相对渗透率曲线如图5.12所示，气相、液相相对渗透率曲线如图5.13所示。

3. 井和生产制度

模型中有一口水平井布在油层中部，水平井水平段长度为200m，该井为吞吐生产井，每个周期365d，其中注汽10d，焖井6d，生产349d。注汽阶段注汽温度250℃，注汽压力3578kPa，周期注汽量2000t。生产阶段采用定液60m^3/d的生产方式。

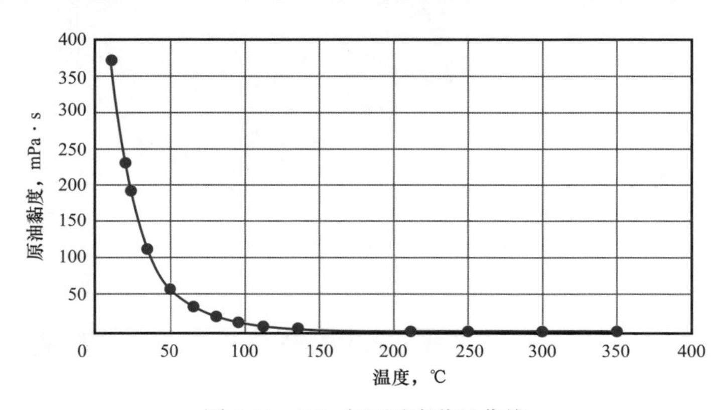

图5.11　KS油田原油黏温曲线

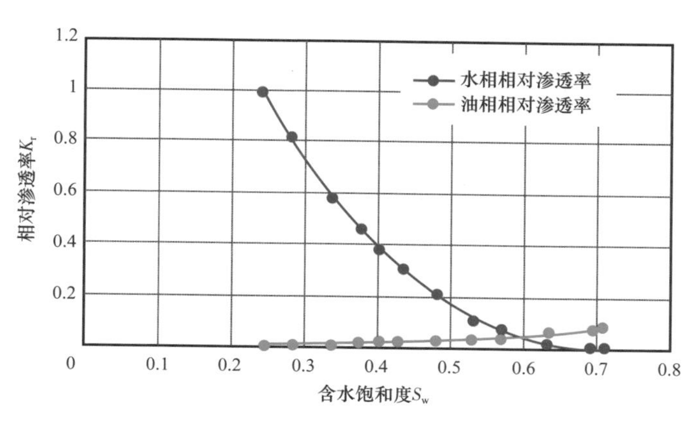

图 5.12　KS 油田油相、水相相对渗透率曲线

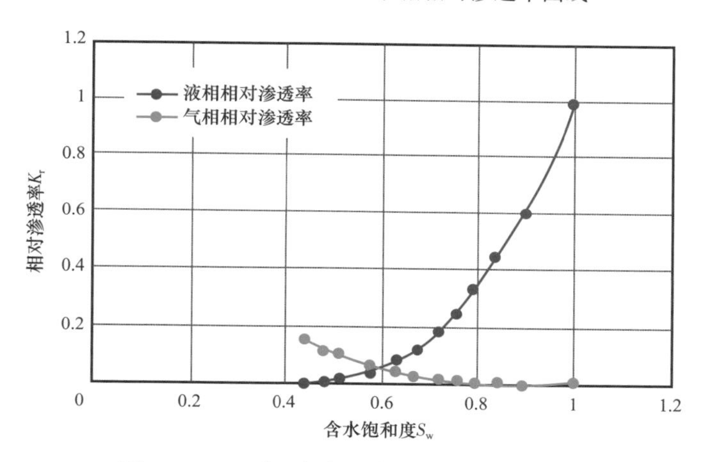

图 5.13　KS 油田气相、液相相对渗透率曲线

4. 模型示意图

KS 油田数值模拟模型的三维图和 I–J 剖面图分别如图 5.14 和图 5.15 所示。

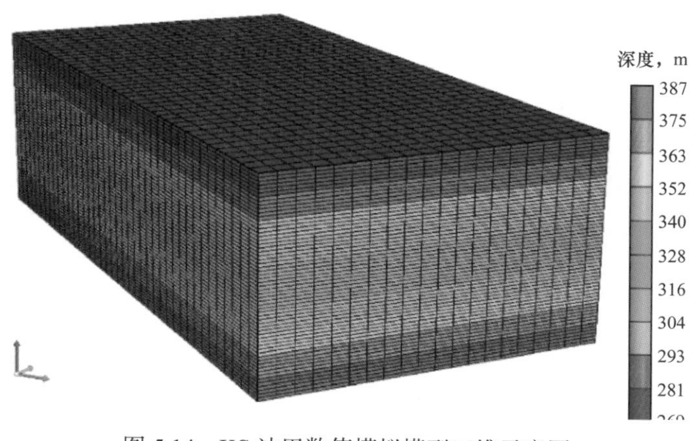

图 5.14　KS 油田数值模拟模型三维示意图

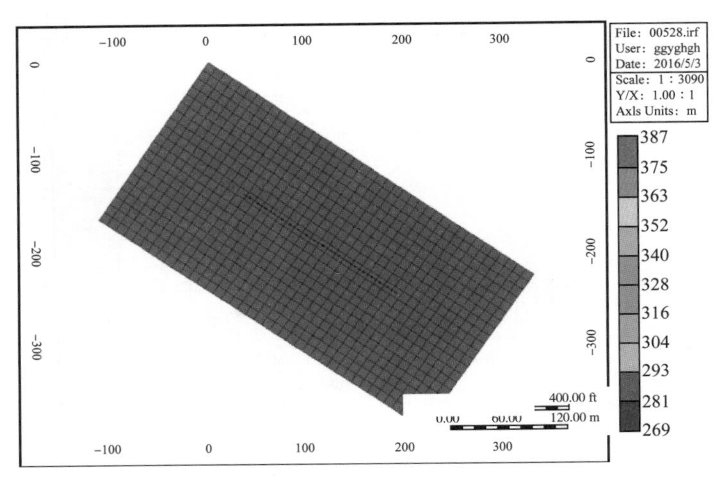

图 5.15　KS 油田数值模拟模型 I–J 剖面图

第二节　哈萨克斯坦 M 油田水平井过热蒸汽吞吐影响因素分析

本节通过数值模拟方法，研究了 M 油田水平井过热蒸汽吞吐开发效果的影响因素。首先通过单因素分析研究了各因素对生产效果的影响，然后通过多因素正交实验确定了主控因素。影响因素包括地质因素和生产因素两大类。地质因素包括：油层厚度、渗透率、原始含油饱和度、原油黏度、水垂比和底水倍数。生产因素包括：蒸汽过热度、注汽速度、注汽时间、日产液量、水平井长度和距水体的距离。

一、单因素分析

地质因素一共 6 个，生产因素一共 4 个，每个因素分别取 3～4 个值，进行单因素分析，方案设计见表 5.5。

表 5.5　M 油田过热蒸汽吞吐影响因素方案设计

分类	影响因素	取值
地质因素	油层厚度，m	5，15，20，25
	渗透率，mD	700，1400，2100，2656，3500
	原始含油饱和度	0.45，0.55，0.65，0.75，0.85
	原油黏度，mPa·s	5000，10000，15000，20000，25000
	水垂比	0.1，0.3，0.5，0.7，1.0
	底水倍数	1，5，10，15
生产因素	蒸汽过热度，℃	0（饱和蒸汽），20，50，80

续表

分类	影响因素	取值
生产因素	注汽速度，t/d	50，100，150，200，250
	注汽时间，d	5，10，15，20
	单井日产液量，m^3/d	10，30，50，70，90
	水平井长度，m	100，150，200，250，300
	水平井距底水距离，m	2，6，10，14，18
评价指标		累计产油量、累计油汽比、采出程度

1. 地质因素分析

1）油层厚度

在其他参数不变的条件下，改变油层厚度，分别取值为 5m、15m、20m、25m，得到不同油层厚度下累计采油量、累计油汽比和采出程度与生产时间的关系曲线，分别如图 5.16、图 5.17 和图 5.18 所示。

如图 5.16 所示，产油量受储层厚度影响明显。随着油层厚度的增加，产量不断增加，且增幅较大。如图 5.17 所示，油层厚度对累计油汽比影响明显。随着油层厚度的增加，油汽比不断增加，且增幅明显。由图 5.18 可知，采出程度受油层厚度影响比较明显。储层厚度为 5m 时，采出程度最大。其原因是地层厚度小，储量小，开采一段时间有较高的采出程度，但其潜能小。地层厚度较大时，采出程度随着厚度增加而增大。其原因是地层厚度增加，地层能量更充足，开采效果更好。

结论：采油量随着地层厚度增加呈现不断增加的趋势，但采出程度呈现先减小后增加的趋势，地层厚度较大时，潜能更大。

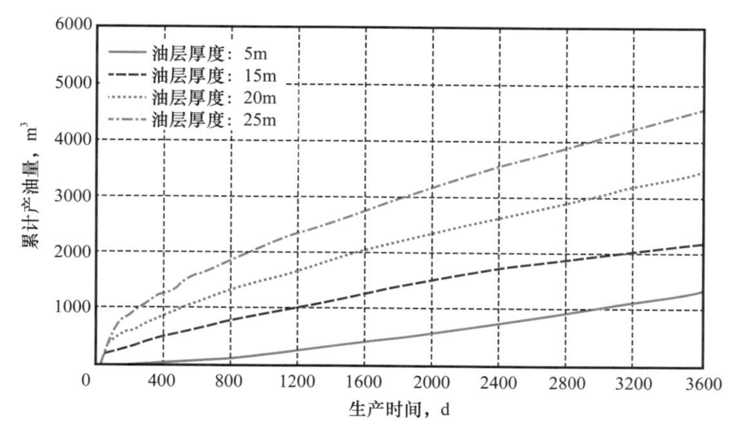

图 5.16　不同油层厚度对采油量的影响

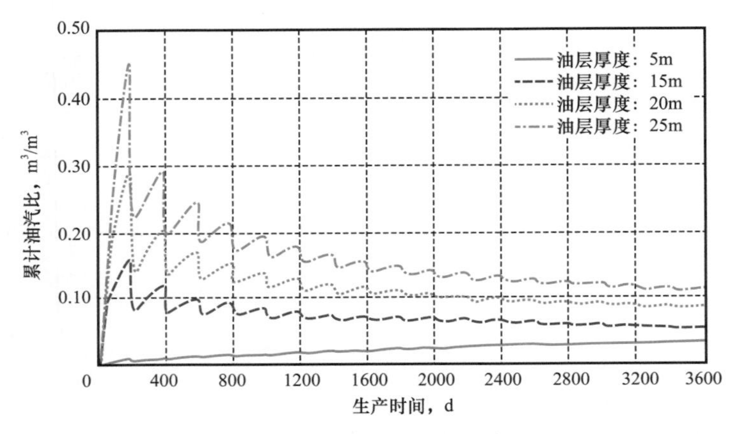

图 5.17　不同油层厚度对油汽比的影响

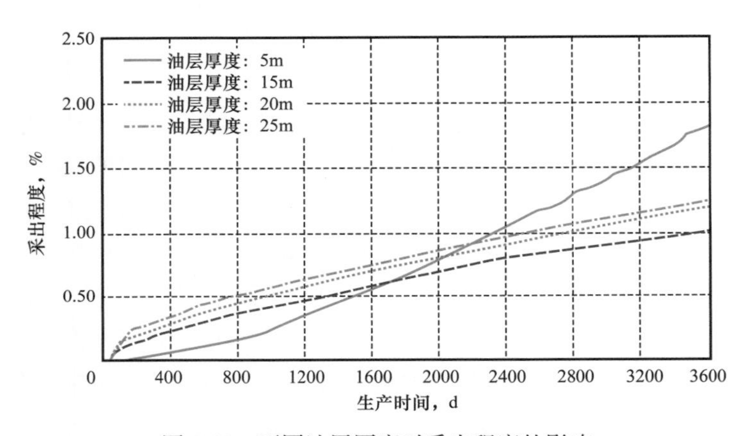

图 5.18　不同油层厚度对采出程度的影响

2）渗透率

在其他参数不变的条件下，改变模型的水平渗透率为 700mD、1400mD、2100mD、2656mD、3500mD，得到不同渗透率下，累计采油量、累计油汽比和采出程度与生产时间的关系曲线，分别如图 5.19、图 5.20 和图 5.21 所示。

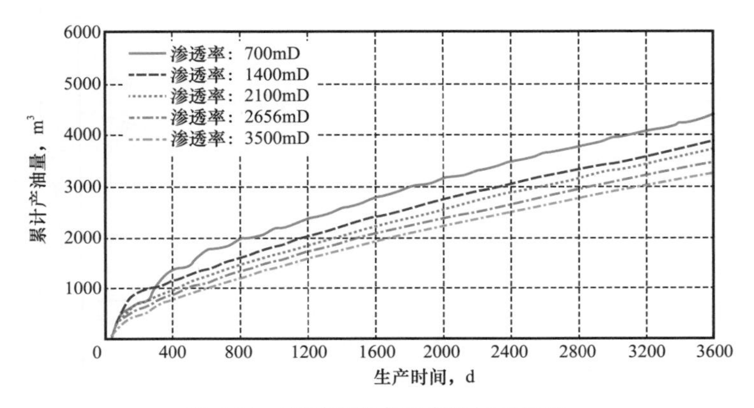

图 5.19　不同渗透率对产油量的影响

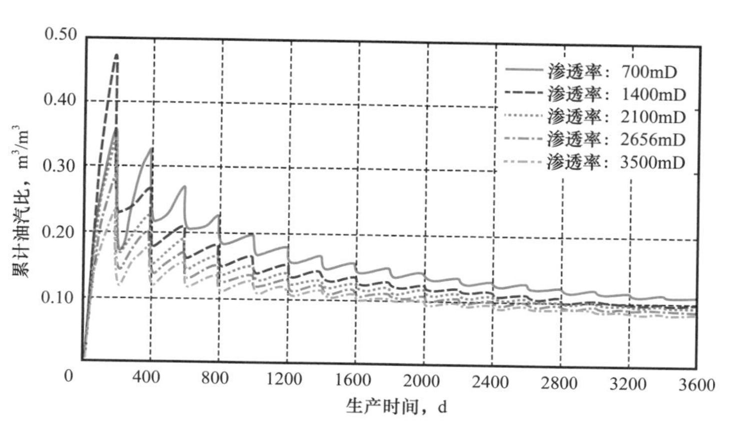

图 5.20　不同渗透率对油汽比的影响

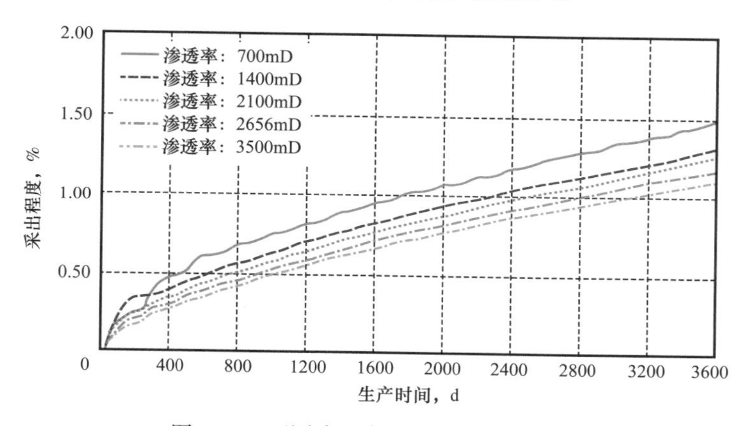

图 5.21　不同渗透率对采出程度的影响

由图 5.19 可以看出，产油量受渗透率影响明显。随着油层渗透率的增加，累计产油量、累计油汽比和采出程度不断降低。原因在于渗透率越大，水侵影响越明显，这一点体现在含水饱和度场图 5.22 中。

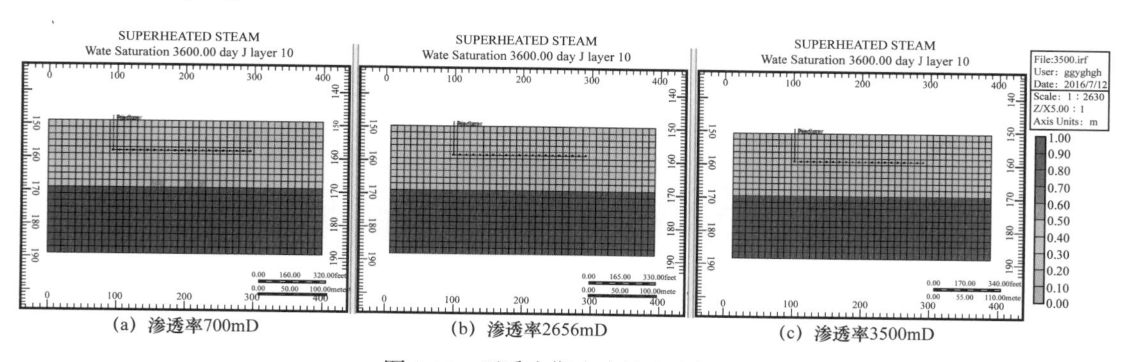

图 5.22　开采末期含水饱和度场图

结论：存在底水的情况下，渗透率增加，开采效果反而变差，累计采油量、采出程度和累计油汽比都减小，水体对开采的影响大。

3）原始含油饱和度

在其他参数不变的条件下，改变模型原始含油饱和度，研究含油饱和度对产量的影响。原始含油饱和度取值分别为 0.45、0.55、0.65、0.75、0.85，得到不同含油饱和度下，累计采油量、累计油汽比和采出程度与生产时间的关系曲线，分别如图 5.23、图 5.24 和图 5.25 所示。

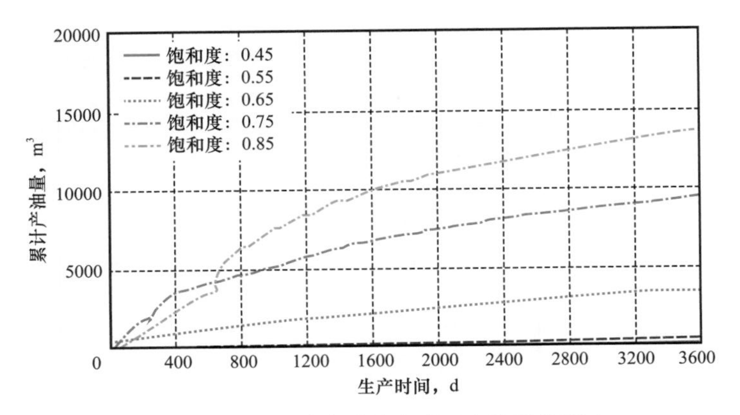

图 5.23　不同原始含油饱和度对产油量的影响

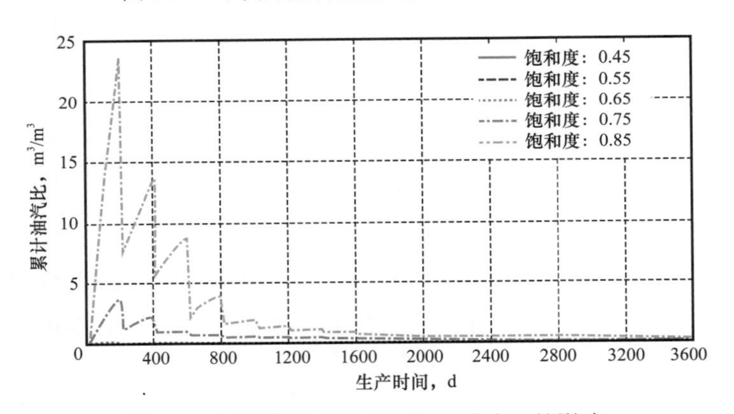

图 5.24　不同原始含油饱和度对油汽比的影响

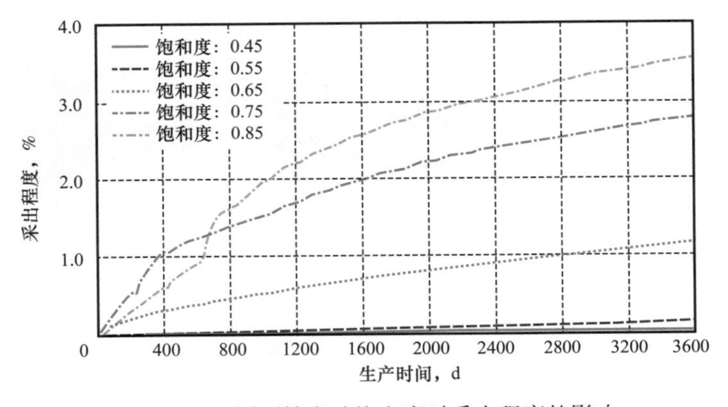

图 5.25　不同原始含油饱和度对采出程度的影响

由图 5.23、图 5.24 和图 5.25 可以看出，原始含油饱和度的影响较大。随着原始含油饱和度增加，累计采油量和采出程度都有大幅增长。

结论：原始含油饱和度增加，油藏的地质储量增加，热采效果好，采油量有大幅度的增加，采出程度也增加；原始含油饱和度较低的情况下，饱和度是制约采出程度的主要因素；当原始含油饱和度增加到一定值时，生产制度成为制约产量的主要原因。

4）原油黏度

在其他参数不变的条件下，改变模型的原油黏度，研究其对产量的影响。黏度分别取值为 5000mPa·s、10000mPa·s、15000mPa·s、20000mPa·s 和 25000mPa·s，得到不同原油黏度下累计采油量、累计油汽比和采出程度与生产时间的关系曲线，分别如图 5.26、图 5.27 和图 5.28 所示。

由图 5.26、图 5.27 和图 5.28 可以看出，原油黏度对开采效果的影响很大。随原油黏度增加，累计采油量、累计油汽比和采出程度都降低。原因在于随原油黏度增加，原油的流动性降低。

结论：原油黏度对采出程度、累计产油量、累计油汽比的影响明显，当原油黏度增加时，采出程度、产油量、油汽比不断降低。

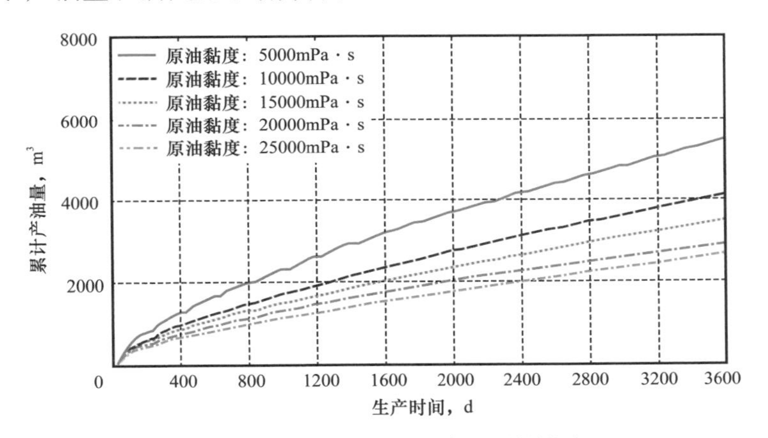

图 5.26　不同原油黏度对产油量的影响

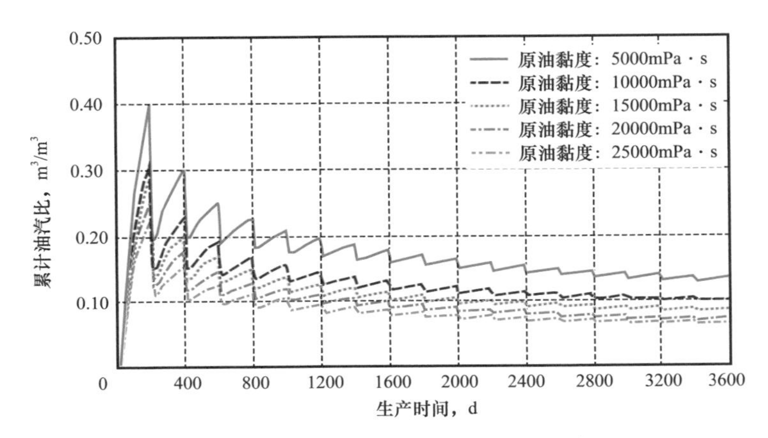

图 5.27　不同原油黏度对油汽比的影响

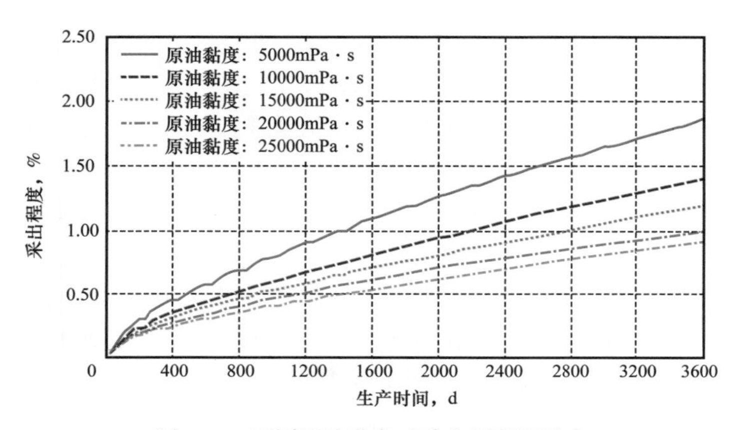

图 5.28　不同原油黏度对采出程度的影响

5）水垂比

在其他参数不变的条件下，改变模型的水垂比，即垂向渗透率与水平渗透率的比值，研究其对产量的影响。水垂比分别取值 0.1、0.3、0.5、0.7、1，得到不同水垂比下累计采油量、累计油汽比和采出程度与生产时间的关系曲线，分别如图 5.29、图 5.30 和图 5.31 所示。

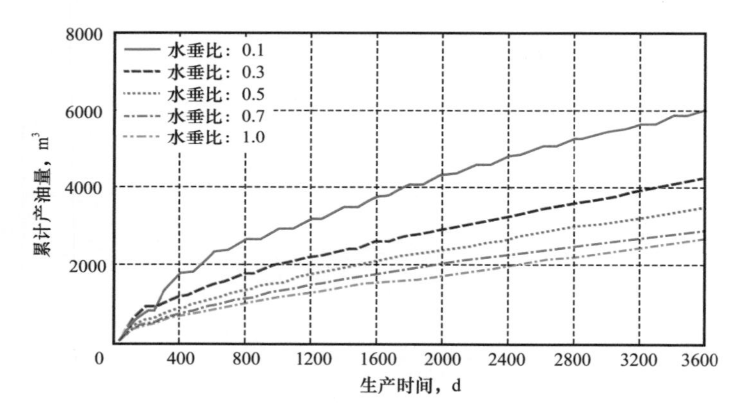

图 5.29　不同垂向渗透率与水平渗透率比对产油量的影响

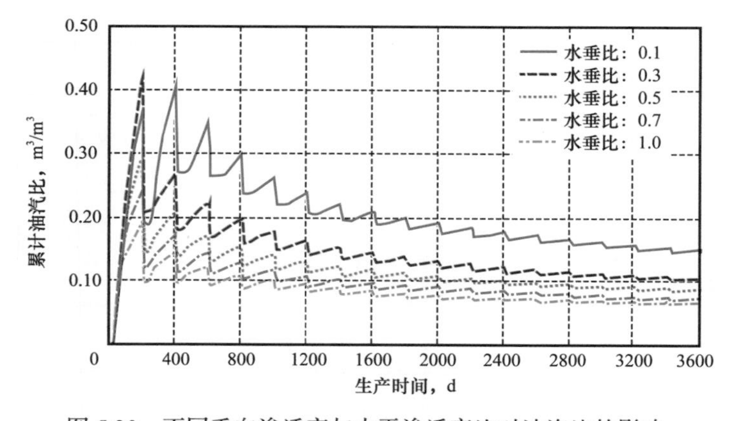

图 5.30　不同垂向渗透率与水平渗透率比对油汽比的影响

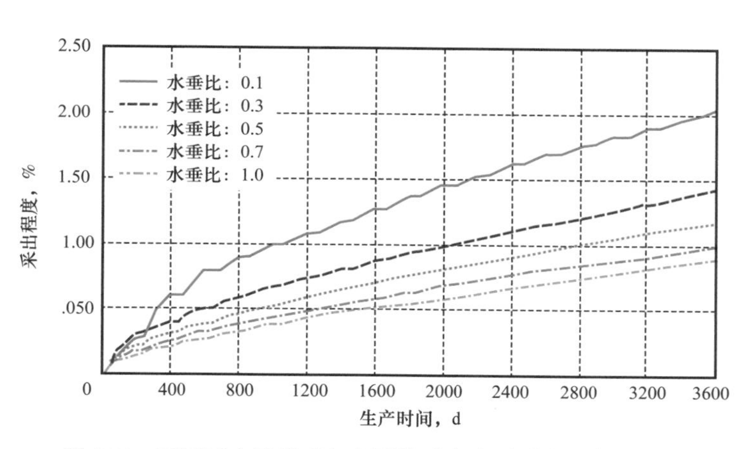

图 5.31　不同垂向渗透率与水平渗透率比对采出程度的影响

由图 5.29、图 5.30 和图 5.31 中可以看出，垂向渗透率与水平渗透率比值的影响较大。垂向渗透率与水平渗透率比值增加，累计采油量、采出程度都降低，累计油汽比呈现下降的趋势。当垂向渗透率与水平渗透率比值增加时，垂向上渗透率增加，水体对开采效果的影响变大，水侵体积增加，如图 5.32 所示。当水垂比增加时，水侵体积有明显的增加，开采效果变差，采油量、采出程度都减小。

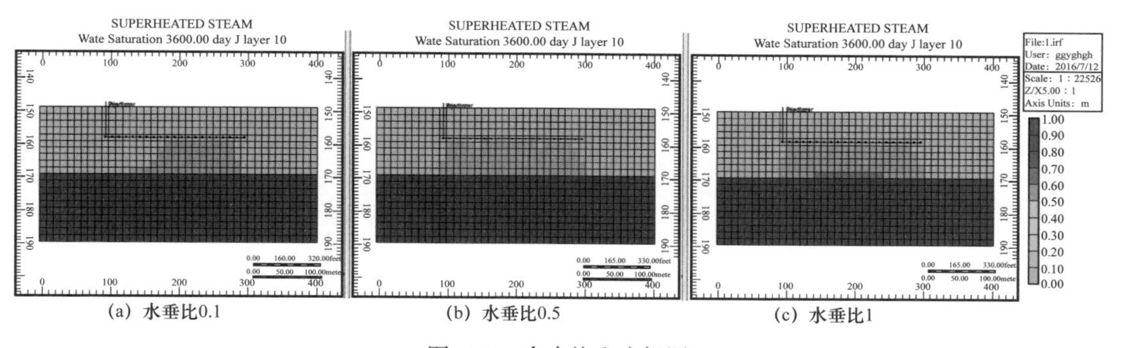

(a) 水垂比0.1　　(b) 水垂比0.5　　(c) 水垂比1

图 5.32　含水饱和度场图

结论：垂向渗透率与水平渗透率比值增加，水侵影响效果明显，开采效果变差。

6）底水倍数

在其他参数不变的条件下，改变模型的底水倍数，研究底水能量对产量的影响。底水倍数分别取值 1 倍、5 倍、10 倍和 15 倍，得到不同底水倍数下累计采油量、累计油汽比和采出程度与生产时间的关系曲线，分别如图 5.33、图 5.34 和图 5.35 所示。

由图 5.33、图 5.34 和图 5.35 可以看出底水倍数的影响很大。随底水倍数增加，累计采油量、累计油汽比和采出程度增加，但增幅逐渐减小。原因在于一定范围内，底水可以补充地层能量。

结论：在一定范围内，底水可以补充地层能量；随底水倍数增加，累计采油量、采出程度增加，累计油汽比升高，开采效果变好。

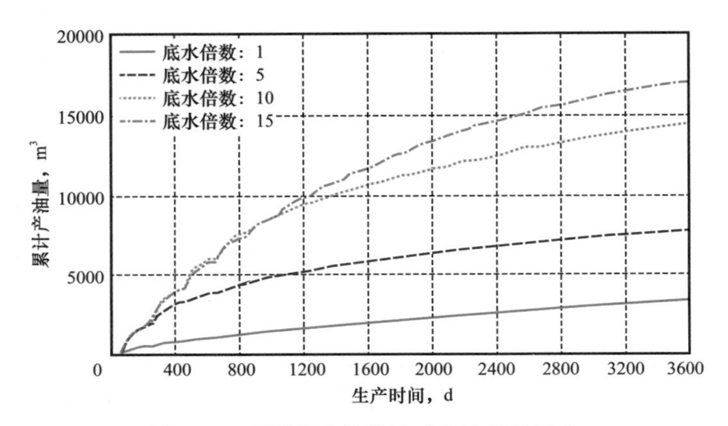

图 5.33 不同底水倍数比对采油量的影响

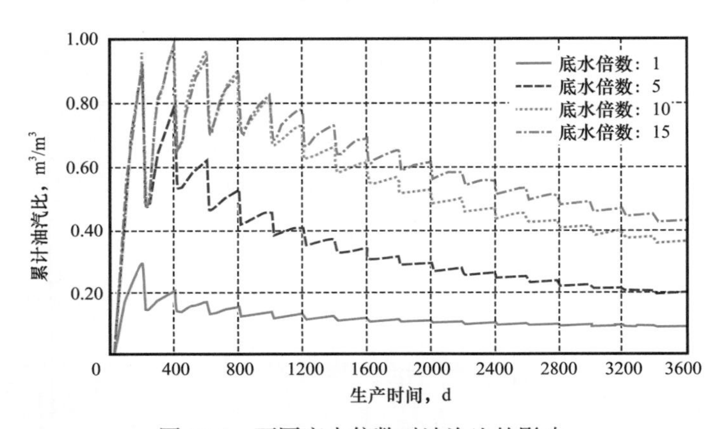

图 5.34 不同底水倍数对油汽比的影响

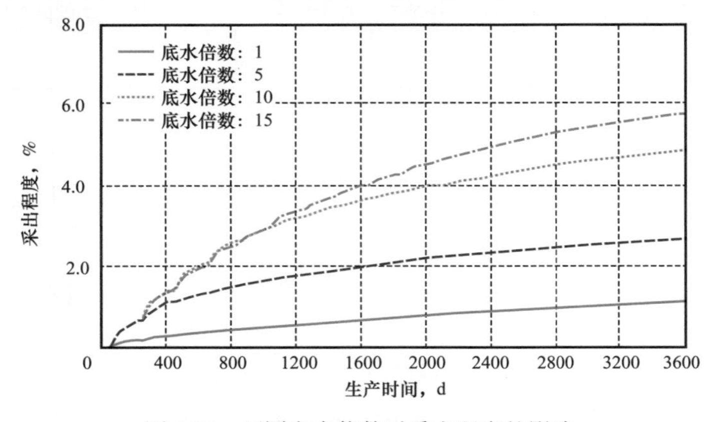

图 5.35 不同底水倍数对采出程度的影响

2. 生产因素分析

1）蒸汽过热度

在其他参数不变的条件下，改变蒸汽过热度，研究蒸汽温度对产量的影响。蒸汽过热度分别取值 0℃（干度为 1 的饱和蒸汽）、20℃、50℃、80℃，得到不同蒸汽过热度下，累计采油量、累计油汽比和采出程度与生产时间的关系曲线，分别如图 5.36、图 5.37 和图 5.38 所示。

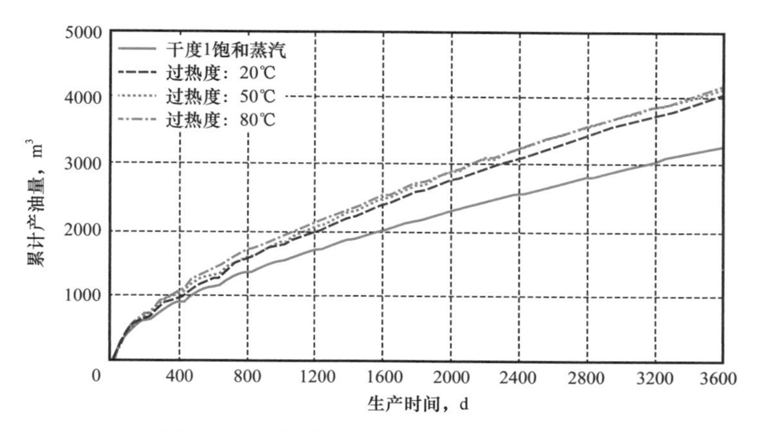

图 5.36　不同蒸汽过热度对产油量的影响

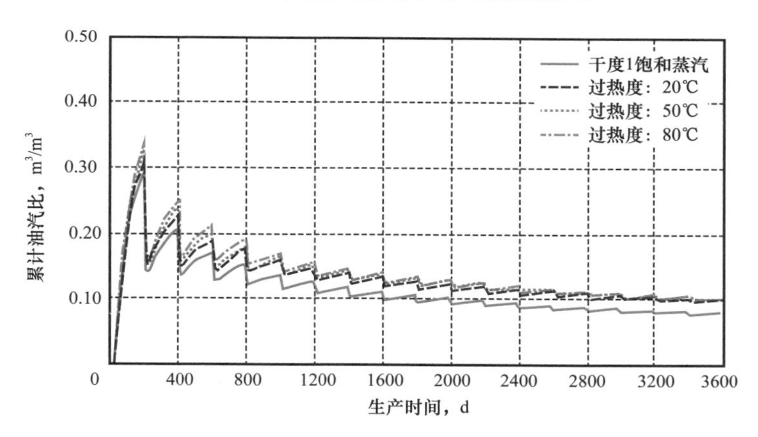

图 5.37　不同蒸汽过热度对油汽比的影响

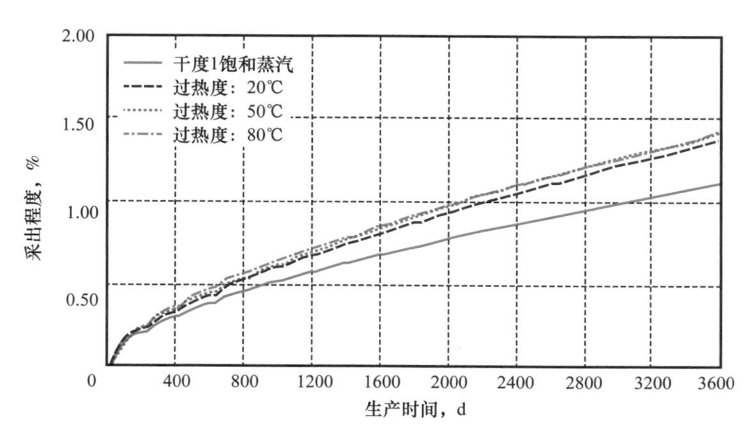

图 5.38　不同蒸汽过热度对采出程度的影响

由图 5.36、图 5.37 和图 5.38 可以看出，蒸汽过热度的影响较大。从普通蒸汽到过热蒸汽，产量明显升高，但随着蒸汽过热度继续增加，增幅明显变缓。从经济角度考虑，推荐蒸汽过热度为 20℃。

2）注汽时间

在总注汽量一定的条件下，改变日注汽速度，研究注汽时间对生产的影响。设置注汽时间为 5d、10d、15d、20d，得到不同注汽时间下，累计采油量、累计油汽比和采出程度与生产时间的关系曲线，分别如图 5.39、图 5.40 和图 5.41 所示。

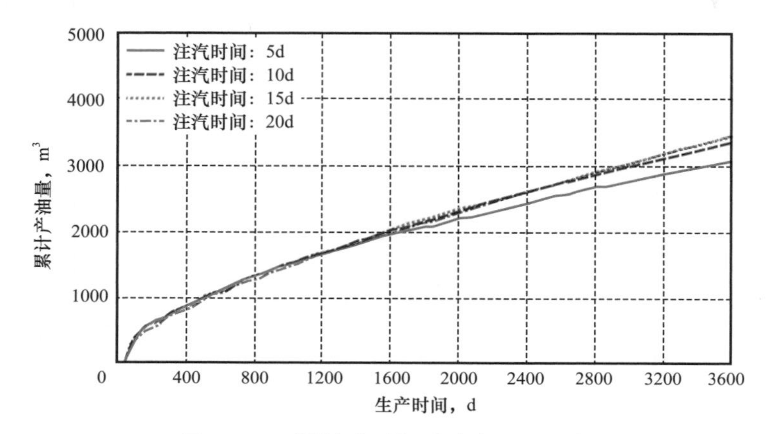

图 5.39　不同注汽时间对采油量的影响

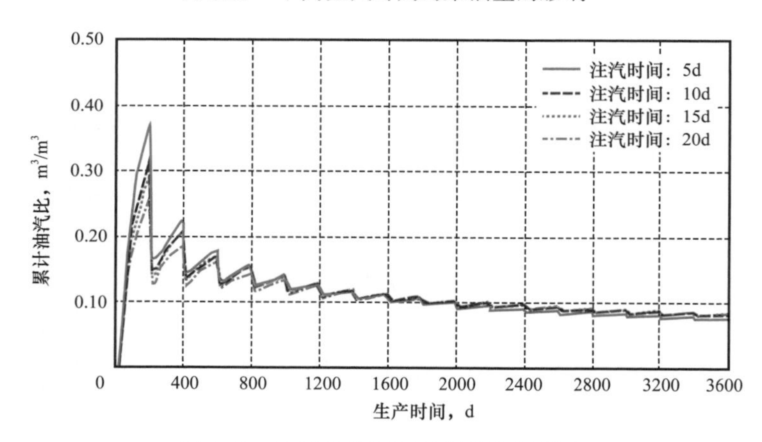

图 5.40　不同注汽时间对油汽比的影响

由图 5.39、图 5.40 和图 5.41 可以看出，注汽时间对油藏开采效果影响较小。在周期注汽量不变时，注汽时间越长，单日注汽量越小，注汽越均匀，效果越好，累计采油量、采出程度略有增加，累计油汽比变化不大。

3）注汽速度

在注汽时间不变的条件下，改变单井注汽速度，研究周期注汽量对生产的影响。分别设置注汽速度为 50t/d、100t/d、150t/d、200t/d 和 250t/d，得到不同注汽速度下，累计采油量、累计油汽比和采出程度与生产时间的关系曲线，分别如图 5.42、图 5.43 和图 5.44 所示。

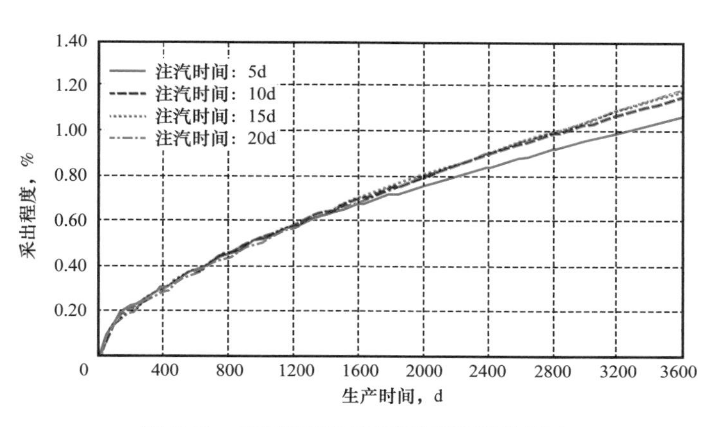

图 5.41　不同注汽时间对采出程度的影响

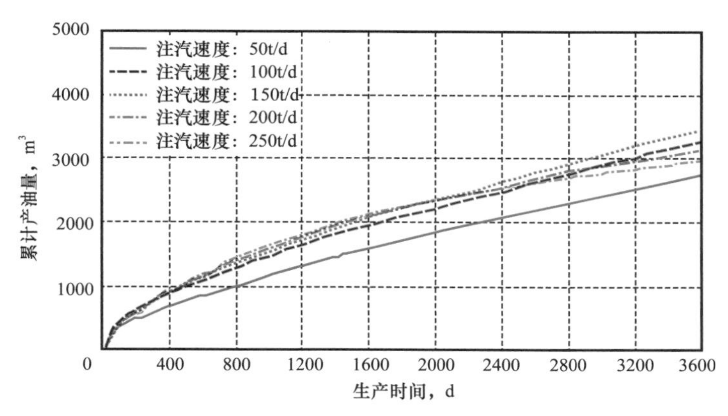

图 5.42　不同注汽速度对产液量的影响

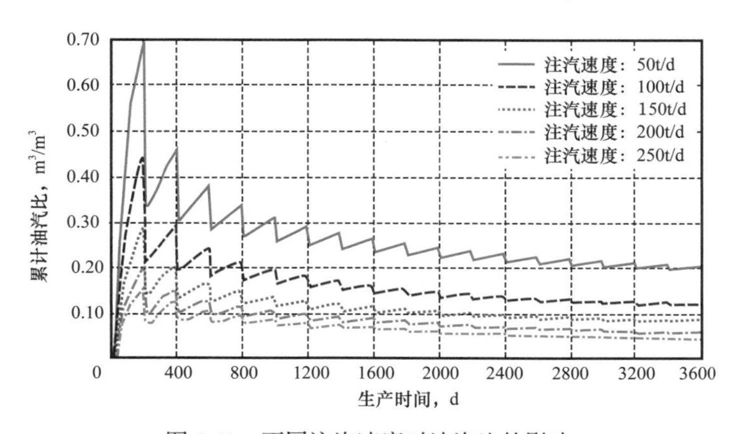

图 5.43　不同注汽速度对油汽比的影响

由图 5.42、图 5.43 和图 5.44 可以看出，注汽速度的影响较大，随注汽量增加，采油量和采出程度呈现先增加后减小的趋势。原因在于注汽量过大会造成产液含水率过高，在定液生产的条件下，产油量反而降低。另外，随注汽量增加，累计油汽比降低，因此，推荐注汽速度为 150t/d。

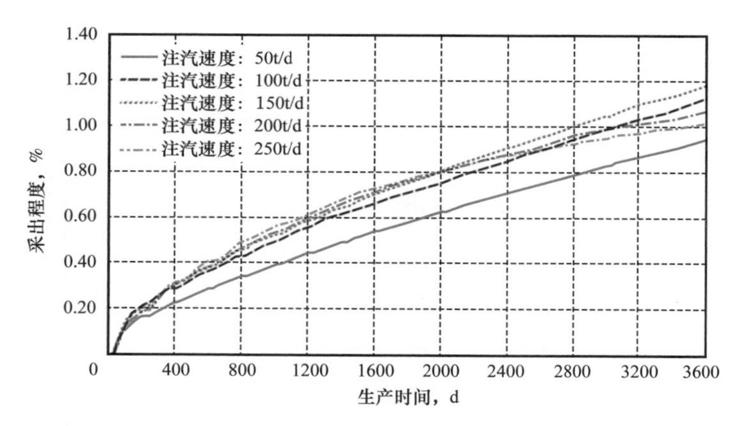

图 5.44　不同注汽速度对采出程度的影响

4）日产液量

在其他参数不变的条件下，改变模型生产参数，设置单井日产液量为：10m³、30m³、50m³、70m³、90m³，得到不同日产液量下，累计采油量、累计油汽比和采出程度与生产时间的关系曲线，分别如图 5.45、图 5.46 和图 5.47 所示。

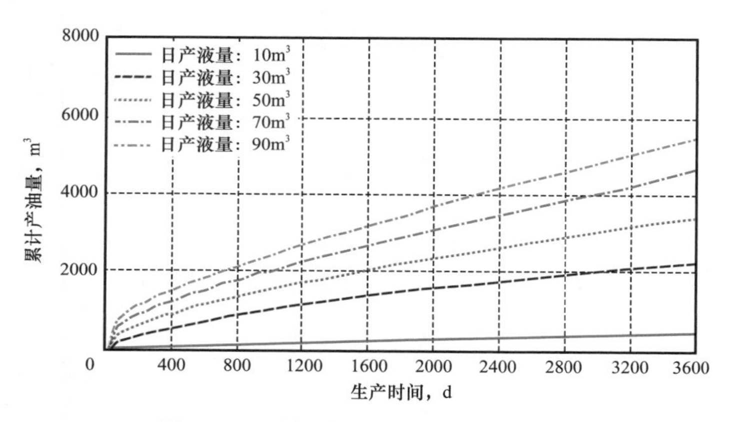

图 5.45　不同日产液量对产油量的影响

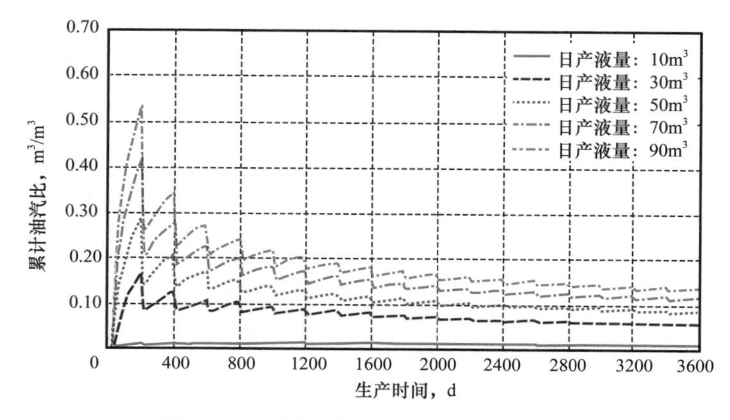

图 5.46　不同日产液量对油汽比的影响

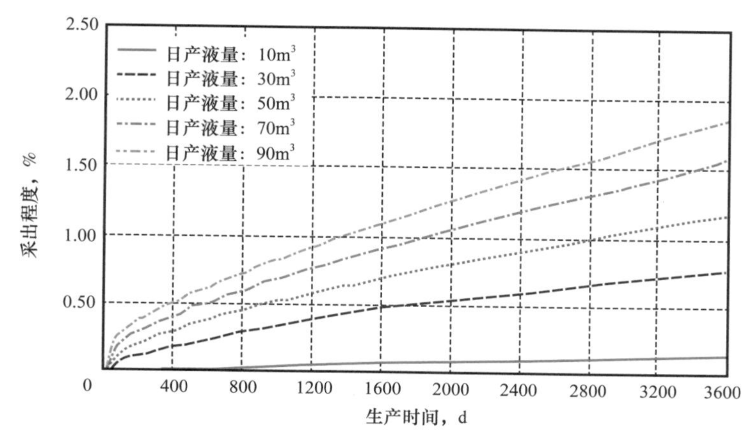

图 5.47　不同日产液量对采出程度的影响

由图 5.45、图 5.46 和图 5.47 可以看出，日产液量的影响很大，随日产液量增加，累计采油量、累计油汽比和采出程度均增加，但增幅逐渐减小。此外，日产液量过大容易造成底水锥进，因此，日产液量不宜过大。

5）水平井长度

在其他参数不变的条件下，改变水平井长度，研究其对产量的影响。设置水平井长度为 100m、150m、200m、250m 和 300m，得到不同水平井长度下，累计采油量、累计油汽比和采出程度与生产时间的关系曲线，分别如图 5.48、图 5.49 和图 5.50 所示。

由图 5.48、图 5.49 和图 5.50 可以看出，水平井长度对产量的影响较大。生产初期，井筒长度的影响较小，但是到生产中后期，随水平井长度增加，累计产油量、油汽比和采出程度均升高。但是，考虑成本因素，水平井长度并不是越大越好，而是存在一个合理的长度。

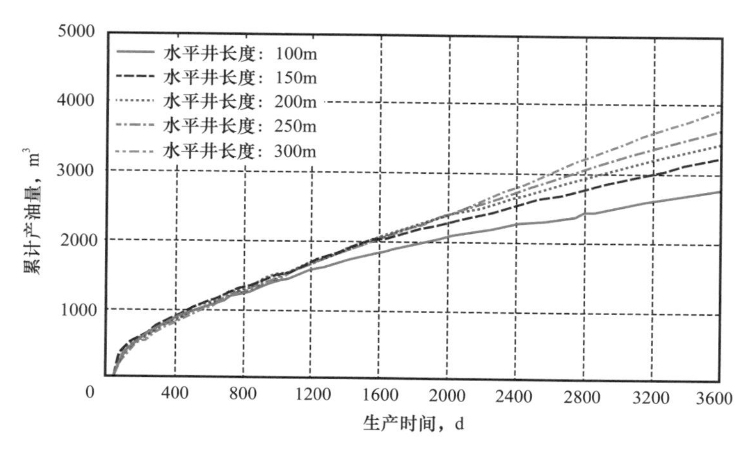

图 5.48　不同水平井长度对产油量的影响

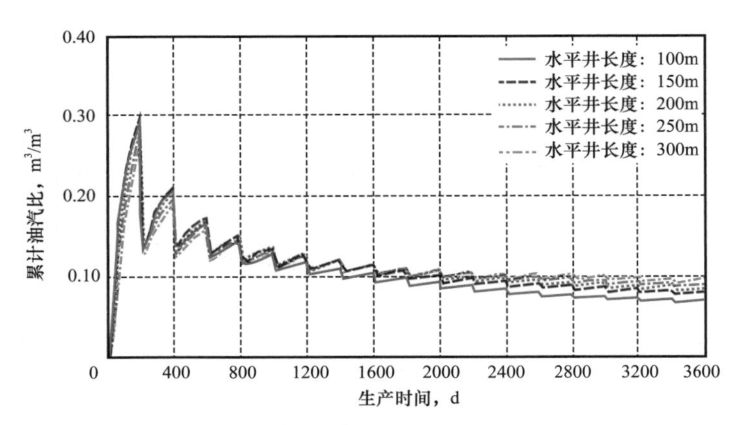

图 5.49　不同水平井长度对油汽比的影响

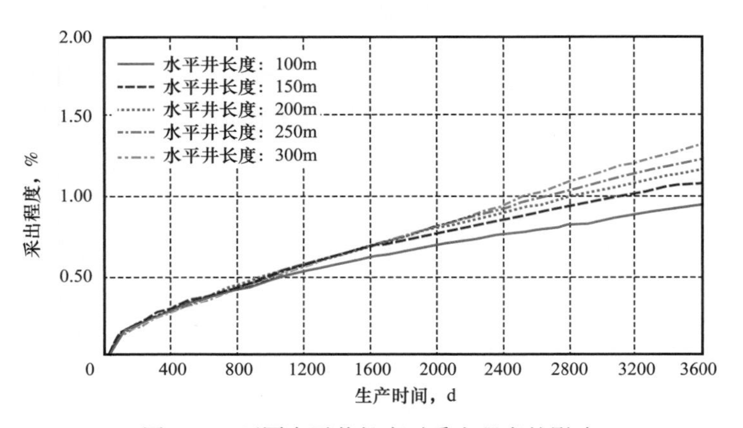

图 5.50　不同水平井长度对采出程度的影响

6）水平井距底水距离

在其他参数不变的前提下，改变水平井距底水距离，分别取值 2m、6m、10m、14m、18m，得到不同水平井位置下，累计采油量、累计油汽比和采出程度与生产时间的关系曲线，分别如图 5.51、图 5.52 和图 5.53 所示。

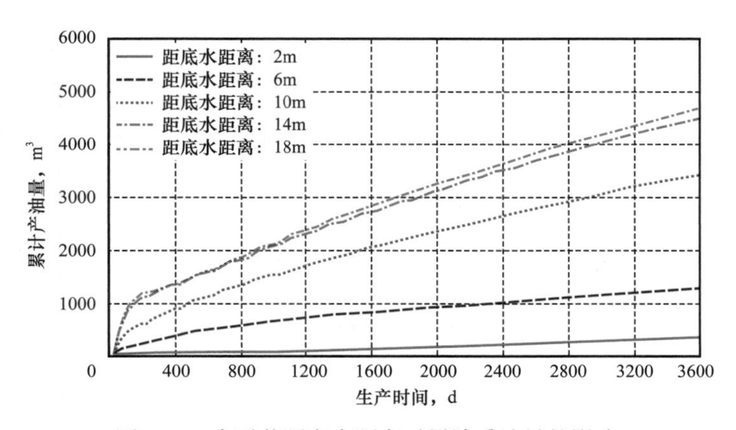

图 5.51　水平井距底水距离对累计采油量的影响

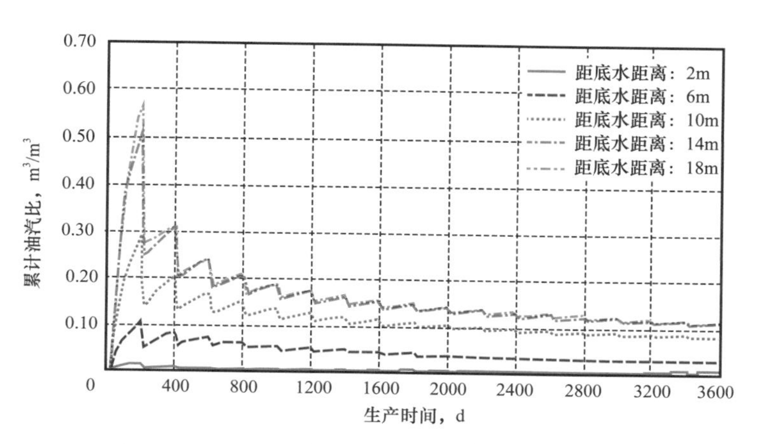

图 5.52　水平井距底水距离对累计油汽比的影响

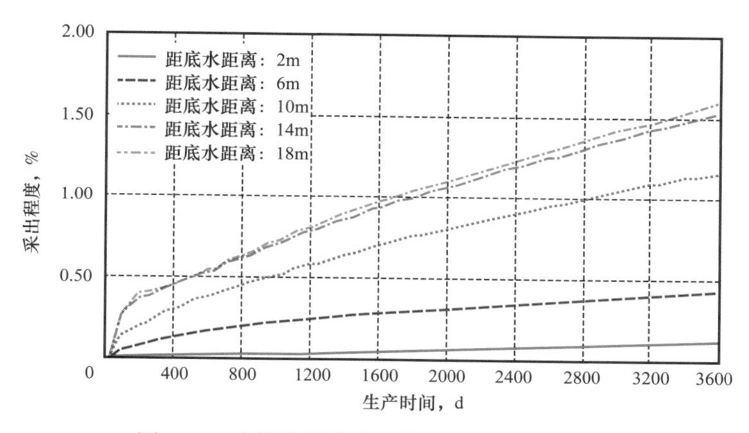

图 5.53　水平井距底水距离对采出程度的影响

由图 5.51、图 5.52 和图 5.53 可以看出：水平井距底水距离对开采效果影响很大，随着距离增大，采油量、油汽比和开采程度均升高。原因在于，如图 5.54 所示，将水平井布在油层中上部时，底水水侵慢，可以很好地利用底水能量，储层动用好。因此，对底水稠油油藏，水平井宜布在油层中上部。

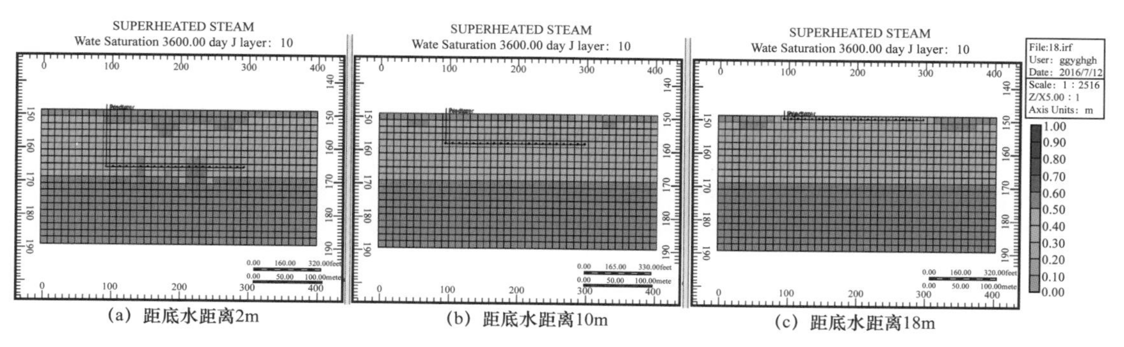

图 5.54　不同水平井距水体距离含油饱和度场图

二、主控因素分析

1. 主控因素初选

在单因素分析的基础上，分别计算每个因素的变化率、相应的采出程度和累计采油量的变化率，并将每个因素对生产指标的影响大小进行线性拟合，初选出影响较大的因素，设计正交实验，确定主控因素。

1）以采出程度为评价指标

对各影响因素和采出程度的变化率关系进行拟合，得到拟合曲线和拟合公式，分别如图 5.55 和表 5.6 所示。

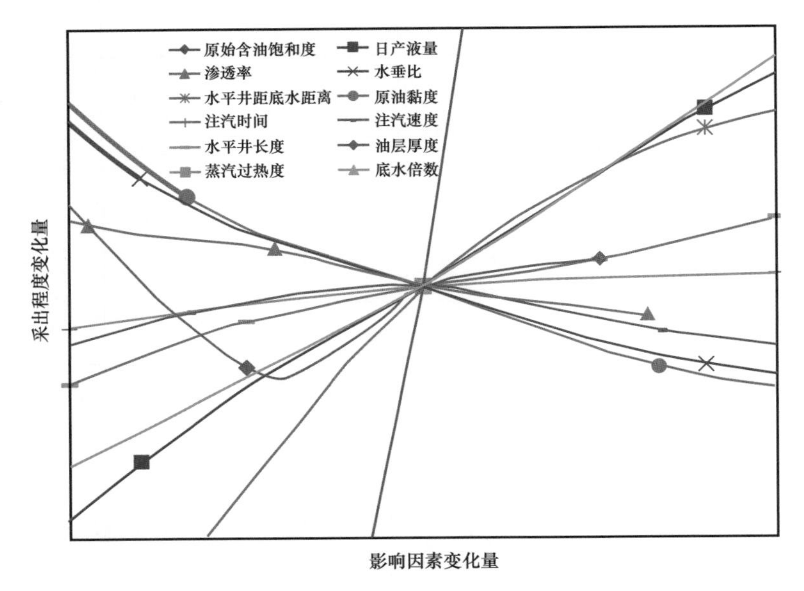

图 5.55　采出程度变化率拟合曲线

表 5.6　采出程度变化量的拟合公式一览表

因素	拟合公式	x=0.5 时 y 的绝对值
原始含油饱和度	$y=-64.324x^4-33.997x^3+11.598x^2+8.0843x+6\times10^{-12}$	1.328
渗透率	$y=-0.2656x^3-0.0055x^2-0.1997x+0.0127$	0.1217
原油黏度	$y=0.9656x^4-0.2799x^3-0.057x^2-0.4801x-6\times10^{-13}$	0.2289
地层厚度	$y=1.6208x^2+0.3576x-0.1008$	0.4832
水垂比	$y=-0.2354x^3+0.4544x^2-0.4355x-0.0288$	0.1623
蒸汽过热度	$y=0.0183x^3-0.086x^2+0.1041x-9\times10^{-15}$	0.0328
水平井长度	$y=0.4827x^3-0.1168x^2+0.2097x+8\times10^{-6}$	0.1360

续表

因素	拟合公式	x=0.5 时 y 的绝对值
底水倍数	$y=-0.1179x^3+0.0994x^2+0.8549x+2\times10^{-14}$	0.4376
日产液量	$y=0.1057x^3-0.2564x^2+0.8461x+0.0232$	0.3954
注汽速度	$y=0.8035x^4+0.3299x^3-0.738x^2-0.102x-1\times10^{-13}$	0.1440
水平井距底水距离	$y=1.2535x^4-0.7871x^3-1.2183x^2+1.2936x+5\times10^{-13}$	0.3222
注汽时间	$y=0.0627x^3-0.1201x^2+0.0906x-1\times10^{-15}$	0.023136

注：x 为影响因素变化率，y 为采出程度变化率。

影响因素变化率为 50% 时，对采出程度变化率做柱状图，如图 5.56 所示。从图中可以看出，各因素对采出程度的影响大小依次为：原始含油饱和度＞油层厚度＞底水倍数＞日产液量＞水平井距底水距离＞原油黏度＞水垂比＞注汽速度＞水平井长度＞渗透率＞蒸汽过热度＞注汽时间。

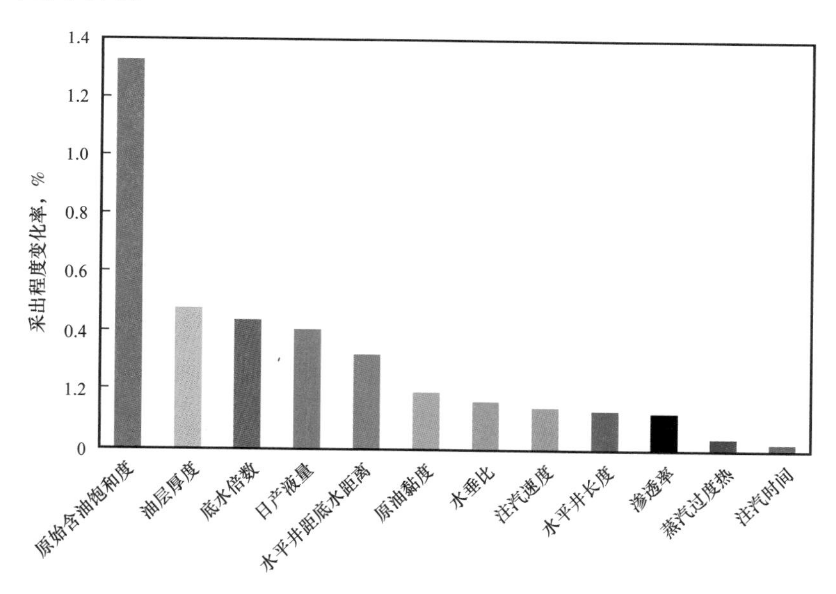

图 5.56　因素变化 50% 时采出程度的变化率

2）以累计产油量为评价指标

对各影响因素和累计产油量的变化率关系进行拟合，得到拟合曲线和拟合公式，分别如图 5.57 和表 5.7 所示。

影响因素变化率为 50% 时，对累计产油量变化率做柱状图，如图 5.58 所示。从图中可以看出，各因素对采出程度的影响大小依次为：原始含油饱和度＞底水倍数＞油层厚度＞日产液量＞水平井距底水距离＞原油黏度＞水垂比＞注汽速度＞水平井长度＞渗透率＞蒸汽过热度＞注汽时间。

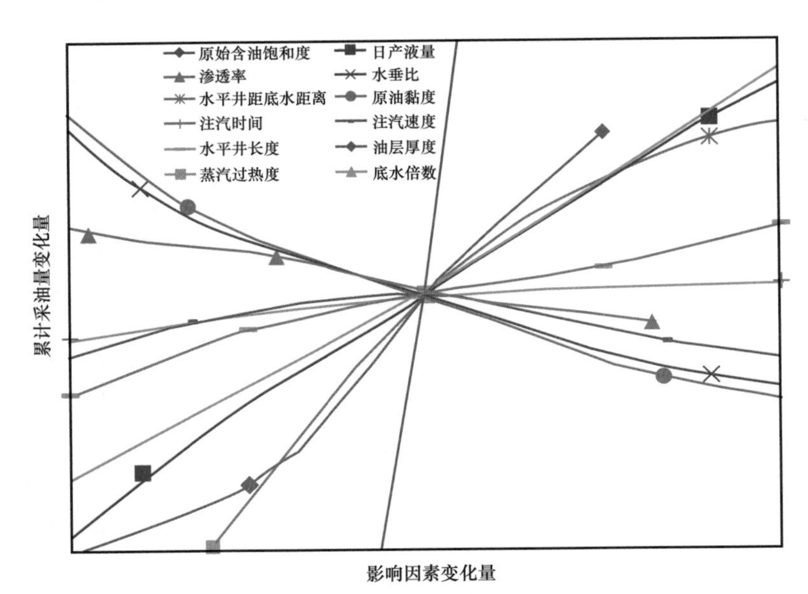

图 5.57　累计采油量变化率拟合曲线

表 5.7　累计采油量变化量拟合公式

因素	曲线拟合公式	x=0.5 时 y 绝对值
原始含油饱和度	$y=-100.95x^4-30.266x^3+19.982x^2+9.2676x+2\times10^{-12}$	1.4283
渗透率	$y=-0.2701x^3-0.0079x^2-0.1988x+0.0128$	0.12234
原油黏度	$y=0.9656x^4-0.2799x^3-0.057x^2-0.4801x-6\times10^{-13}$	0.22894
地层厚度	$y=-1.8121x^3-0.4605x^2+1.4888x-7\times10^{-15}$	0.402762
水垂比	$y=-0.2343x^3+0.4544x^2-0.4364x-0.029$	0.16289
蒸汽过热度	$y=0.0183x^3-0.086x^2+0.1041x-9\times10^{-15}$	0.032837
水平井长度	$y=0.4827x^3-0.1168x^2+0.2097x+8\times10^{-6}$	0.136008
底水倍数	$y=-0.1179x^3+0.0994x^2+0.8549x+2\times10^{-14}$	0.437563
日产液量	$y=0.1057x^3-0.2564x^2+0.8461x+0.0232$	0.395363
注汽速度	$y=0.8035x^4+0.3299x^3-0.738x^2-0.102x-1\times10^{-13}$	0.14404
水平井距底水距离	$y=1.2541x^4-0.7866x^3-1.2184x^2+1.2936x+2\times10^{-13}$	0.322256
注汽时间	$y=0.0687x^3-0.1229x^2+0.0875x-1\times10^{-15}$	0.021599

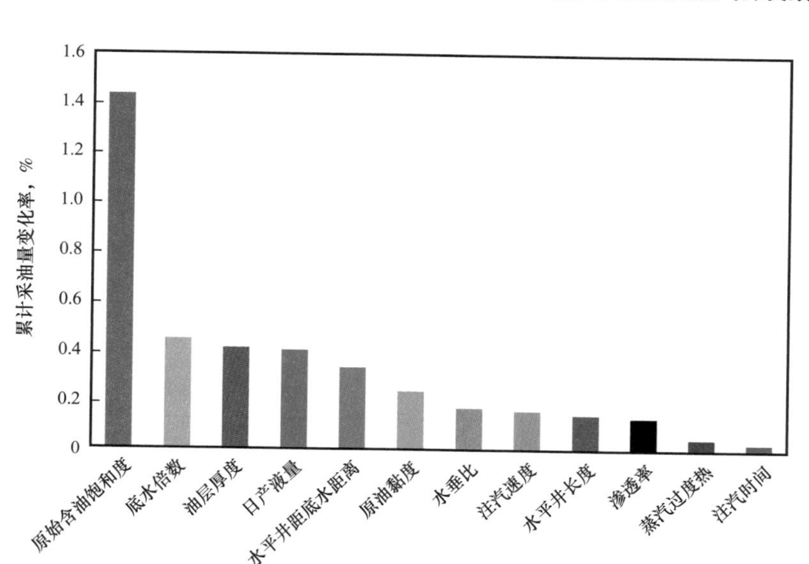

图 5.58　因素变化 50% 时的累计采油量变化率排序

对比可以看出，通过采出程度和累计产油量两种指标进行评价时，各因素的影响大小排序基本一致，唯一变化的因素是油层厚度。

选取影响较大的前 9 项因素进行多因素正交试验，结果见表 5.8。

表 5.8　初选主控因素进行正交实验

因素类型	主控因素初选
地质因素	原始含油饱和度
	油层厚度
	底水倍数
	原油黏度
	水垂比
生产因素	日产液量
	水平井距水体距离
	注汽速度
	水平井长度

2. 多因素正交实验

1）正交实验方案设计

针对上一节优选出的影响较大的 9 个因素，设计 9 因素 4 水平共 32 组正交实验，方案设计如表 5.9 所示。

表 5.9　正交实验方案参数取值

水平	油层厚度 m	原始含油饱和度	黏度 mP·s	水垂比	底水倍数	注汽速度 t/d	日产液量 m^3/d	水平井长度 m	水平井距底水的相对距离
1	5	0.55	10000	0.1	1	50	30	150	0.3
2	15	0.65	15000	0.3	5	100	50	200	0.5
3	20	0.75	20000	0.5	10	150	70	250	0.7
4	25	0.85	25000	0.7	15	200	90	300	0.9

2）正交实验结果

以各方案的采出程度和累计产油量为评价指标，计算最大值和最小值之间的极差，从而评价各因素对生产效果的影响大小，确定主控因素。计算结果见表 5.10、表 5.11 和表 5.12。

表 5.10　正交实验方案设计及计算结果

方案编号	正交实验方案编号									计算结果	
	油层厚度	原始含油饱和度	原油黏度	水垂比	底水倍数	注汽速度	日产液量	水平井长度	水平井距底水距离	采出程度 %	累计产油量 m^3
1	1	1	1	1	1	1	1	1	1	0.84	523.5
2	1	2	2	2	2	2	2	2	2	0.47	342.6
3	1	3	3	3	3	3	3	3	3	1.07	911.6
4	1	4	4	4	4	4	4	4	4	1.64	1578.7
5	2	1	1	2	2	3	3	4	4	1.33	2486.9
6	2	2	2	1	1	4	4	3	3	4.03	8893.8
7	2	3	3	4	4	1	1	2	2	3.41	8689.7
8	2	4	4	3	3	2	2	1	1	2.69	7762.2
9	3	1	2	3	4	1	2	3	4	1.77	4409.9
10	3	2	1	4	3	2	1	4	3	5.01	14740.3
11	3	3	4	1	2	3	4	1	2	1.50	5083.3
12	3	4	3	2	1	4	3	2	1	3.06	11762.0
13	4	1	2	4	3	3	4	2	1	3.93	12225.6
14	4	2	1	3	4	4	3	1	2	3.81	14004.8

续表

方案编号	正交实验方案编号									计算结果	
	油层厚度	原始含油饱和度	原油黏度	水垂比	底水倍数	注汽速度	日产液量	水平井长度	水平井距底水距离	采出程度 %	累计产油量 m^3
15	4	3	4	2	1	1	2	4	3	3.61	15303.5
16	4	4	3	1	2	2	1	3	4	1.32	6341.8
17	1	1	4	1	4	2	3	2	3	0.84	519.5
18	1	2	3	2	3	1	4	1	4	1.16	855.9
19	1	3	2	3	2	4	1	4	1	0.35	292.9
20	1	4	1	4	1	3	2	3	2	0.84	523.5
21	2	1	4	2	3	4	1	3	2	0.96	1795.5
22	2	2	3	1	4	3	2	4	1	6.25	13788.2
23	2	3	2	4	1	2	3	1	4	2.15	5477.8
24	2	4	1	3	2	1	4	2	3	4.46	12869.1
25	3	1	3	3	1	2	4	4	2	0.84	2083.1
26	3	2	4	4	2	1	3	3	1	1.47	4335.4
27	3	3	1	1	3	4	2	2	4	7.90	26789.8
28	3	4	2	2	4	3	1	1	3	1.76	6778.2
29	4	1	3	4	2	4	2	1	3	1.36	4219.6
30	4	2	4	3	1	3	1	2	4	1.06	3909.6
31	4	3	1	2	4	2	4	3	1	4.69	19900.7
32	4	4	2	1	3	1	3	4	2	2.42	11633.6

表 5.11 极差分析表——采出程度

实验次数	油层厚度	原始含油饱和度	原油黏度	水垂比	底水倍数	注汽速度	日产液量	水平井长度	水平井距底水距离
K1	11.24	5.41	14.80	13.01	20.35	12.17	8.13	10.84	3.90
K2	11.12	9.09	11.95	12.46	8.96	7.01	13.47	12.07	10.62
K3	12.86	11.45	9.61	7.61	8.34	12.14	10.61	11.75	18.50
K4	9.98	19.24	8.83	12.11	7.54	13.86	12.98	10.52	12.17
R	2.88	13.82	5.97	5.40	12.82	6.85	5.33	1.55	14.60

表 5.12 极差分析表——累计产油量

实验次数	油层厚度	含油饱和度	原油黏度	水垂比	底水倍数	注汽速度	日产液量	水平井长度	水平井距底水距离
K1	9698.3	10579.6	32696.8	39248.5	52529.7	38166.2	27715.0	30041.5	12290.2
K2	27407.0	20969.3	36086.0	41546.5	27484.9	19010.2	35054.7	36926.6	24742.2
K3	44451.1	37046.3	27970.8	20775.8	23909.9	27172.0	31977.4	22332.5	54785.0
K4	41556.4	54517.7	26359.3	21542.0	19188.4	38764.4	28365.7	33812.2	31295.2
R	34752.8	43938.1	9726.8	20770.7	28619.9	19754.2	7339.7	14594.0	42484.8

以采出程度为评价指标时，主控因素依次为：水平井距底水距离＞原始含油饱和度＞底水倍数＞注汽量＞原油黏度＞水垂比＞日产液量＞油层厚度＞水平井长度。

以累计产油量为评价指标时，主控因素依次为：含油饱和度＞水平井距底水的距离＞油层厚度＞底水倍数＞水垂比＞注汽量＞水平井长度＞原油黏度＞日产液量。

3）正交实验结果的线性回归拟合

设九个影响因素为自变量 X，采出程度和累计产油量为因变量 Y，利用 IBM 的 SPSS 软件，对正交实验结果进行线性回归，分别得到采出程度和累计产油量与 9 个影响因素的关系方程式，如下：

$$\begin{aligned}Y_1 = & 0.0965X_1 + 2.5496X_2 - 0.0001X_3 - 1.0497X_4 + 0.0985X_5 + 0.0029X_6 + \\ & 0.0087X_7 + 0.0024X_8 - 0.0217X_9 - 0.5052\end{aligned} \tag{5.1}$$

$$\begin{aligned}Y_2 = & 520.73X_1 + 14316.98X_2 - 0.39X_3 - 4895.67X_4 + 283.94X_5 + 5.17X_6 + \\ & 24.53X_7 + 5.40X_8 - 112.94X_9 - 6663.75\end{aligned} \tag{5.2}$$

式中 Y_1——采出程度；

Y_2——累计采油量，m^3；

X_1——油层厚度，m；

X_2——原始含油饱和度；

X_3——原油黏度，mPa·s；

X_4——水垂比；

X_5——底水倍数；

X_6——注汽速度，m^3/d；

X_7——日产液量，m^3；

X_8——水平井长度，m；

X_9——水平井距底水距离，m。

线性拟合公式的计算结果及误差分析结果见表 5.13。

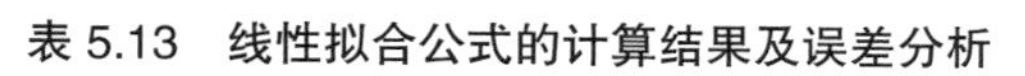

表 5.13　线性拟合公式的计算结果及误差分析

正交实验方案	采出程度			累计采油量		
	正交实验结果 %	拟合公式计算结果 %	相对误差 %	正交实验结果 m^3	拟合公式计算结果 m^3	相对误差 %
实验 1	0.841	0.913	8.534	523.463	834.49	59.42
实验 2	0.466	1.157	148.224	342.573	1039.71	203.50
实验 3	1.075	1.499	39.451	911.549	1528.88	67.72
实验 4	1.642	1.840	12.070	1578.74	2018.06	27.83
实验 5	1.333	2.798	109.945	2486.92	7151.95	187.58
实验 6	4.033	2.607	−35.339	8893.77	7407.16	−16.72
实验 7	3.415	2.077	−39.192	8689.74	5860.00	−32.56
实验 8	2.691	1.788	−33.562	7762.23	5831.28	−24.88
实验 9	1.772	2.926	65.096	4409.88	8387.29	90.19
实验 10	5.013	3.203	−36.106	14740.3	9860.70	−33.10
实验 11	1.498	2.348	56.755	5083.32	8329.83	63.87
实验 12	3.059	2.724	−10.957	11762	10087.19	−14.24
实验 13	3.931	3.484	−11.374	12225.6	11175.68	−8.59
实验 14	3.810	4.753	24.745	14004.8	16003.03	14.27
实验 15	3.608	1.862	−48.388	15303.5	7678.77	−49.82
实验 16	1.319	3.033	129.885	6341.77	12222.17	92.72
实验 17	0.835	1.090	30.497	519.526	−435.94	−183.91
实验 18	1.164	1.012	−13.093	855.86	57.71	−93.26
实验 19	0.345	1.643	375.975	292.89	2510.89	757.27
实验 20	0.841	1.664	97.724	523.46	3288.48	528.22
实验 21	0.962	1.501	56.063	1795.46	2630.40	46.50
实验 22	6.252	3.241	−48.165	13788.20	9365.53	−32.08
实验 23	2.153	1.444	−32.928	5477.78	3901.63	−28.77
实验 24	4.462	3.084	−30.876	12869.10	10352.82	−19.55
实验 25	0.837	1.785	113.239	2083.05	4874.85	134.02
实验 26	1.474	1.326	−10.046	4335.43	3944.93	−9.01

续表

正交实验方案	采出程度			累计采油量		
	正交实验结果 %	拟合公式计算结果 %	相对误差 %	正交实验结果 m^3	拟合公式计算结果 m^3	相对误差 %
实验 27	7.895	4.225	−46.489	26789.80	14245.60	−46.82
实验 28	1.763	3.865	119.246	6778.24	13599.63	100.64
实验 29	1.357	1.949	43.670	4219.57	5909.01	40.04
实验 30	1.064	1.188	11.666	3909.55	4302.52	10.05
实验 31	4.692	5.427	15.670	19900.70	19379.27	−2.62
实验 32	2.420	4.567	88.719	11633.60	17488.84	50.33

由表 5.13 可以看出，拟合公式具有较高的计算精度，最高精度低于 5%。同时，由于公式拟合的自变量较多，部分计算结果的误差也较大。

第三节　哈萨克斯坦 KM 油田水平井过热蒸汽吞吐影响因素分析

本节通过数值模拟方法，研究了 KM 油田水平井过热蒸汽吞吐开发效果的影响因素。首先通过单因素分析研究了各因素对生产效果的影响，然后通过多因素正交实验确定了主控因素。影响因素包括地质因素和生产因素两大类。地质因素包括：油层厚度、渗透率、原始含油饱和度、原油黏度、水垂比和底水倍数。生产因素包括：水平井距底水距离、蒸汽过热度、周期注汽量和焖井时间。

一、单因素分析

影响因素包含两大类：地质因素和生产因素。地质因素一共 6 个，生产因素一共 4 个，每个因素分别取 3～4 个值，进行单因素分析，方案设计见表 5.14。

表 5.14　影响因素分类及取值

地质因素	取值
油层厚度，m	10，15，20，25
渗透率，mD	500，1000，1500，2000
原始含油饱和度	0.685，0.735，0.785，0.835
油层条件原油黏度，mPa·s	5500，7000，8500，10000
水垂比	0.1，0.3，0.5

续表

地质因素	取值
底水倍数	无底水，1，20
生产因素	取值
水平井距底水距离，m	3，5，7，9
蒸汽过热度，℃	饱和蒸汽、过热蒸汽（过热度：10，30，50，70）
周期注汽量，t	1500，2000，2500，3000
焖井时间，d	10，15，20，25
评价指标	采出程度、周期产油量和周期油汽比

1. 地质因素分析

地质因素一共 6 个，包括油层厚度、渗透率、原始含油饱和度、原油黏度、水垂比、底水倍数。

1）油层厚度

在其他参数不变的条件下，改变模型储层厚度，分别取值 10m、15m、20m 和 25m，得出采出程度随周期数变化曲线如图 5.59 所示，周期产油量随周期数变化曲线如图 5.60 所示，周期油汽比随周期数变化曲线如图 5.61 所示。

由图 5.59 可知，采出程度受油层厚度影响比较明显。随着储层厚度的增加，采出程度不断增加，且在 10m、15m、20m、25m 范围内没有出现明显递减规律。储层越厚，采出程度越高。

由图 5.60 可知，周期产油量受储层厚度影响明显。各周期内，随着油层厚度的增加，产量不断增加，且增幅较大。随着生产周期数的增加，不同油层厚度的周期产油量均降低，但油层越厚，周期产油量依然越大。且到生产后期，油层厚度对周期产油量的影响依然明显。

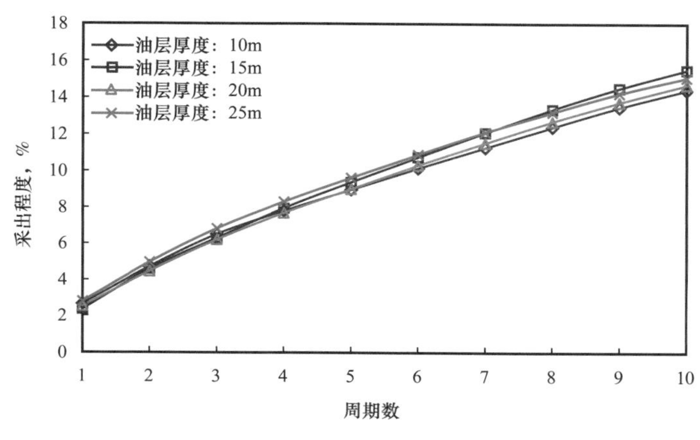

图 5.59 油层厚度对采出程度影响

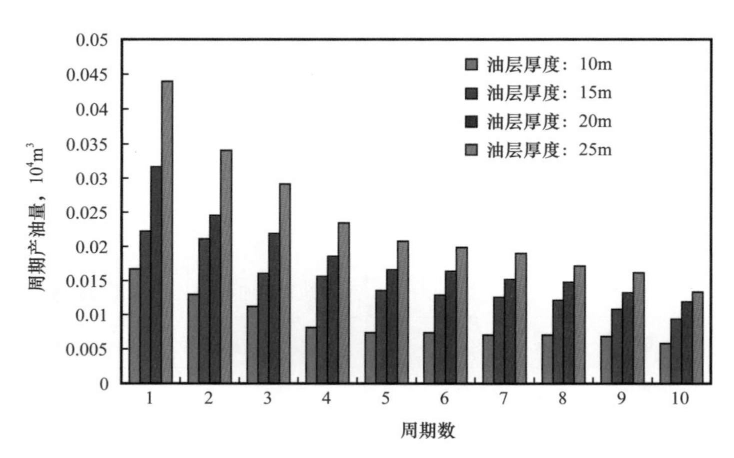

图 5.60　油层厚度对周期产油量影响

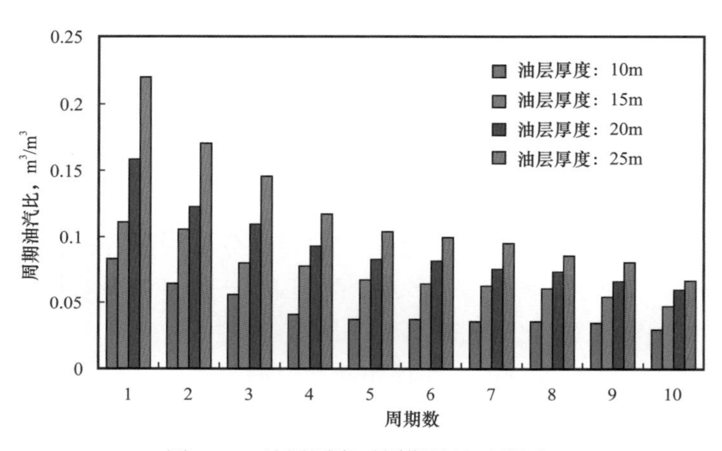

图 5.61　油层厚度对周期油汽比影响

由图 5.61 可知，油层厚度对周期油汽比影响明显。随着油层厚度的增加，周期油汽比不断增加，且增幅明显。在第一周期到第三周期，油层厚度能明显提高周期油汽比，油层厚度越大，开采效果越好。随着生产周期数的增加，不同油层厚度的周期产油量均降低，但油层越厚，周期产油量依然越大。且到生产后期，油层厚度对周期产油量的影响依然明显。

结论：油层厚度对采出程度、周期采油量、周期油汽比影响比较明显。随着油层厚度的增加，采出程度增加比较明显，周期油汽比也不断增加，并能有效提高周期油汽比，提高开采经济效益。

2）渗透率

在其他参数不变的条件下，改变模型水平渗透率为：500mD、1000mD、1500mD、2000mD，得出采出程度随周期数变化曲线如图 5.62 所示，周期产油量随周期数变化曲线如图 5.63 所示，周期油汽比随周期数变化曲线如图 5.64 所示。

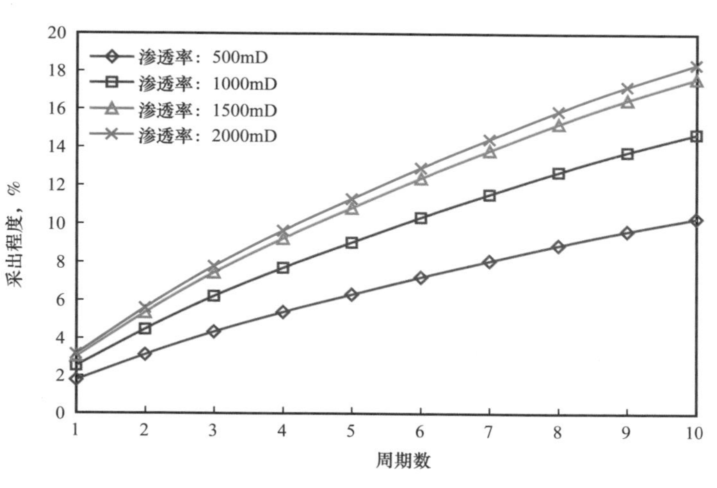

图 5.62　渗透率对采出程度影响

由图 5.62 可知，渗透率对采出程度影响比较明显。随着储层渗透率增加，采出程度增加，但增幅降低。

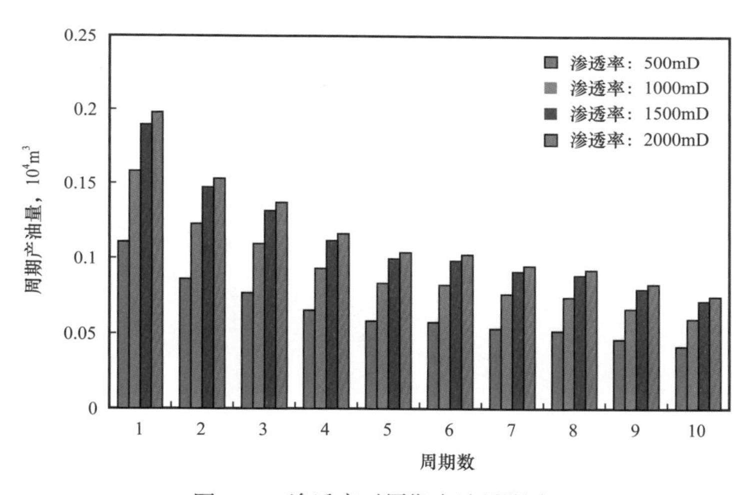

图 5.63　渗透率对周期产油量影响

由图 5.63 可知，渗透率对周期产油量影响比较明显。当渗透率较小时，随着渗透率增加，周期产油量增加较快，随着渗透率变大，渗透率继续增加，周期产油量增幅降低。

由图 5.64 可知，渗透率对周期油汽比影响比较明显。当渗透率较小时，随着渗透率增加，周期油汽比增加较快；随着渗透率变大，渗透率继续增加，周期油汽比增幅降低。

总结：渗透率对周期油汽比影响比较明显。当渗透率较小时，随着渗透率增加，采出程度、周期产油量、周期油汽比增加较快；随着渗透率变大，渗透率继续增加，采出程度、周期产油量、周期油汽比增幅降低。

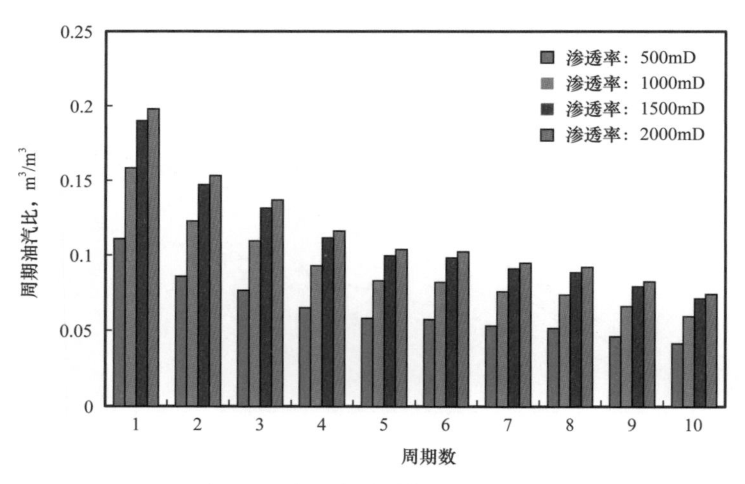

图 5.64　渗透率对周期油汽比影响

3）原始含油饱和度

在其他参数不变的条件下，改变模型原始含油饱和度为 0.685、0.735、0.785、0.835，得出采出程度随周期数变化曲线如图 5.65 所示，周期产油量随周期数变化曲线如图 5.66 所示，周期油汽比随周期数变化曲线如图 5.67 所示。

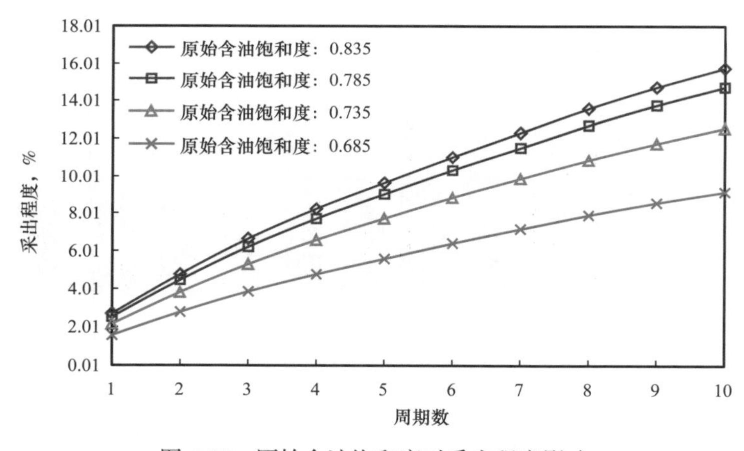

图 5.65　原始含油饱和度对采出程度影响

由图 5.65 可知，随着原始含油饱和度的增加，采出程度不断增加。当原始含油饱和度由 0.685 增至 0.785 时，采出程度增幅较缓。但当原始含油饱和度由 0.785 增至 0.835 时，采出程度大幅增加。

由图 5.66 可知，原始含油饱和度对周期产油量影响很大。在第一周期，原始含油饱和度由 0.685 增至 0.835 时，周期产油量巨幅增加。随着吞吐周期数的增加，原始含油饱和度增加对周期产油量的影响较第一周期有所降低，但仍然影响显著。原始含油饱和度的增加能有效提高周期产油量。

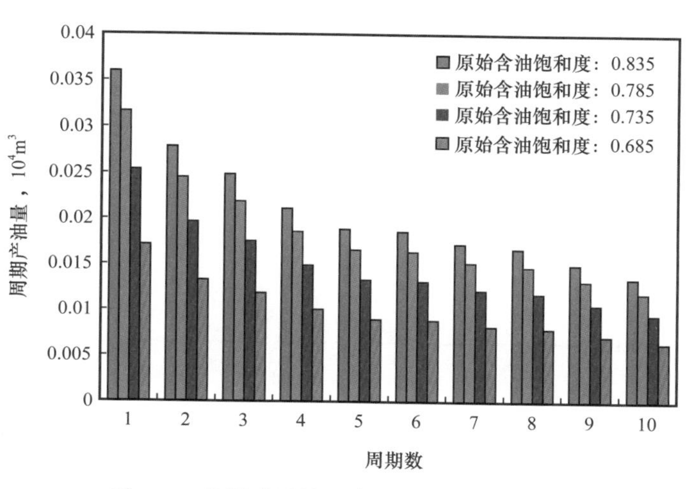

图 5.66　原始含油饱和度对周期产油量影响

由图 5.67 可知，原始含油饱和度对周期油汽比影响很大。在第一周期，原始含油饱和度由 0.685 增至 0.835 时，周期油汽比巨幅增加，大大提高了开采效果。随着吞吐周期数的增加，原始含油饱和度增加对周期油汽比的影响较第一周期有所降低，但仍然影响显著。原始含油饱和度的增加能有效提高周期油汽比，提高开采效果。

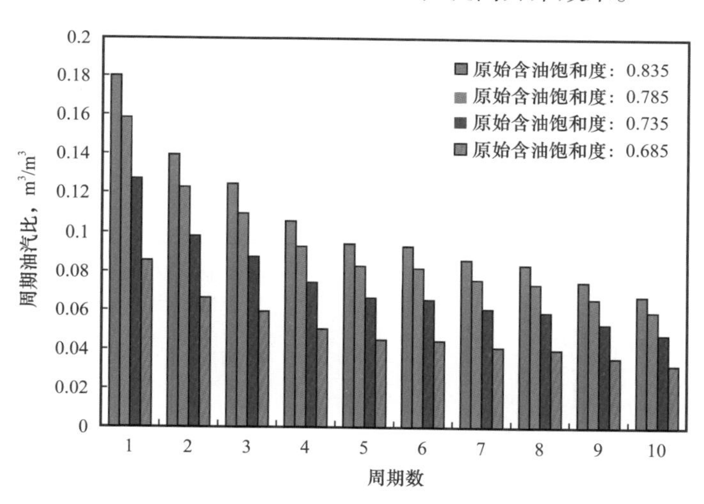

图 5.67　原始含油饱和度对周期油汽比影响

总结：原始含油饱和度对采出程度、周期产油量、周期油汽比影响很大。原始含油饱和度的增加能有效提高采出程度、周期产油量、周期油汽比，提高开采效果。

4）原油黏度

在其他参数不变的条件下，改变模型中原油在 13.5 ℃时的黏度为 5500mPa·s、7000mPa·s、8500mPa·s、10000mPa·s。得出采出程度随周期数变化曲线如图 5.68 所示，周期产油量随周期数变化曲线如图 5.69 所示，周期油汽比随周期数变化曲线如图 5.70 所示。

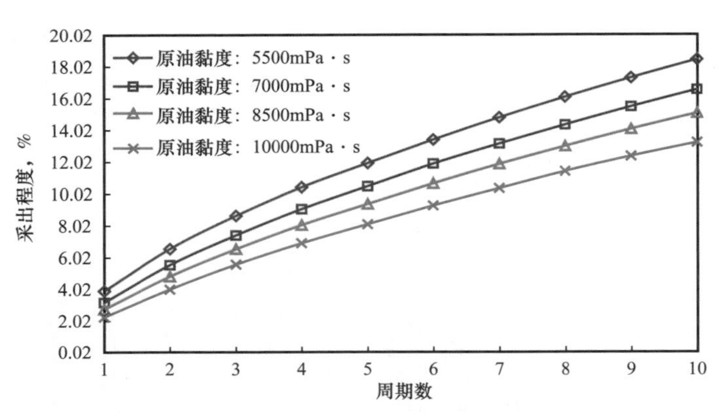

图 5.68　原油黏度对采出程度影响

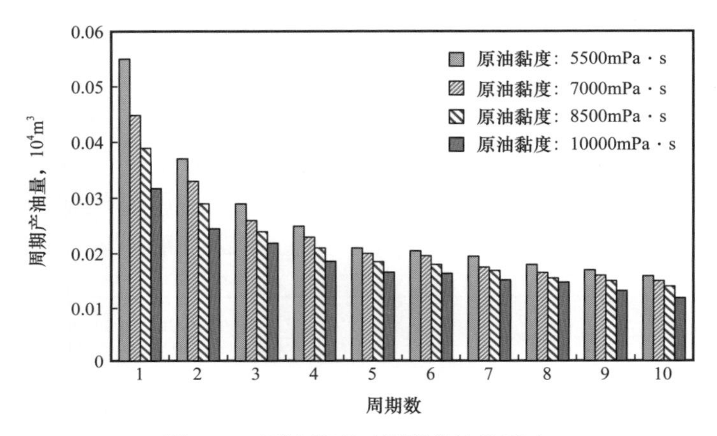

图 5.69　原油黏度对周期产油量影响

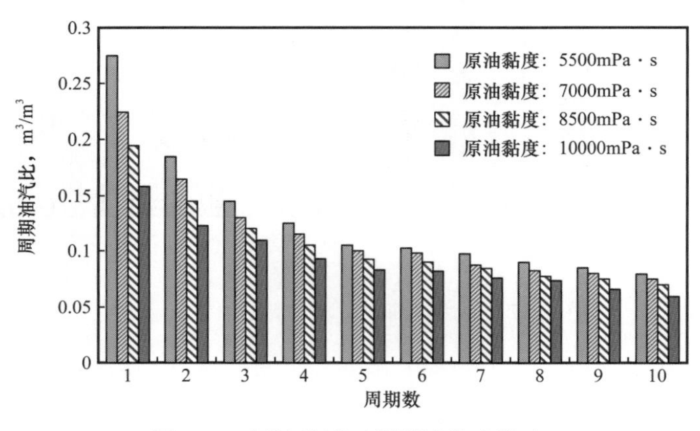

图 5.70　原油黏度对周期油汽比影响

由图 5.68 可知，原油黏度对采出程度影响比较明显。随着原油黏度的不断降低，采出程度不断增加，且没有出现采出程度增幅放缓现象。

周期产油量随周期数变化曲线如图 5.69 所示，由图可知，原油黏度对周期产油量影响比较大，吞吐各个周期内，随着原油黏度降低，周期产油量均增加。

由图 5.70 可知，原油黏度对周期油汽比影响比较大，吞吐各个周期内，随着原油黏度的降低，周期油汽比均增加，提高了蒸汽利用效率，开采效果变好。

总结：原油黏度是影响开发效果的重要因素，原油黏度的降低将提高产油量，增加蒸汽利用效率，提高周期油汽比。

5）水垂比

在其他参数不变的条件下，改变模型中水垂比为 0.1、0.3、0.5，得出采出程度随周期数变化曲线如图 5.71 所示，周期产油量随周期数变化曲线如图 5.72 所示，周期油汽比随周期数变化曲线如图 5.73 所示。

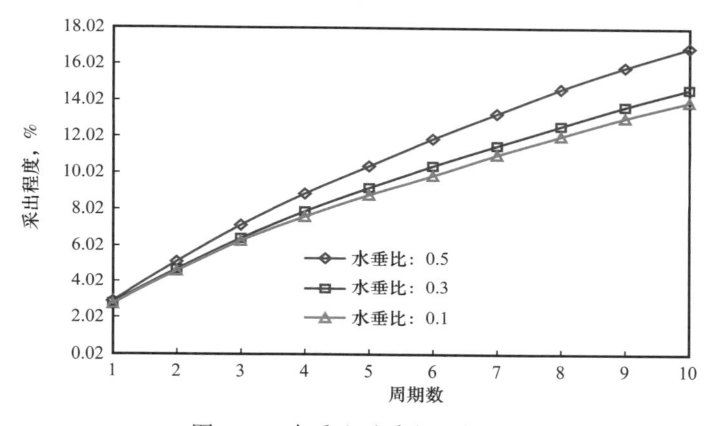

图 5.71　水垂比对采出程度影响

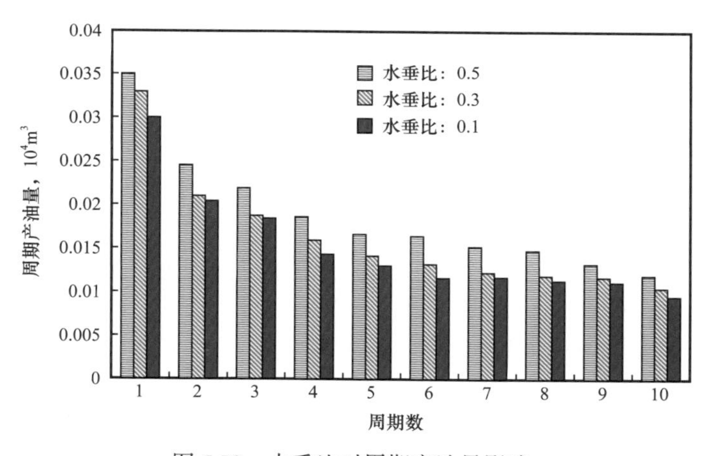

图 5.72　水垂比对周期产油量影响

由图 5.71 可知，在避底水条件下，随着垂向渗透率的增加采出程度增加。原因是垂向渗透率的增加将会减小原油渗流阻力。

由图 5.72 可知，垂向渗透率的增加使得周期产油量增加，原因是垂向渗透率的增加将会减小原油渗流阻力。

由图 5.73 可知，垂向渗透率的增加使得周期油汽比增加，原因是垂向渗透率的增加将会减小原油渗流阻力。

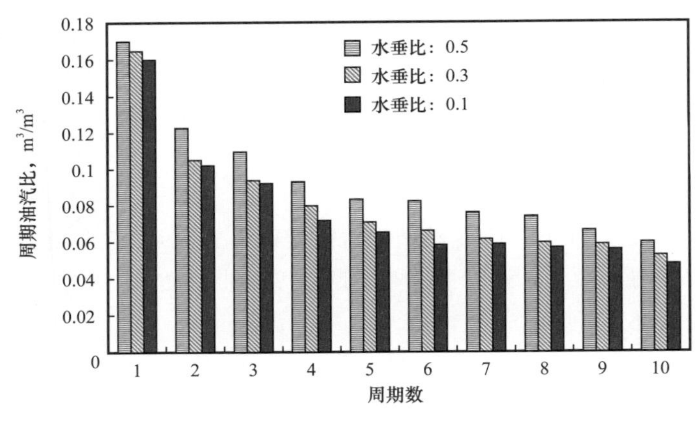

图 5.73 水垂比对周期油汽比影响

总结：垂向渗透率的增加使得采出程度、周期产油量、周期油汽比增加，原因是垂向渗透率的增加将会减小原油渗流阻力。

6）底水倍数

在其他参数不变的条件下，改变模型中水体大小为无底水、1 倍底水、20 倍水体，得出采出程度随周期数变化曲线如图 5.74 所示，周期产油量随周期数变化曲线如图 5.75 所示，周期油汽比随周期数变化曲线如图 5.76 所示。

由图 5.74 可以看出，底水将会对采出程度造成严重影响。在无底水的情况下，累计产油量较有底水情况大幅增加。

由图 5.75 可以看出，底水将会对周期产油量造成严重影响。在无底水的情况下，各个周期产油量较有底水情况出现大幅增加。而水体倍数由 0.5 倍变到 2 倍则对周期产油量影响不大。即有无底水是重要影响因素，而底水的大小则影响很小。

由图 5.76 可以看出，底水将会对周期油汽比造成严重影响。在无底水的情况下，各个周期内周期油汽比较有底水情况出现大幅增加。

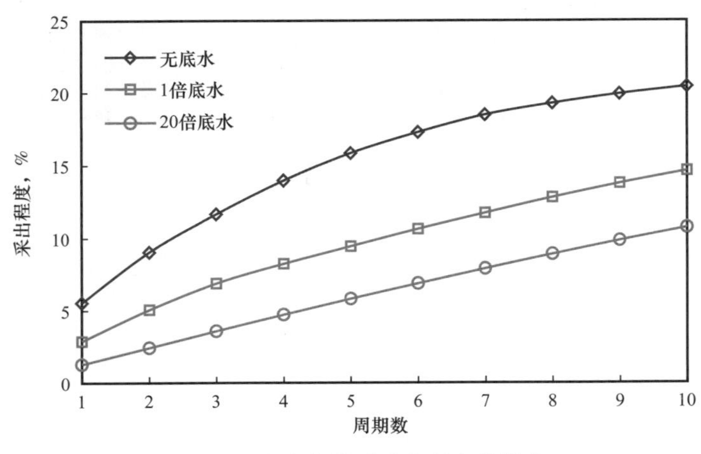

图 5.74 底水倍数对采出程度的影响

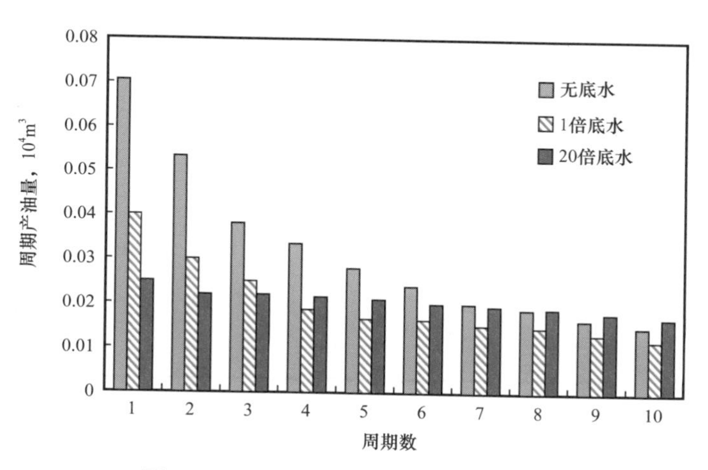

图 5.75　底水倍数对周期产油量的影响

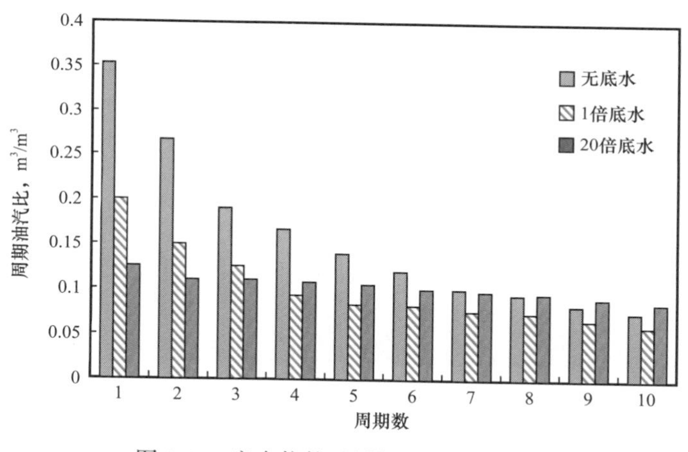

图 5.76　底水倍数对周期油汽比的影响

总结：是否存在底水将会明显的影响开发效果。无底水条件下，采出程度、周期产油量、周期油汽比均出现大幅提高。无底水条件下，蒸汽利用效率大幅提高，开采效果明显好转。对于稠油油藏，底水的存在将导致严重的底水锥进现象，大幅降低开发效果。

2. 生产因素分析

生产因素一共 4 个，包括水平井距底水距离、蒸汽过热度、周期注汽量和焖井时间。

1）水平井距底水距离

在其他参数不变的条件下，改变模型中水平井距底水距离为 3m、5m、7m 和 9m，得出采出程度随周期数变化曲线如图 5.77 所示，周期产油量随周期数变化曲线如图 5.78 所示，周期油汽比随周期数变化曲线如图 5.79 所示。

水平井距底水距离对采出程度影响较大。从图 5.77 中可以看出，当水平井距离底水越来越远时，采出程度不断增加。

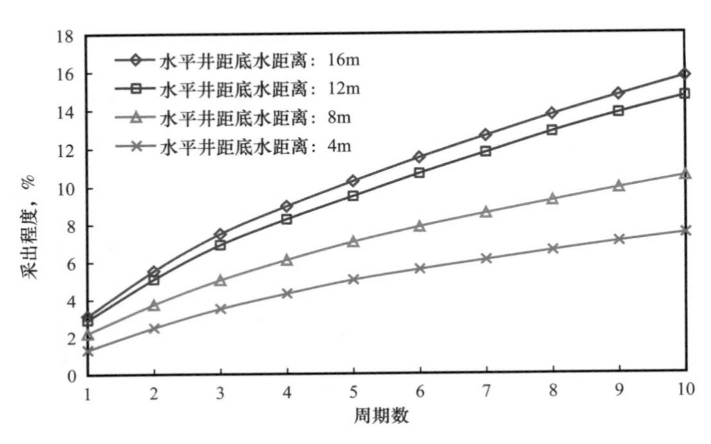

图 5.77 水平井距底水距离对采出程度的影响

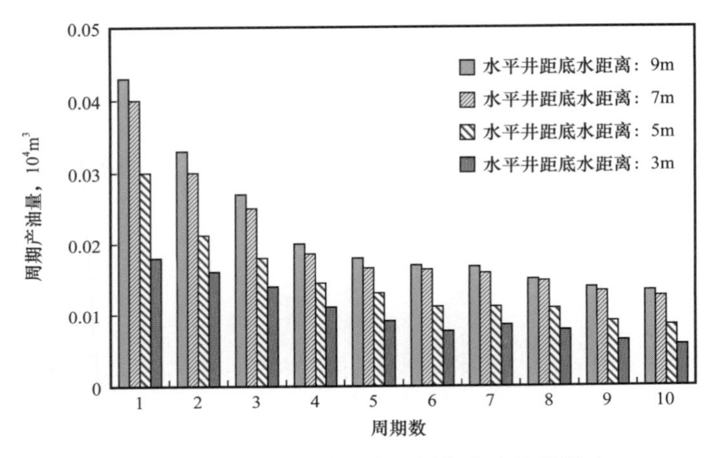

图 5.78 水平井距底水距离对周期产油量的影响

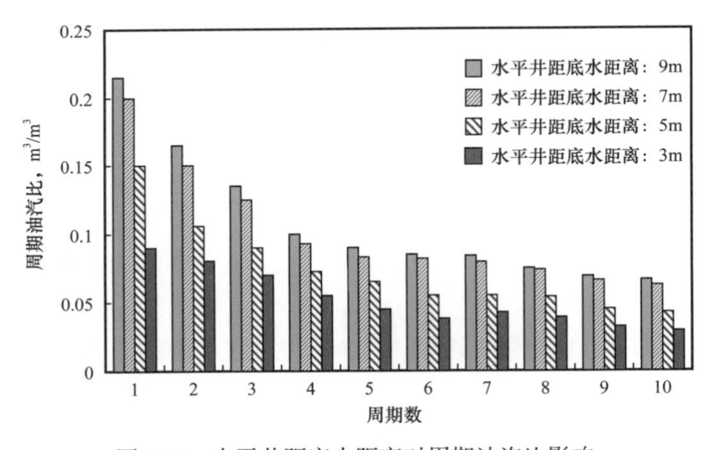

图 5.79 水平井距底水距离对周期油汽比影响

由图 5.78 可知，水平井距底水距离越远，周期产油量越高，且在前三个周期最为明显。随着周期数增加，水平井距底水距离对周期产油量影响减小。

如图 5.79 可知，水平井距底水越远，周期油汽比越高，且在前三个周期最为明显。随着吞吐周期数的增加，由于底水锥进，周期油汽比差别减小。

总结：水平井距底水距离对采出程度影响较大，当水平井距离底水越来越远时，采出程度不断增加。水平井距底水距离越远，周期产油量、周期油汽比越高，且在前三个周期最为明显。随着周期数增加，水平井距底水距离对周期产油量、周期油汽比影响减小。

2）蒸汽过热度

在其他参数不变的条件下，改变模型中注入蒸汽过热度为 10℃、30℃、50℃和 70℃，得出采出程度随周期数变化曲线如图 5.80 所示，周期产油量随周期数变化曲线如图 5.81 所示，周期油汽比随周期数变化曲线如图 5.82 所示。

由图 5.80 可知，蒸汽由普通蒸汽加热至过热蒸汽时，采出程度增加明显；蒸汽过热度继续增加时，采出程度增幅逐渐减小。

由图 5.81 可知，蒸汽由普通蒸汽加热至过热蒸汽时，周期产油量增加较明显；当蒸汽过热度继续增加时，采出程度继续增加，但随着过热度继续增加，周期产油量增幅减小。即过热蒸汽较普通蒸汽能明显提高产油量，过热度过大时对周期产油量影响不大。

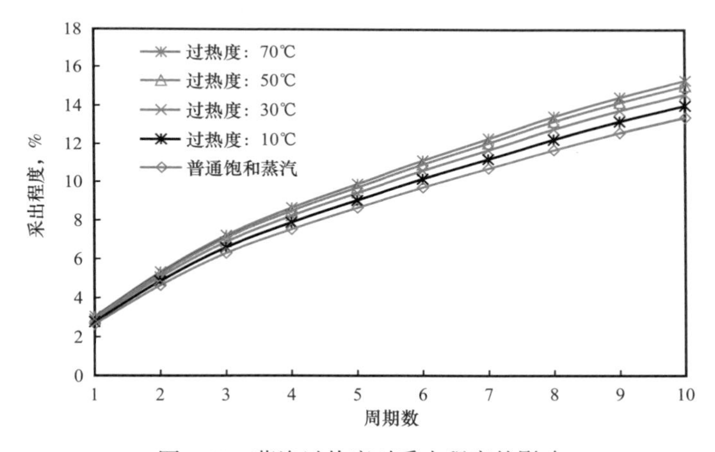

图 5.80　蒸汽过热度对采出程度的影响

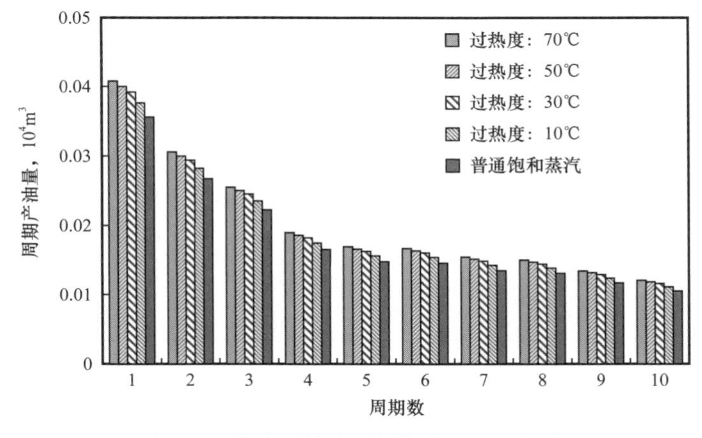

图 5.81　蒸汽过热度对周期产油量的影响

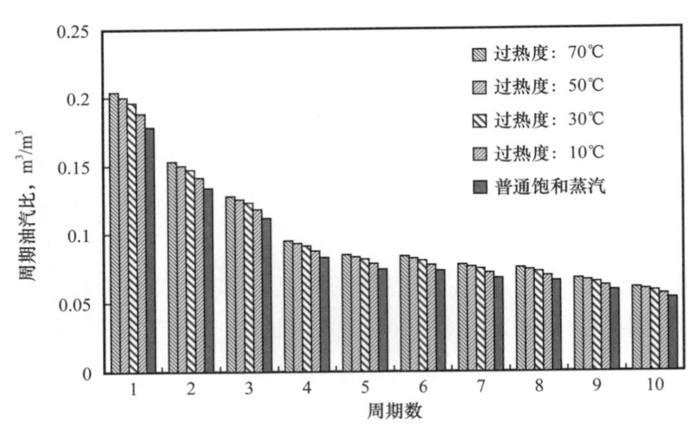

图 5.82　蒸汽过热度对周期油汽比的影响

由图 5.82 可知，蒸汽由普通蒸汽加热至过热蒸汽时，周期油汽比增加较明显；当蒸汽过热度继续增加时，采出程度继续增加，但随着过热度继续增加，周期油汽比增幅减小。即过热蒸汽较普通蒸汽能明显提高产油量，过热度过大时对周期油汽比影响不大。

总结：蒸汽由普通蒸汽加热至过热蒸汽时，采出程度、周期产油量、周期油汽比增加较明显；当蒸汽过热度继续增加时，采出程度、周期产油量、周期油汽比继续增加，但随着过热度继续增加，采出程度、周期产油量、周期油汽比增幅减小。即过热蒸汽较普通蒸汽能明显提高产油量，过热度过大时对采出程度、周期产油量、周期油汽比影响不大。

3）周期注汽量

在其他参数不变的条件下，改变模型中周期注汽量为 1500t、2000t、2500t 和 3000t，得出采出程度随周期数变化曲线如图 5.83 所示，周期产油量随周期数变化曲线如图 5.84 所示，周期油汽比随周期数变化曲线如图 5.85 所示。

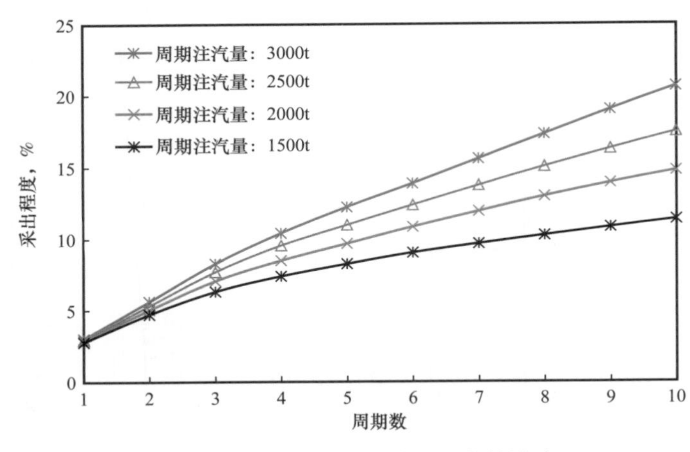

图 5.83　周期注汽量对采出程度的影响

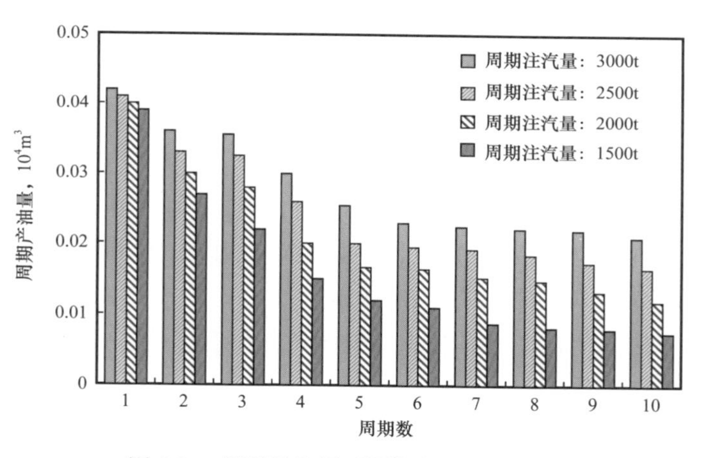

图 5.84　周期注汽量对周期产油量的影响

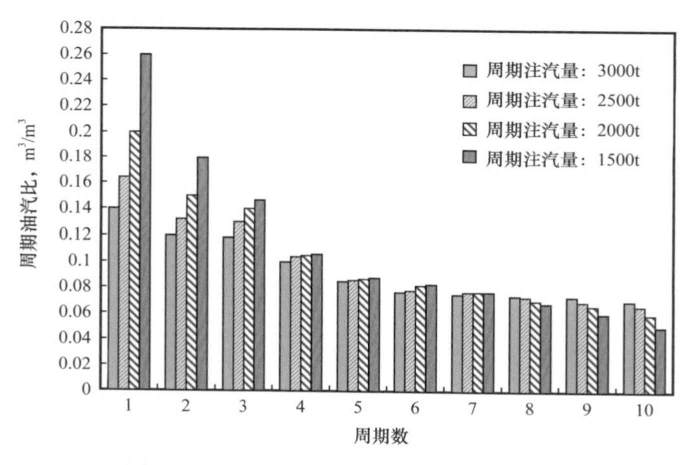

图 5.85　周期注汽量对周期油汽比的影响

由图 5.83 可知，随着周期注汽量的增加，采出程度不断增加，采出程度对周期注汽量比较敏感。

由图 5.84 可知，随着周期注汽量的增加，周期产油量不断增加，周期产油量对周期注汽量比较敏感。在吞吐开始第一个周期，周期注汽量对周期产油量影响不大。但是随着周期数的增加，周期注汽量对周期产油量的影响比较明显。在后续周期，随着周期注汽量的增加，周期产油量有着较为明显的增加。

由图 5.85 可知，随着周期注汽量的增加，周期油汽比不断降低。在吞吐开始第一个周期，周期注汽量对周期油汽比影响不大。但是随着周期数的增加，周期注汽量对周期油汽比的影响比较明显。在后续周期，随着周期注汽量的增加，周期油汽比有着较为明显的降低。

总结：周期注汽量对采出程度、周期产油量、周期油汽比影响比较明显。随着周期注汽量的增加，采出程度、周期产油量不断增加，周期油汽比不断降低。在吞吐开始第一个周期，周期注汽量对周期注汽量、周期油汽比影响不大，但是随着周期数的增加，周期注汽量对周期产油量、周期油汽比的影响比较明显。在后续周期，随着周期注汽量的增加，周期产油量有着较明显的增加，周期油汽比有着较为明显的降低。

4）焖井时间

在其他参数不变的条件下，改变模型中焖井时间为 5d、10d、15d 和 20d，得出焖井时间对采出程度影响曲线如图 5.86 所示，焖井时间对周期产油量影响曲线如图 5.87 所示，焖井时间对周期油汽比影响曲线如图 5.88 所示。

从图 5.86 可以看出，焖井时间对采出程度几乎没有影响。焖井时间增加 4 倍，采出程度几乎没有变化。

从图 5.87 可以看出，焖井时间对周期产油量几乎没有影响。焖井时间增加 4 倍，周期产油量几乎没有变化。

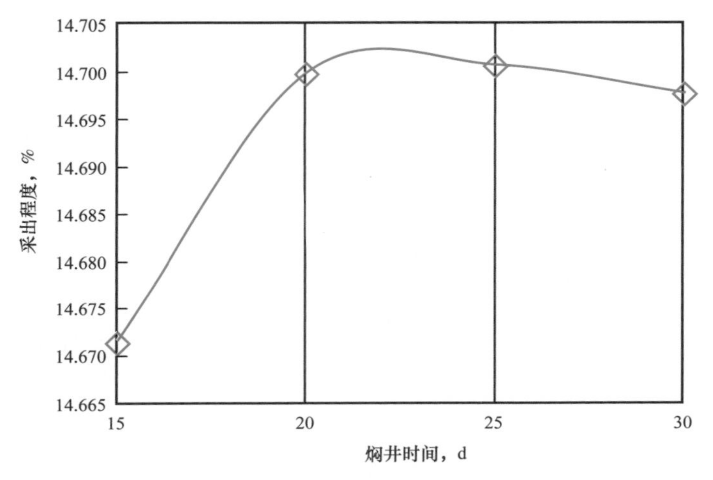

图 5.86　焖井时间对采出程度的影响

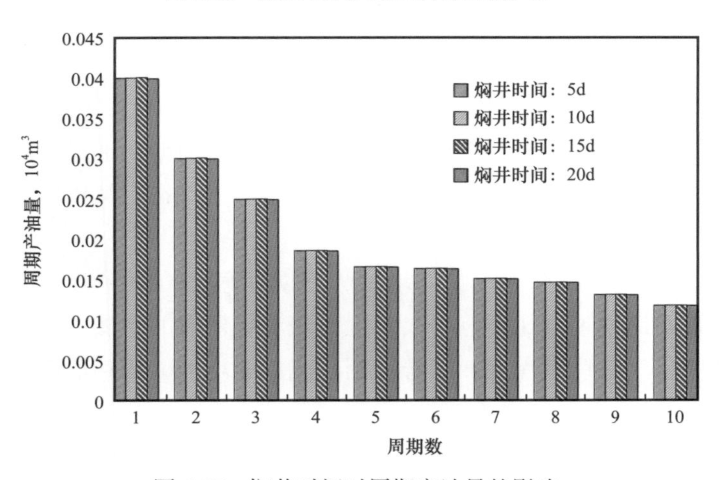

图 5.87　焖井时间对周期产油量的影响

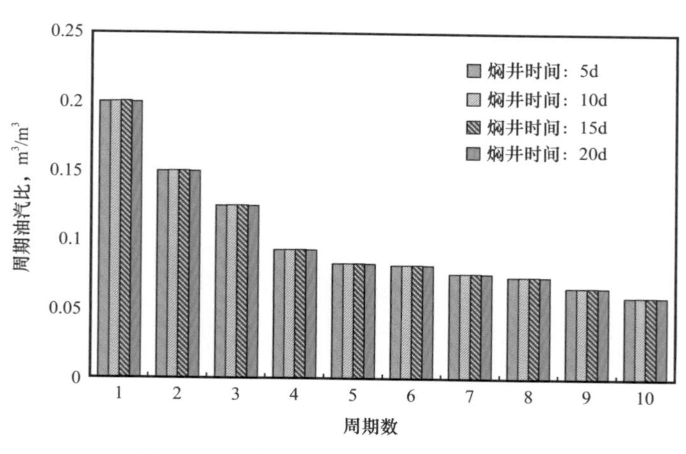

图 5.88 焖井时间对周期油汽比的影响

从图 5.88 可以看出，焖井时间对周期油汽比几乎没有影响。焖井时间增加 4 倍，周期油汽比几乎没有变化。

结论：焖井时间对采出程度、周期产油量、周期油汽比几乎没有影响。焖井时间增加 4 倍，采出程度、周期产油量、周期油汽比几乎没有变化。

二、主控因素分析

在单因素分析的基础上，本节分别针对注采参数和地质参数，通过利用正交实验，开展了多因素主控因素分析。各项参数的取值见表 5.15 和表 5.16。

表 5.15 生产因素正交实验取值

水平	周期注汽量，t	蒸汽过热度，℃	日产液量，m^3	水平井长度，m
1	1500	0	40	240
2	2000	30	45	280
3	2500	60	50	320

表 5.16 地质因素正交实验取值

水平	油层厚度，m	原油黏度，mPa·s	渗透率，mD	水垂比	底水倍数
1	10	2500	500	0.1	1
2	15	4000	1000	0.2	5
3	20	5500	1500	0.3	10
4	25	7000	2000	0.4	20

正交实验方案见表 5.17 和表 5.18。从表中可以看出，生产因素的正交实验共有 9 个方案，地质因素的正交实验共有 16 个方案。

表 5.17　生产因素正交实验方案

方案编号	生产因素正交实验编号			
	周期注汽量	蒸汽过热度	日产液量	水平井长度
1	1	1	1	1
2	1	2	2	2
3	1	3	3	3
4	2	1	2	3
5	2	2	3	1
6	2	3	1	2
7	3	1	3	2
8	3	2	1	3
9	3	3	2	1

表 5.18　地质因素正交实验方案

方案编号	地质因素正交实验编号				
	油层厚度	原油黏度	渗透率	水垂比	底水倍数
1	1	1	1	1	1
2	1	2	2	2	2
3	1	3	3	3	3
4	1	4	4	4	4
5	2	1	2	3	4
6	2	2	1	4	3
7	2	3	4	1	2
8	2	4	3	2	1
9	3	1	3	4	2
10	3	2	4	3	1
11	3	3	1	2	4
12	3	4	2	1	3
13	4	1	4	2	3
14	4	2	3	1	4
15	4	3	2	4	1
16	4	4	1	3	2

正交实验结果分别见表 5.19 和表 5.20，评价指标为采出程度。按照极差由大到小的顺序，影响库姆萨伊水平井过热蒸汽吞吐开发效果的生产因素排序为：周期注汽量＞蒸气过热度＞水平井长度＞日产液量。影响库姆萨伊水平井过热蒸汽吞吐开发效果的地质因素排序为：底水倍数＞原油黏度＞渗透率＞水垂比＞油层厚度。

表 5.19　注采因素正交实验结果

水平	周期注汽量，t	蒸汽过热度，℃	日产液量，m^3	水平井长度，m
1	14.025	14.38806	15.40271	14.6699
2	15.57755	15.629616	15.47532	15.59284
3	16.58121	16.166082	15.30573	15.92102
极差	2.55621	1.778022	0.16992	1.2516

表 5.20　地质因素正交实验结果

水平	油层厚度，m	原油黏度，mPa·s	渗透率，mD	水垂比	底水倍数
1	14.78701	19.88316	15.04537	16.78945	19.87477
2	13.59634	14.099544	14.30564	15.87956	20.21298
3	16.13383	14.785722	14.17196	13.37286	20.4869
4	16.86778	12.616794	17.86225	15.34334	0.810584
极差	3.27144	7.26528	3.6894	3.4314	19.67508

第四节　哈萨克斯坦 KS 油田水平井过热蒸汽吞吐影响因素分析

一、单因素分析

影响因素包含两大类：地质因素和生产因素。地质因素一共 7 个，生产因素一共 7 个，每个因素分别取 5 个值，进行单因素分析，方案设计见表 5.21。

1. 地质因素分析

1）油层厚度

在其他参数不变的条件下，改变模型的油层厚度，分别取值为 5m、10m、15m、20m 和 25m，得到不同油层厚度下，采出程度与生产时间的关系曲线如图 5.89 所示，累计油汽比与生产时间的关系曲线如图 5.90 所示，水油比与生产时间的关系曲线如图 5.91 所示。

表 5.21　影响因素分类及取值

影响因素类型	名称	取值
地质因素	油层厚度，m	5，10，15，20，25
	渗透率，mD	500，1000，1500，2000，3000
	水垂比	0.1，0.3，0.5，0.7，1.0
	底水倍数	0，1，5，10，15
	原始含油饱和度	0.45，0.55，0.65，0.75，0.85
	原油黏度，mPa·s	100，250，500，750，1000
	水平井水平方向非均质性（跟端—指端渗透率），mD	2500—1600—300
		2500—300—1600
		1600—2500—300
		1600—300—2500
		300—1600—2500
		300—2500—1600
生产因素	蒸汽过热度，℃	0（饱和蒸汽），10，30，50，70
	周期注汽量，t	500，1000，1500，2000，3000
	周期注汽递增量，%	0，10%，20%，30%，40%
	焖井时间，d	5，10，15，20，30
	水平井长度，m	120，180，220，280，320
	日产液量，m^3	10，25，40，60，80
	水平井距底水距离，m	2，6，10，14，18
评价指标		累计产油量、累计油汽比、采出程度

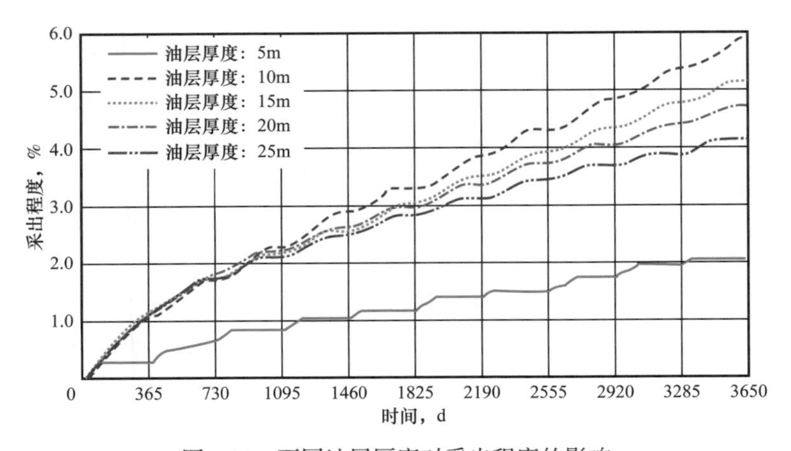

图 5.89　不同油层厚度对采出程度的影响

如图 5.89 所示，采出程度受储层厚度影响较为明显。吞吐初期，随着油层厚度增加，采出程度缓慢增加，油层厚度越大，采出程度越大；吞吐后期，采出程度从大到小对应的厚度依次为 10m、15m、20m、25m。油层厚度 5m 的采出程度明显最低，5 倍水体和现有的工作制度对于厚度为 10m 的油藏开发效果最好。厚度过低，见水快、产水多；厚度过高，油藏动用程度差、采出程度低。

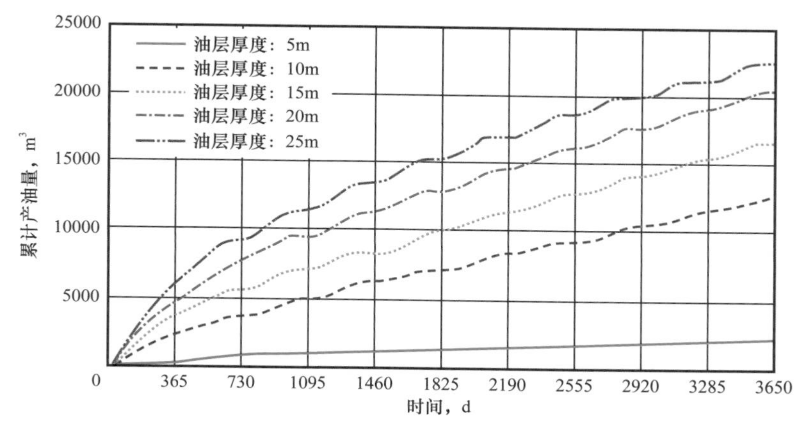

图 5.90　不同油层厚度对累计产油量的影响

由图 5.90 可知，累计产油量受油层厚度影响比较明显。随着油层厚度的增加，油层体积增加，过热蒸汽吞吐加热的油藏范围增加，累计产油量也在增加。5～10m 油层厚度的累计产油量增幅最大，10～15m、15～20m 次之，20～25m 的累计产油量增幅最小。开采前期天然能量充足，日产油量较高，油层越厚，日产油量越大。随着天然能量逐渐衰竭，日产油量随周期下降。由于注过热蒸汽补充能量，日产油量减少的速度较慢，肯基亚克油田平均射开有效厚度为 15m。

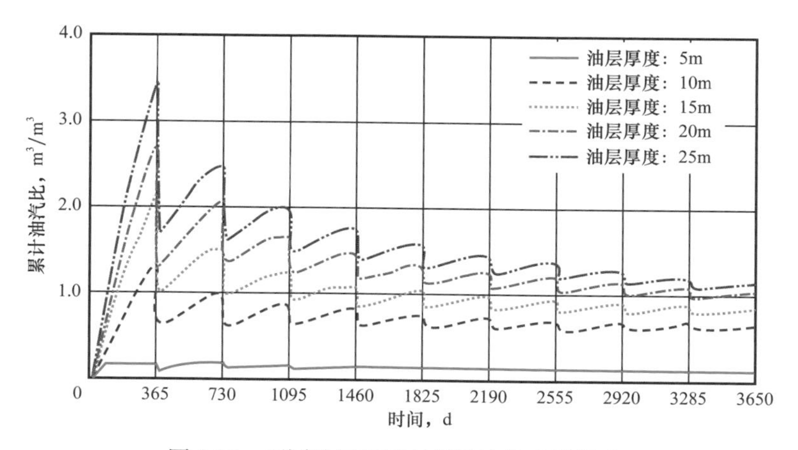

图 5.91　不同油层厚度对累计油汽比的影响

由图 5.91 可知，油层厚度对累计油汽比影响明显，随着油层厚度的增加，累计油汽比不断增加，且增幅明显。

由图 5.90 和图 5.91 可以看出，累计产油量和累计油汽比均与有效厚度有着较好的正相关关系，且斜率较大，即油层有效厚度越大，日产油能力和油汽比越高。

从图 5.92 可以看出，随着油层厚度增加，累计水油比在降低。厚度越大，累计水油比越低，开采效果越好。

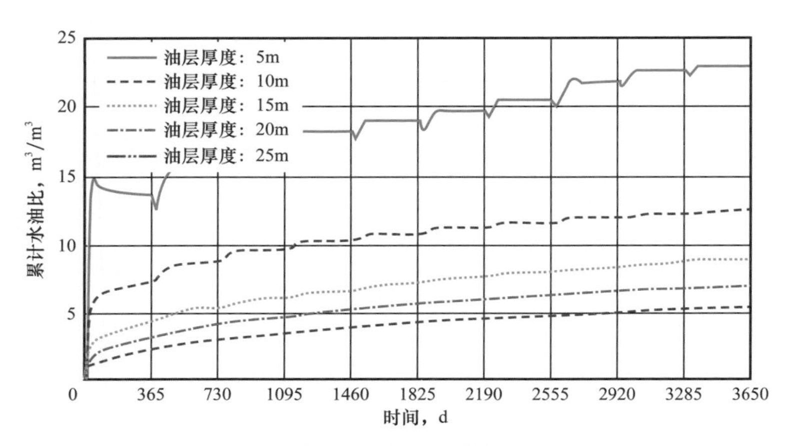

图 5.92　不同油层厚度对累计水油比的影响

结论：油层厚度增加，地层储量增加，地层流体弹性能也更充足，供液能力更强，产油量提高，且采出程度较低，潜力较大。

2）渗透率

渗透率是影响油藏中流体流动能力的重要参数，统计肯基亚克盐上油藏过热蒸汽吞吐井渗透率，其范围在 160～2600mD。随着渗透率增加，产油能力有增加趋势。

在其他参数不变的条件下，改变模型水平渗透率为 500mD、1000mD、1500mD、2000mD 和 3000mD，得到不同渗透率下，采出程度与生产时间的关系曲线如图 5.93 所示，累计产油量与生产时间的关系曲线如图 5.94 所示，累计油汽比与生产时间的关系曲线如图 5.95 所示。

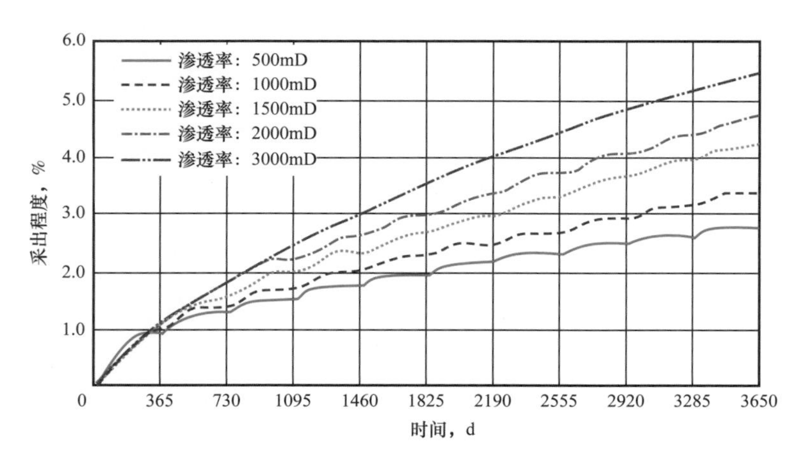

图 5.93　不同渗透率对采出程度的影响

由图 5.93 可知，渗透率对采出程度影响比较明显。随着储层渗透率增加，采出程度不断增加，且在渗透率由 1000mD 增加至 1500mD、2000mD 增加至 2500mD 时，采出程度增加幅度较大。渗透率大于 500mD 后，渗透率继续增大，采出程度增加明显。

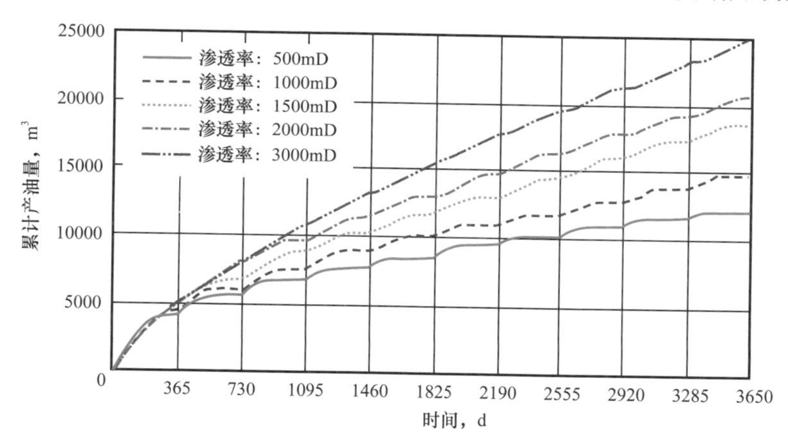

图 5.94　不同渗透率对累计产油量的影响

由图 5.94 可以看出，渗透率对累计产油量影响明显。在生产中后期，随着渗透率的增加，产油量增幅明显。且在渗透率由 1000mD 增加至 1500mD、2000mD 增加至 2500mD 时，累计产油量增加幅度较大。由图 5.95 可知，渗透率越高，油汽比越高，开采效果越好。

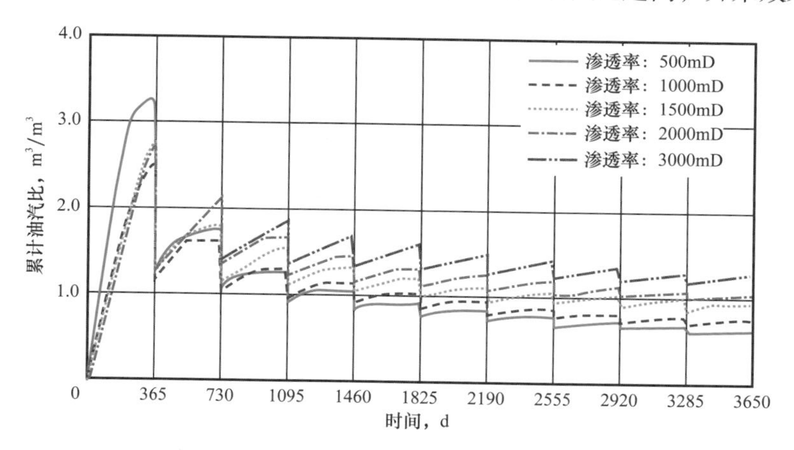

图 5.95　不同渗透率对累计油汽比的影响

结论：渗透率对采出程度、累计产油量、累计油汽比影响比较明显。随着渗透率的增加，采出程度、累计产油量、累计油汽比均增加，渗透率越大，稳产时间越长，累计产油量越高，开发效果越好。

3）原始含油饱和度

在其他参数不变的条件下，改变模型原始含油饱和度为 0.45、0.55、0.65、0.75 与 0.85。得到不同含油饱和度下，采出程度与生产时间的关系曲线如图 5.96 所示，累计产油量与生产时间的关系曲线如图 5.97 所示，累计油汽比与生产时间的关系曲线如图 5.98 所示。

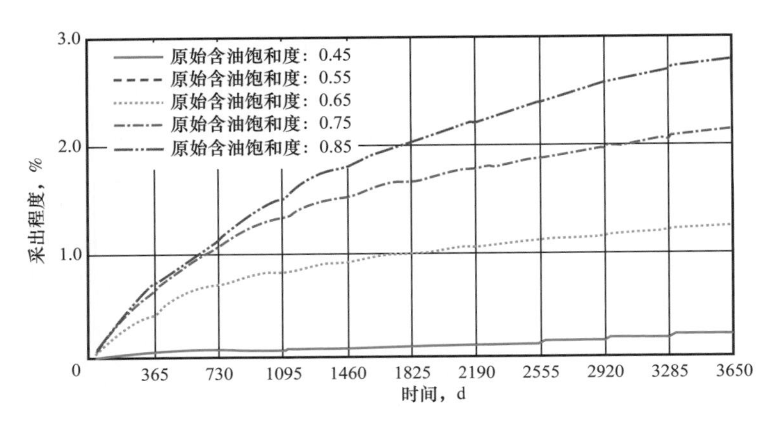

图 5.96　不同含油饱和度对采出程度的影响

由图 5.96 可以看出，原始含油饱和度对采出程度影响非常明显。当原始含油饱和度由 0.55 增加至 0.65 时，采出程度增加近 1%。且当原始含油饱和度由 0.65 增加至 0.75 时，采出程度增幅仍大幅增加，当原始含油饱和度增大到 0.75 后，采出程度增幅放缓。原因是在一定的生产制度下，原始含油饱和度较低时，饱和度是制约采出程度的主要因素。原始当含油饱和度增加到一定值时，生产制度成为制约产量进一步上升的主要原因。

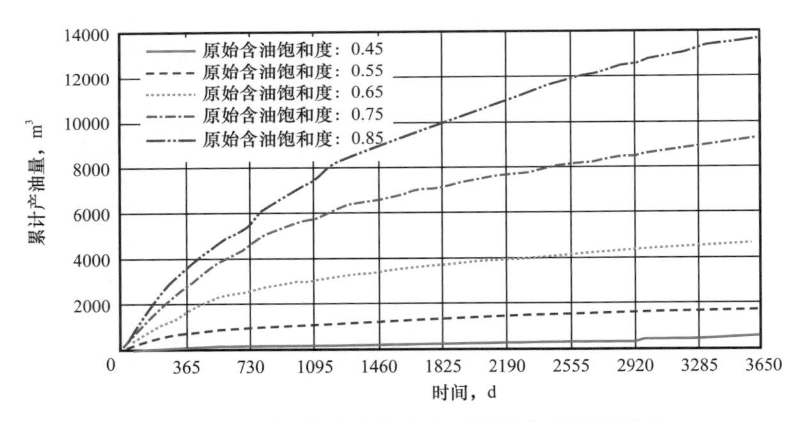

图 5.97　不同原始含油饱和度对累计产油量的影响

由图 5.97 可以看出，原始含油饱和度对累计产油量影响明显。在第一周期至第四周期，随着原始含油饱和度的增加，累计产油量大幅增加。随着吞吐周期数的增加，累计产油量总体增幅减缓，开采效果普遍变差。但随着原始含油饱和度的增加，累计产油量依然增加。且当原始含油饱和度由 0.55 增加至 0.65、由 0.65 增加至 0.75 时，累计产油量剧增，由 0.75 增加至 0.85 均未放缓。可见生产制度一定的条件下，在原始含油饱和度较低的情况下，饱和度是制约累计产油量的主要因素之一。

由图 5.98 可以看出，在第一周期至第三周期，原始含油饱和度由 0.45 增加至 0.65 时，累计油汽比急剧增加，开采效益明显变好。随着吞吐周期数的增加，累计油汽比普遍降低。

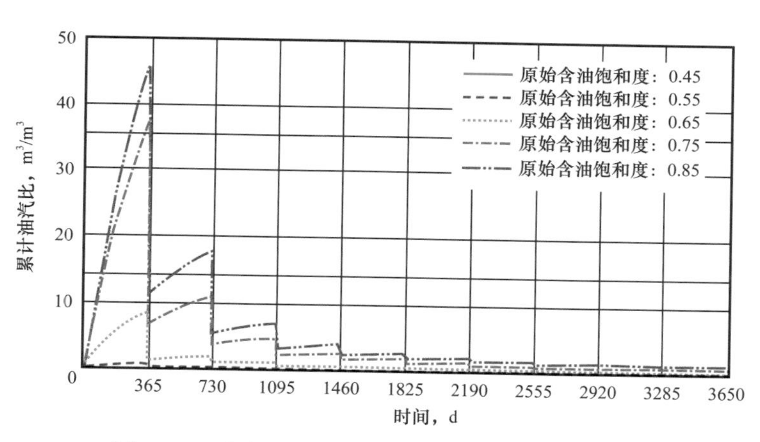

图 5.98　不同原始含油饱和度对累计油汽比的影响

结论：原始含油饱和度对采出程度、累计产油量和油汽比影响明显。随原始含油饱和度增加，生产指标显著提高。

4）原油黏度

在其他参数不变的条件下，改变原油黏度为 100mPa·s、250mPa·s、500mPa·s、750mPa·s 和 1000mPa·s，得到不同原油黏度下，采出程度与生产时间的关系曲线如图 5.99 所示，累计产油量与生产时间的关系曲线如图 5.100 所示，累计油汽比与生产时间的关系曲线如图 5.101 所示。

由图 5.99 和图 5.100 可知，原油黏度对采出程度和累计产油量的影响明显。当原油黏度增加时，采出程度和累计产油量不断降低，但降幅逐渐减小。

由图 5.101 可知，原油黏度对累计油汽比影响较大。在前几个周期，随着原油黏度的降低，累计油汽比迅速增加。随着周期数增加，累计油汽比逐渐稳定。

结论：原油黏度对采出程度、累计产油量、累计油汽比影响明显。原油黏度越大，渗流阻力越大，采出程度、累计产油量、累计油汽比不断降低，但降幅逐渐减小，表明黏度较低时，对产量的影响更为敏感。

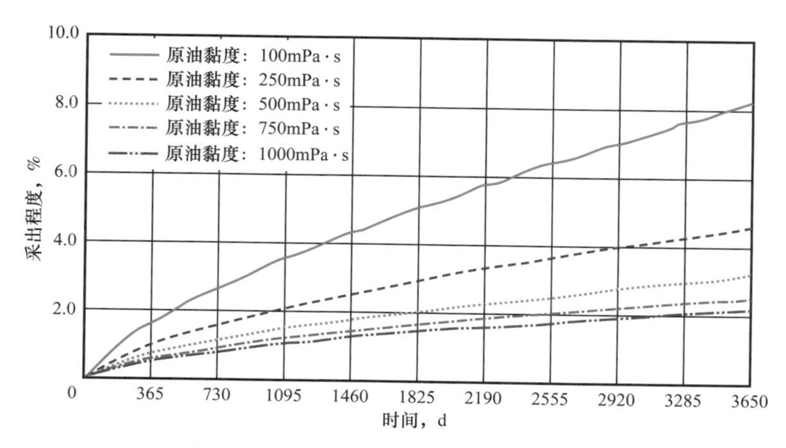

图 5.99　不同原油黏度对采出程度的影响

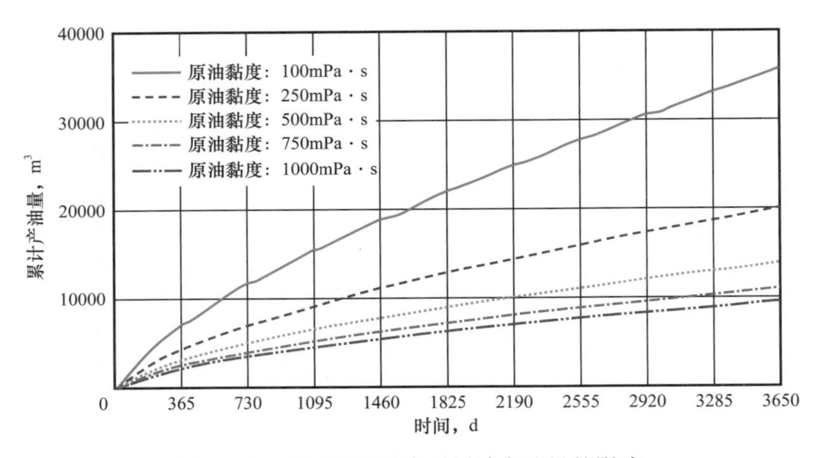

图 5.100　不同原油黏度对累计产油量的影响

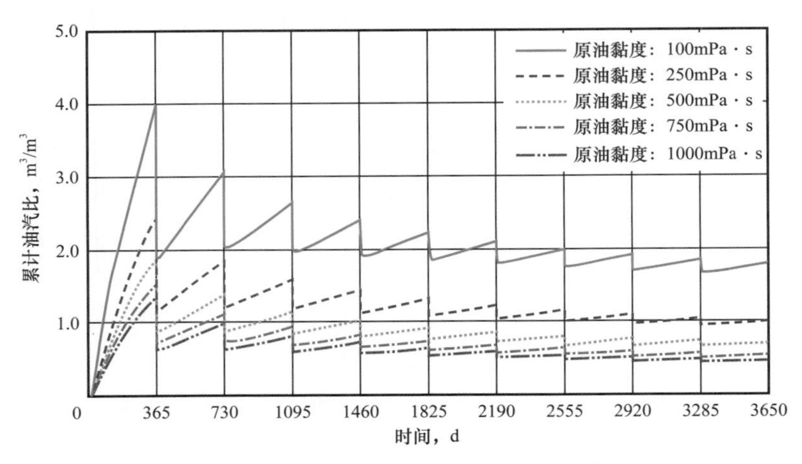

图 5.101　不同原油黏度对累计油汽比的影响

5）水垂比

在其他参数不变的条件下，改变模型垂向渗透率与水平渗透率的比值为 0.1、0.3、0.5、0.7 和 1.0，得到不同水垂比条件下，采出程度与生产时间的关系曲线如图 5.102 所示，累计产油量与生产时间的关系曲线如图 5.103 所示，累计油汽比与生产时间的关系曲线如图 5.104 所示。

由图 5.102 和图 5.103 可知，垂向渗透率的改变将会影响采出程度。水垂比越小，即垂向渗透率越小，采出程度和累计产油量反而越高。原因在于肯基亚克油藏底水能量充足，较低的水垂比可以减缓底水锥进，避免油藏过早水侵。

由图 5.104 可知，垂向水平渗透率比值对累计油汽比影响较大。随着垂向水平渗透率比值的增加，各个周期内累计油汽比均减小，即产油能力降低，但降幅减缓。

结论：水垂比对采出程度、累计产油量、累计油汽比影响很大，水垂比越低，即垂向渗透率越低，生产效果反而越好。

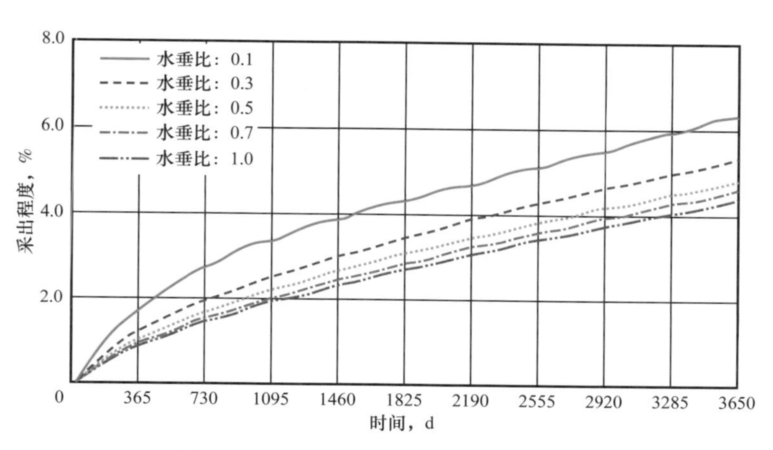

图 5.102　不同水垂比对采出程度的影响

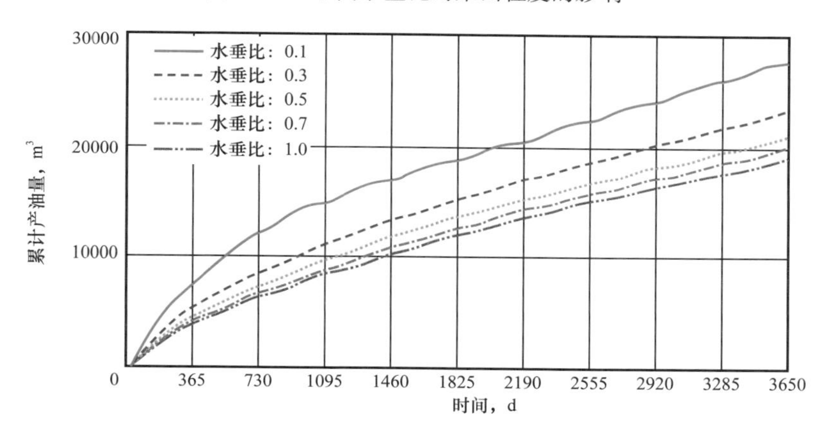

图 5.103　不同水垂比对累计产油量的影响

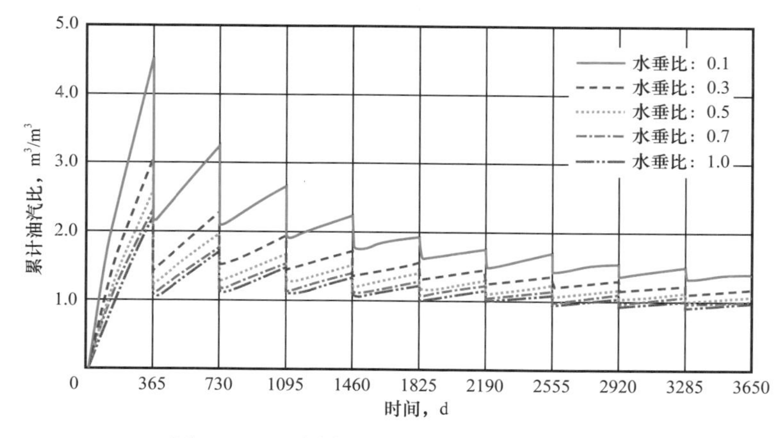

图 5.104　不同水垂比对累计油汽比的影响

6）油藏水平方向非均质性

在平均渗透率相同的条件下，沿水平井方向设置渗透率不同的地层条带，研究沿水平方向非均质性对产量的影响。水平井跟端到趾端渗透条带分为六种：2500—1600—300mD

（高—中—低）、2500—300—1600mD（高—低—中）、1600—2500—300mD（中—高—低）、1600—300—2500m（中—低—高）、300—1600—2500mD（中—低—高）、300—2500—1600mD（低—高—中）。

沿水平方向非均质性对采出程度影响结果如图5.105所示，对累计产油量影响如图5.106所示，对累计油汽比的影响如图5.107所示。

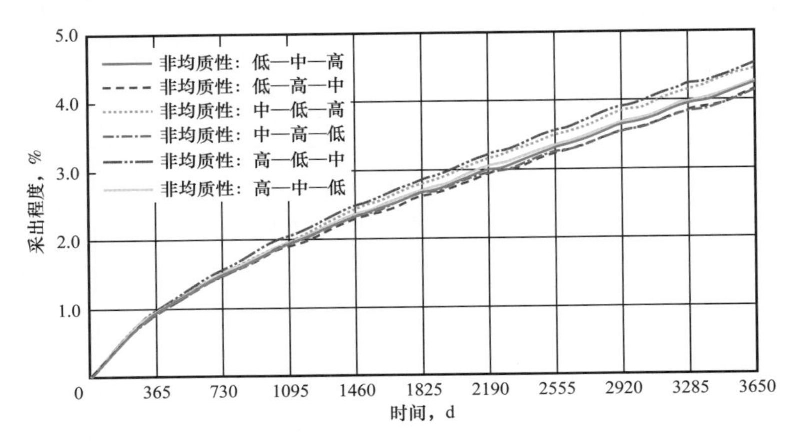

图5.105 沿水平方向非均质性对采出程度的影响

如图5.105所示，沿水平井方向非均质性对采出程度影响较小。当不同渗透条带按照不同方式分布时，采出程度几乎不变。沿水平井方向非均质性是影响采出程度的次要因素。

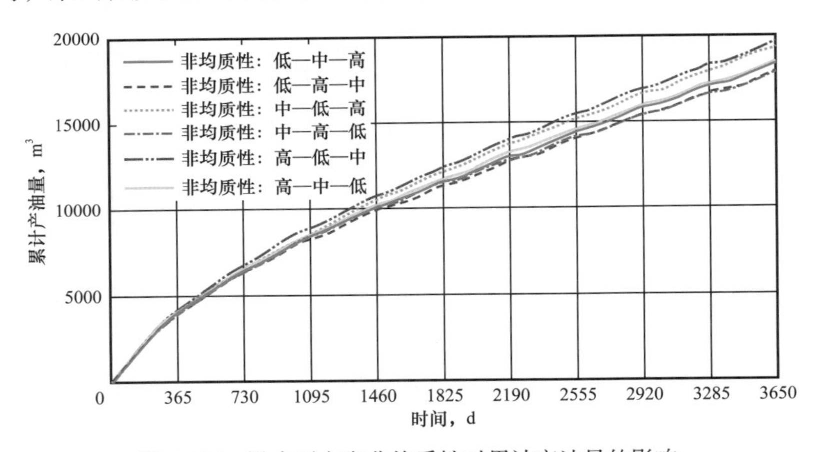

图5.106 沿水平方向非均质性对累计产油量的影响

如图5.106可知，沿水平井方向非均质性对累计产油量影响很小。不同渗透率条带的分布模式几乎不改变各个周期的累计产油量。

如图5.107可知，沿水平井方向非均质性对累计油汽比影响很小。不同渗透率条带的分布模式几乎不改变各个周期的累计油汽比。

结论：平均渗透率一定时，沿水平井方向非均质性对采出程度、累计产油量和累计油汽比的影响很小，即水平方向非均质性是影响产量的次要因素。

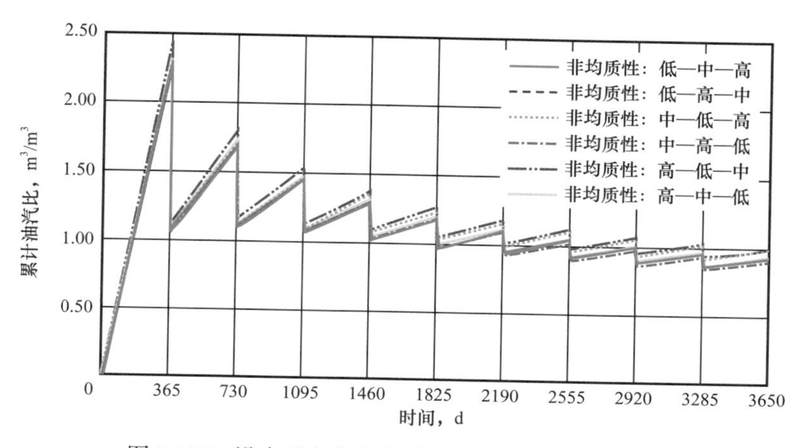

图 5.107　沿水平方向非均质性对累计油汽比的影响

7）底水倍数

水体对稠油热采的影响很大。如果油井处于长期水淹，高温蒸汽将会被注入水体，会导致热损过大、显著降低热利用率，最终造成开采效果差。但是，若油井与水体距离稍大，以至于不会水淹，水体入侵时会促进原油流动，成为辅助热采的正面影响。

在其他参数不变的条件下，改变模型中水体大小为无底水、1 倍底水、5 倍底水、10 倍底水和 15 倍水体，得到不同底水倍数下，采出程度与生产时间的关系曲线如图 5.108 所示，累计产油量与生产时间的关系曲线如图 5.109 所示，累计油汽比与生产时间的关系曲线如图 5.110 所示。

由图 5.108 和图 5.109 可以看出，底水对生产效果的影响不大。前两个周期，无底水油藏开采效果较好；吞吐后期，底水油藏采出程度较高，5 倍底水时最高。此外，底水倍数为 0 时，产量呈现阶梯状，表明地层能量不够充足，在每个吞吐生产周期的中后期，油井难以生产。而存在底水时，生产曲线平滑，产量均匀地线性增长，表明一定的底水可以提高地层能量，改善生产效果。

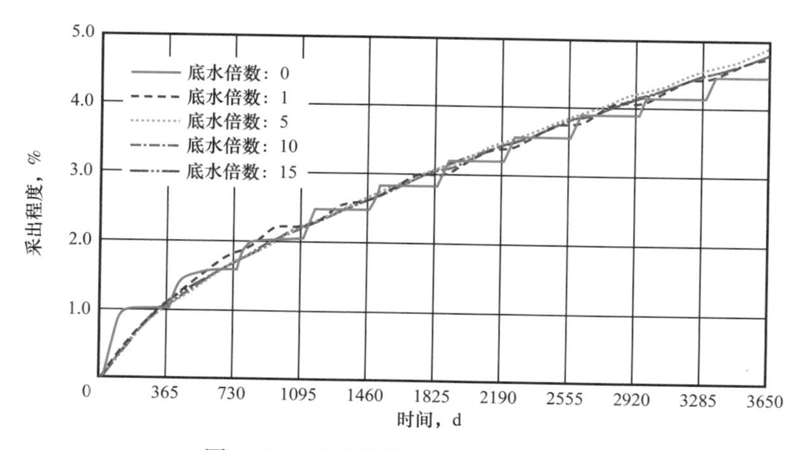

图 5.108　底水倍数对采出程度的影响

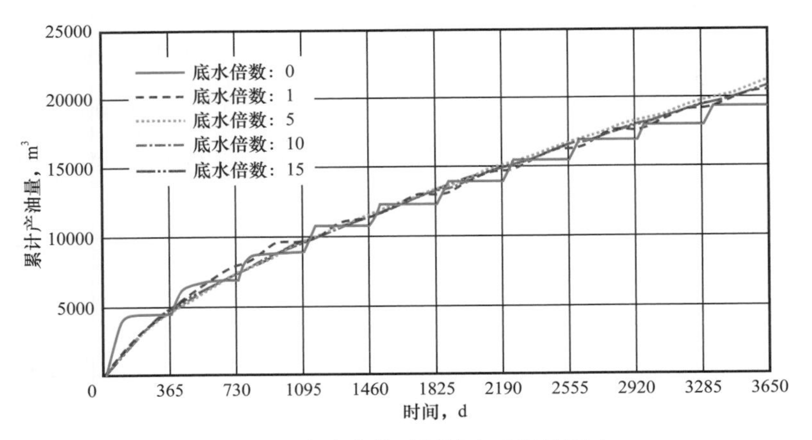

图 5.109　底水倍数对累计产油量的影响

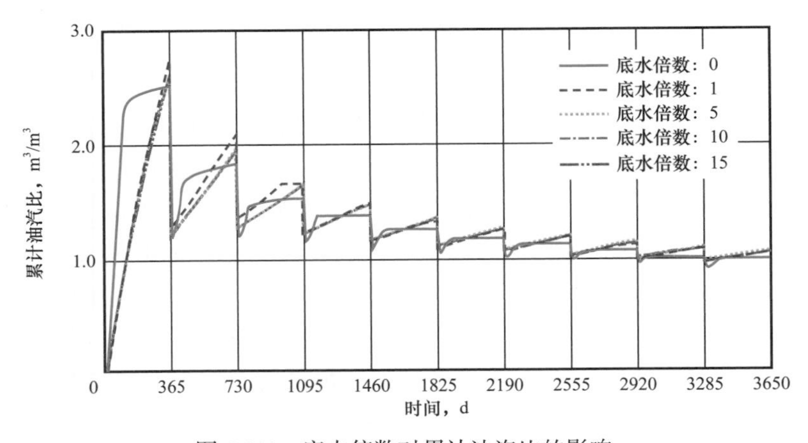

图 5.110　底水倍数对累计油汽比的影响

结论：底水倍数对开发效果的影响较小。存在底水时，开发效果略好，因为底水可以补充地层能量。但水体倍数过大，将造成严重的底水锥进现象。因此，5 倍底水开发效果最好。

2. 生产因素分析

1）蒸汽过热度

在其他参数不变的条件下，改变注入蒸汽的过热度，分别为 0℃、10℃、30℃、50℃和 70℃，得到不同蒸汽过热度下，采出程度与生产时间的关系曲线如图 5.111 所示，累计产油量与生产时间的关系曲线如图 5.112 所示，累计油汽比与生产时间的关系曲线如图 5.113 所示。

由图 5.111、图 5.112 和图 5.113 可以看出，蒸汽过热度对生产效果的影响很小。提高蒸汽温度，蒸汽由普通蒸汽变为过热蒸汽时，对产量的贡献较小。原因在于肯基亚克的原油黏度低、流动好，因此过热蒸汽的增产效果不显著。

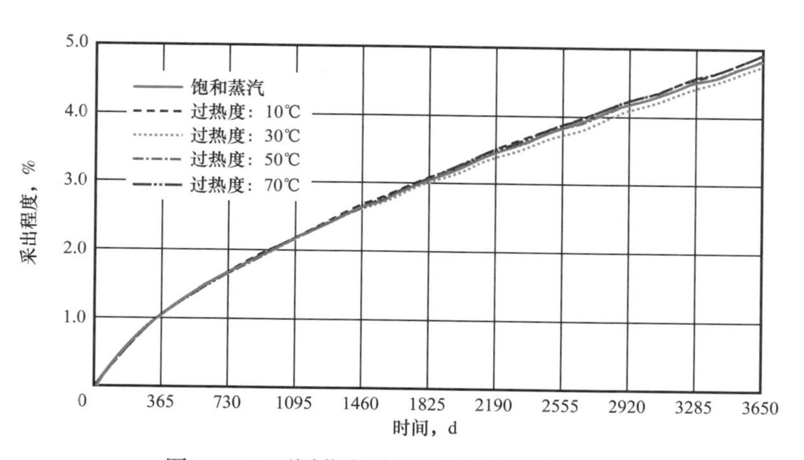

图 5.111　不同蒸汽过热度对采出程度的影响

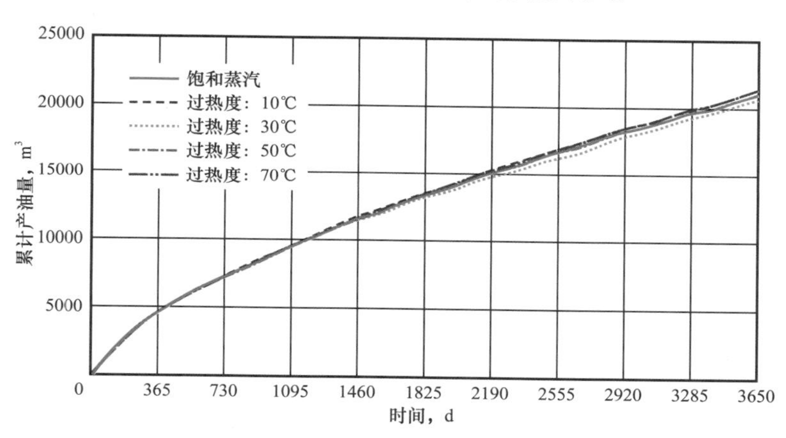

图 5.112　不同蒸汽过热度对累计产油量的影响

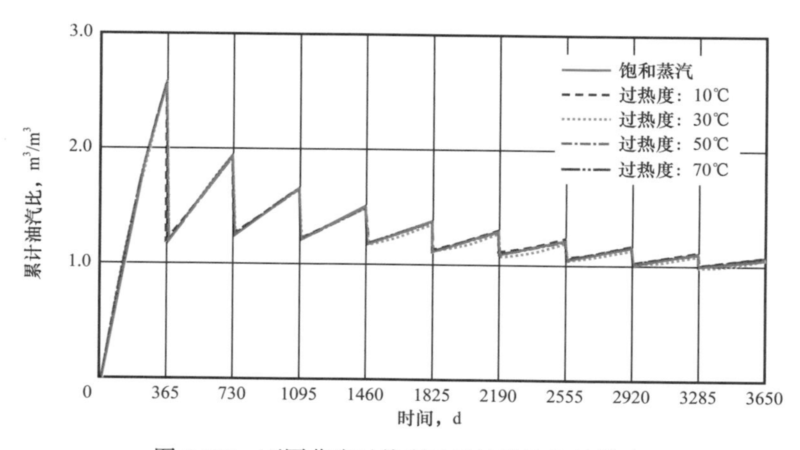

图 5.113　不同蒸汽过热度对累计油汽比的影响

结论：对肯基亚克油田，提高蒸汽过热度带来的增产效果并不显著。

2）周期注汽量

与油藏和构造参数相比，注汽参数是人为可控的参数。周期注汽量越大，井底的蒸汽干度越大，地层加热范围越大，热能利用较好，热损失较小，采油速度高、开发效果好。但当周期注汽量达到一定值后，继续增大注气量，对生产效果并没有太明显的效果，对设备的要求却非常高。因此周期注汽量只需到达一个较为合理的值即可。

在其他参数不变的条件下，改变模型周期注汽量为1500t、2000t、2500t、3000t，得到不同周期注汽量条件下，采出程度与生产时间的关系曲线如图5.114所示，累计产油量与生产时间的关系曲线如图5.115所示，累计油汽比与生产时间的关系曲线如图5.116所示。

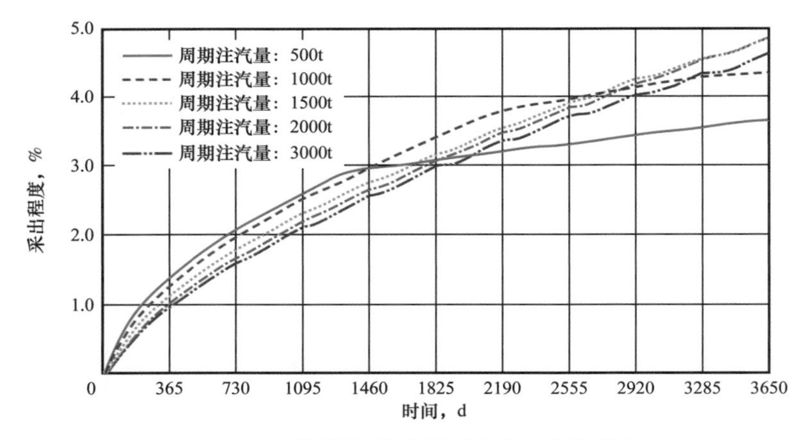

图5.114　不同周期注汽量对采出程度的影响

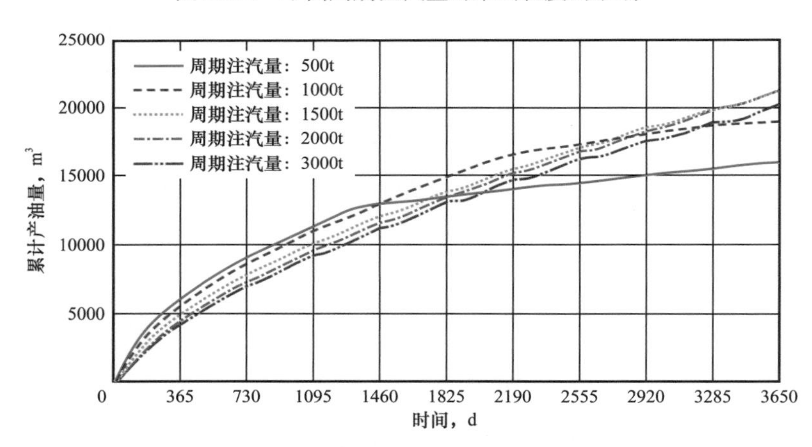

图5.115　不同周期注汽量对累计产油量的影响

由图5.114和图5.115可知，周期注汽量对采出程度和累计产油量的影响较大。随着周期注汽量的增加，累计产油量和采出程度明显增加，在生产中后期，这种效果更加明显。

由图5.116可知，周期注汽量对累计油汽比影响比较明显。随着周期注汽量的增加，累计油汽比明显降低。

结论：周期注气量对开发效果的影响较大，提高注汽量可以增加产量和采出程度，尤其可以改善中后期的生产效果，但油汽比会降低。因此，周期注汽量存在一个最优值。

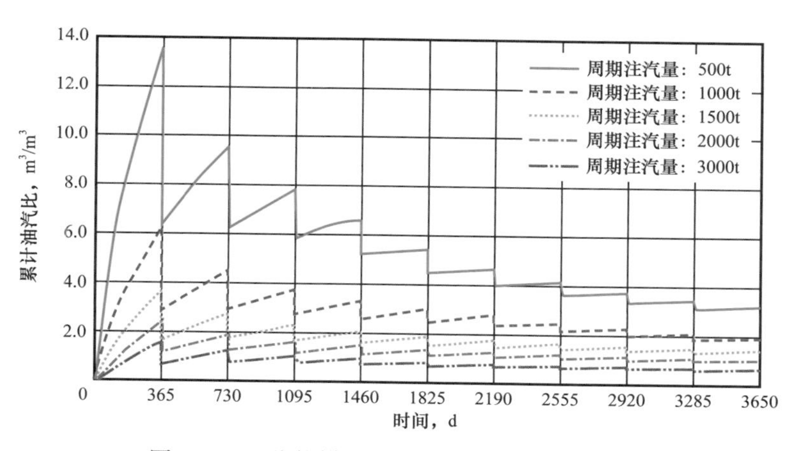

图 5.116 不同周期注汽量对累计油汽比的影响

3）焖井时间

在其他参数不变的条件下，改变模型焖井时间为：5d，10d，15d，20d 和 30d，得到不同焖井时间条件下，采出程度与生产时间的关系曲线如图 5.117 所示，累计产油量与生产时间的关系曲线如图 5.118 所示，累计油汽比与生产时间的关系曲线如图 5.119 所示。

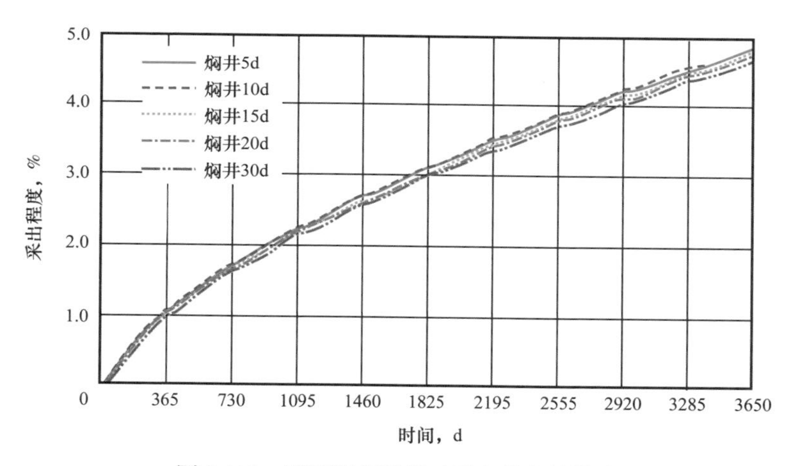

图 5.117 不同焖井时间对采出程度的影响

由图 5.117 可知，焖井时间对采出程度几乎无影响。随着焖井时间的增加，采出程度几乎无改变。焖井时间是影响采出程度的次要因素。

由图 5.118 可知，焖井时间对累计产油量几乎无任何影响。焖井时间由 5d 增加到 30d，累计产油量几乎不变。因此，焖井时间是影响累计产油量的次要因素。

由图 5.119 可知，焖井时间对累计油汽比几乎无任何影响。焖井时间由 5d 增加到 30d，累计油汽比几乎不变。因此，焖井时间是影响累计油汽比的次要因素。

结论：焖井时间是影响采出程度、累计产油量、累计油汽比的次要因素。焖井时间的改变对采出程度、累计产油量和累计油汽比的影响很小。

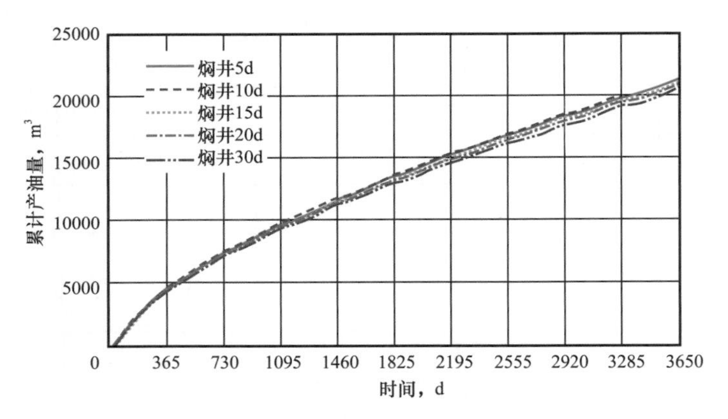

图 5.118　不同焖井时间对累计产油量的影响

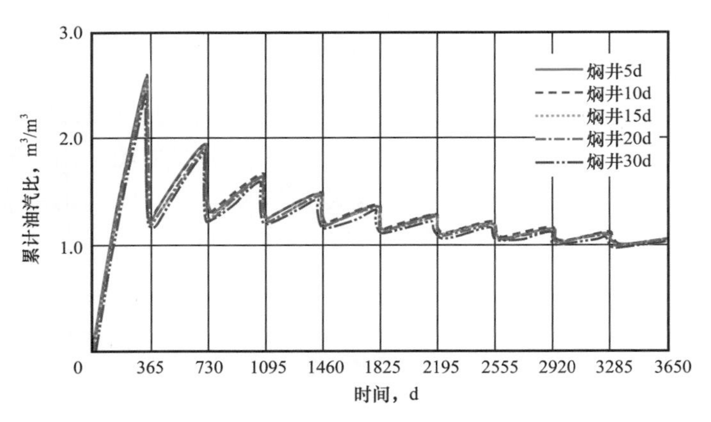

图 5.119　不同焖井时间对累计油汽比影响

4）周期注汽递增量

在周期注汽量为 2000t 的条件下，改变模型中周期注汽递增量为 0、10%、20%、30% 和 40%，得到不同周期注汽递增量下，采出程度与生产时间的关系曲线如图 5.120 所示，累计产油量与生产时间的关系曲线如图 5.121 所示，累计油汽比与生产时间的关系曲线如图 5.122 所示。

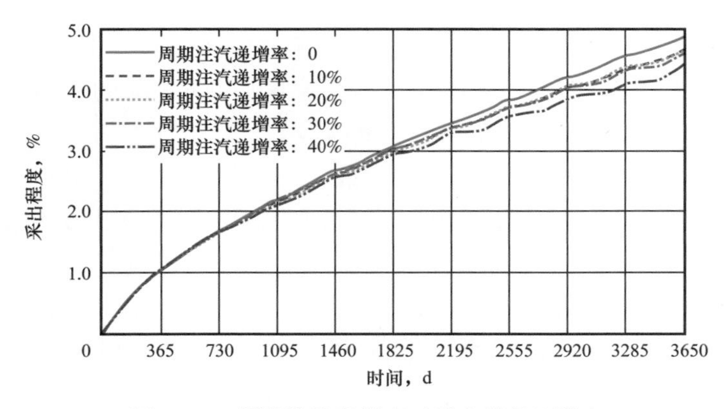

图 5.120　周期注汽递增率对采出程度的影响

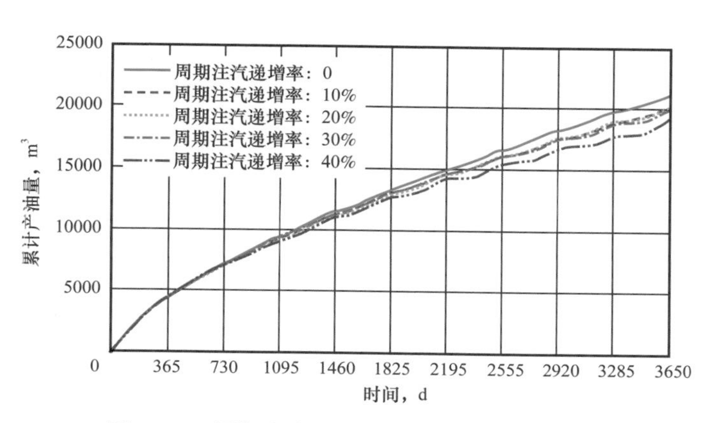

图 5.121 周期注汽递增率对累计产油量的影响

由图 5.120 和图 5.121 可以看出，周期注汽递增率对采出程度和累计产油量影响较小，且随着周期注汽递增率增大，采油量和采出程度反而下降。原因在于注入过多的蒸汽会增加生产井产液中的含水率，在定液生产的条件下，产油量反而下降。

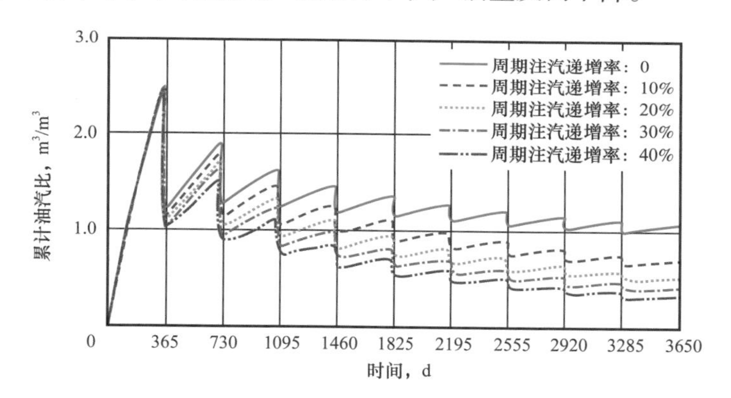

图 5.122 周期注汽递增率对累计油汽比的影响

由图 5.122 可以看出，周期注汽递增率将会对累计油汽比造成一定程度的影响。周期注汽递增率越大，各个周期内周期油汽比越小，产水增多，定液生产方式下产油效果越差。图 5.123 至图 5.126 展示了不同周期注汽递增率下，十个周期生产结束时的黏度和含油饱和度场图。可以看出，周期注汽递增量越高，加热油层和降黏效果越好，但剩余油饱和度反而越高，油藏动用越差。

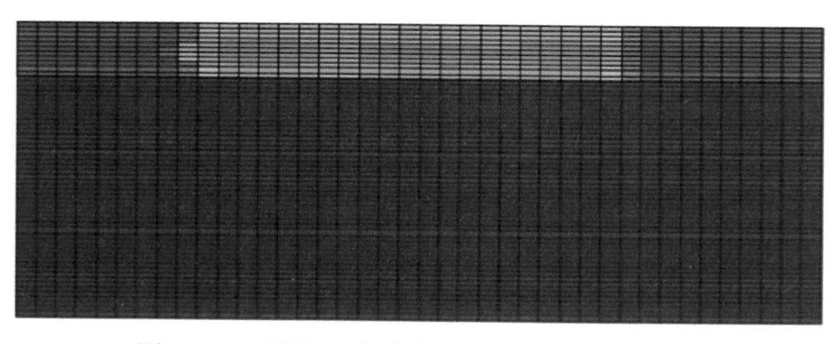

图 5.123 周期注汽递增率为 40% 的黏度场图

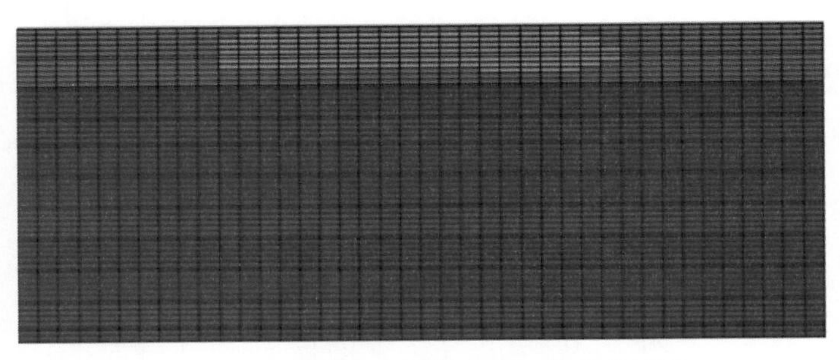

图 5.124　周期注汽递增率为 0 的黏度场图

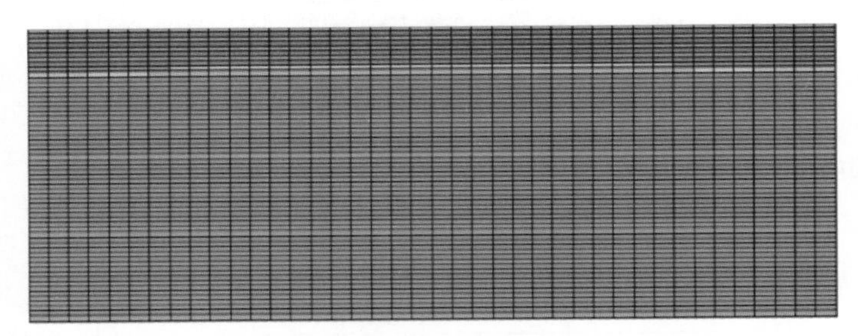

图 5.125　周期注汽递增率为 40% 的含油饱和度场图

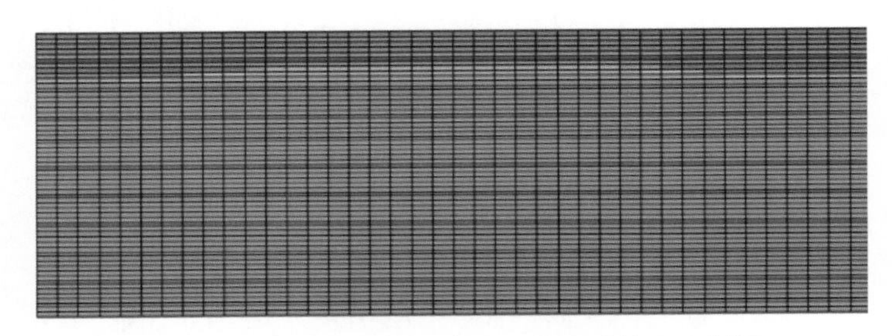

图 5.126　周期注汽递增率为 0 的含油饱和度场图

结论：周期注汽递增率对产量影响较小。递增量越大，产油量越低。原因在于注入的蒸汽越多，地层内凝结的水也越多，定液生产的工作制度下，含水率越高、产油量越低。

5）水平井长度

在其他参数不变的条件下，改变模型中水平井长度为 120m、180m、220m、280m 和 320m，得到不同水平井长度下，采出程度与生产时间的关系曲线如图 5.127 所示，累计产油量与生产时间的关系曲线如图 5.128 所示，累计油汽比与生产时间的关系曲线如图 5.129 所示。

由图 5.127、图 5.128 和图 5.129 可以看出，水平井长度对采出程度和产油量的影响较大，水平井越长，开发效果越好。

结论：水平井长度对产量影响较大。水平井越长，与油层的接触面积越大，开发效果越好。但考虑到经济成本，水平井长度存在一个最优值。

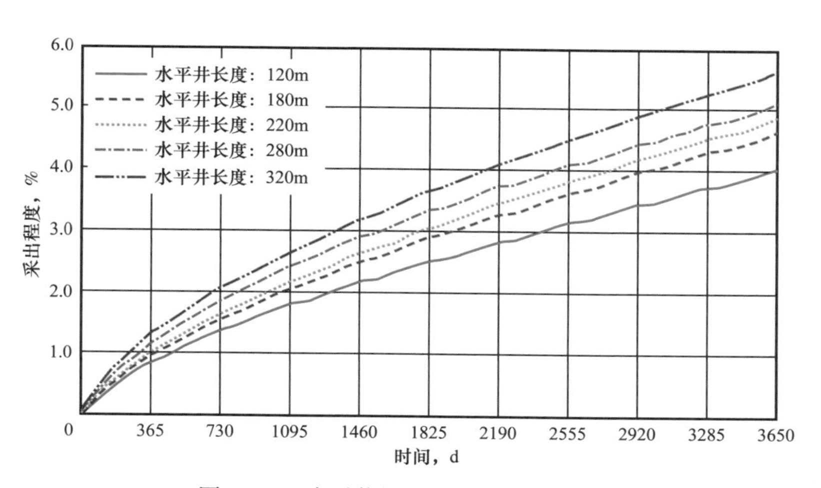

图 5.127　水平井长度对采出程度的影响

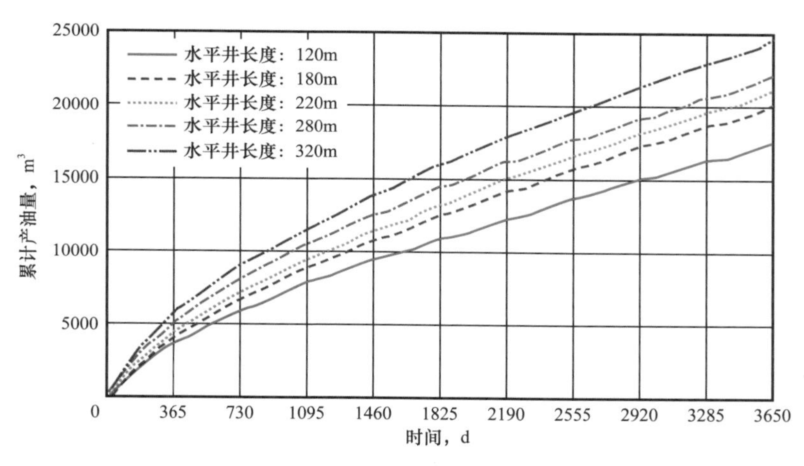

图 5.128　水平井长度对累计产油量的影响

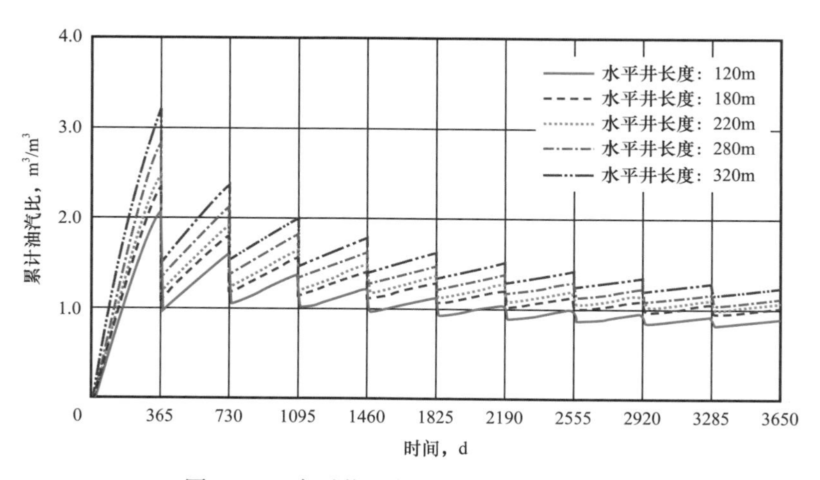

图 5.129　水平井长度对累计油汽比的影响

6）日产液量

在其他参数不变的条件下，改变单井日产液量，分别取值 10m³、25m³、40m³、60m³、80m³，得到不同日产液量下，采出程度与生产时间的关系曲线如图 5.130 所示，累计产油量与生产时间的关系曲线如图 5.131 所示，累计油汽比与生产时间的关系曲线如图 5.132 所示。

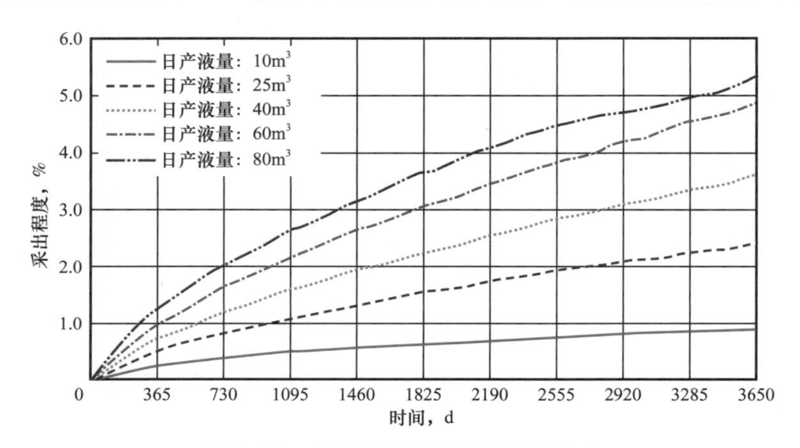

图 5.130　日产液量对采出程度的影响

由图 5.130 可以看出，日产液量对采出程度影响较大，日产液量越大，采出程度越高，但增幅逐渐放缓。

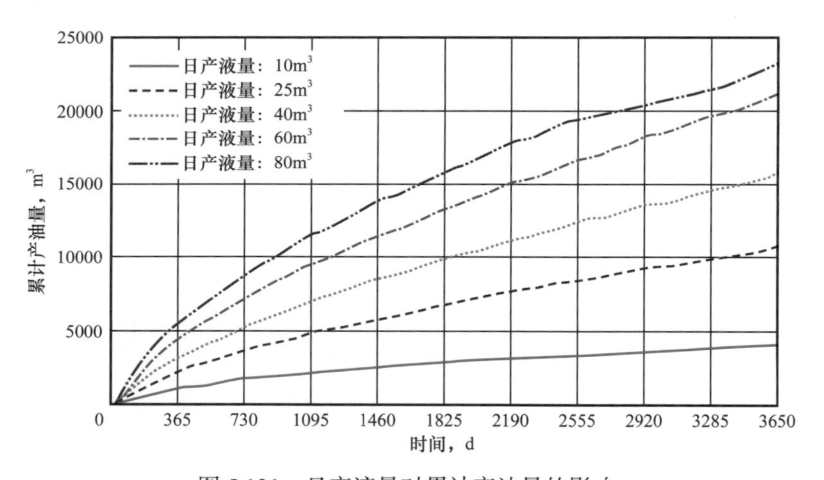

图 5.131　日产液量对累计产油量的影响

由图 5.131 可以看出，日产液量对累计产油量影响很大，随着日产液量增大，累计产油量不断增加，但增幅逐渐放缓。

由图 5.132 可以看出，日产液量将会对累计油汽比造成很大程度的影响。日产液量越大，各个周期内累计油汽比越大。

结论：日产液量对产量影响较大。在一定范围内，日产液量越大，累计产油量和采出程度增加，但后期增幅较小，含水率升高。为避免底水突进，日产液量不宜过大。

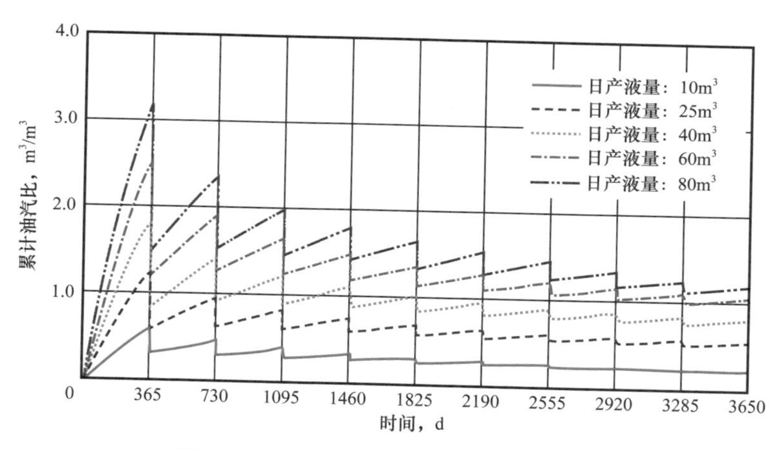

图 5.132　日产液量对累计油汽比的影响

7）水平井距底水距离

在其他参数不变的条件下，改变水平井距底水距离为 2m、6m、10m、14m 和 18m，得到不同布井位置下，采出程度与生产时间的关系曲线如图 5.133 所示，累计产油量与生产时间的关系曲线如图 5.134 所示，累计油汽比与生产时间的关系曲线如图 5.135 所示，含水率与生产时间的关系曲线如图 5.136 所示。

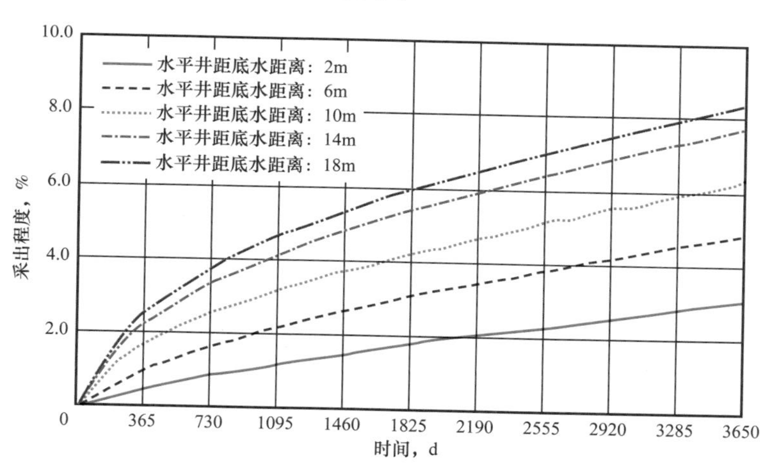

图 5.133　水平井距底水距离对采出程度的影响

由图 5.133 可以看出，水平井距底水距离对采出程度的影响较大，水平井距离底水越远，采出程度越大，但增幅逐渐减小。

由图 5.134 可以看出，水平井距底水距离对累计产油量影响很大，随着水平井距底水距离增大，累计产油量不断增加，但增幅逐渐减小。

由图 5.135 可以看出，水平井距底水距离将会对累计油汽比的影响较大。距底水越远，各个周期内累计油汽比越大。

由图 5.136 可以看出，水平井距底水距离对含水率影响很大。距离越远，含水率越低，表明生产井见水越晚。

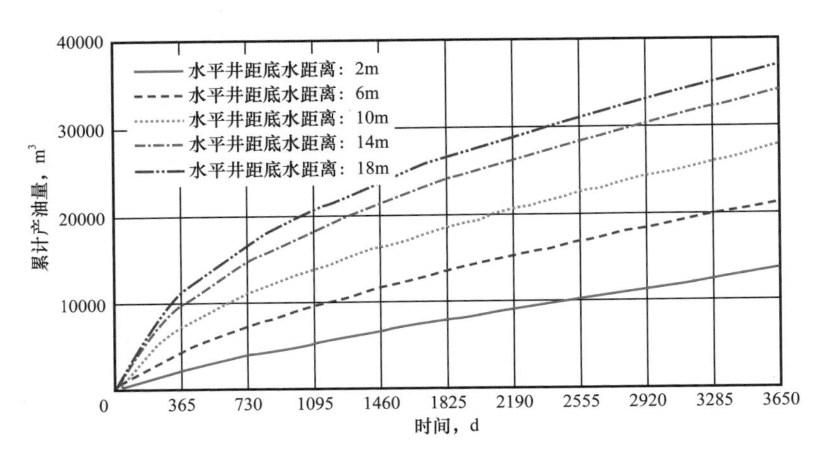

图 5.134　水平井距底水距离对累计产油量的影响

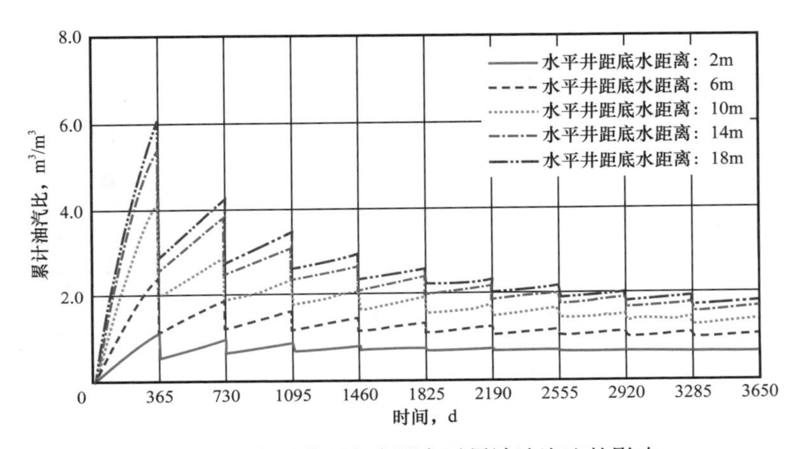

图 5.135　水平井距底水距离对累计油汽比的影响

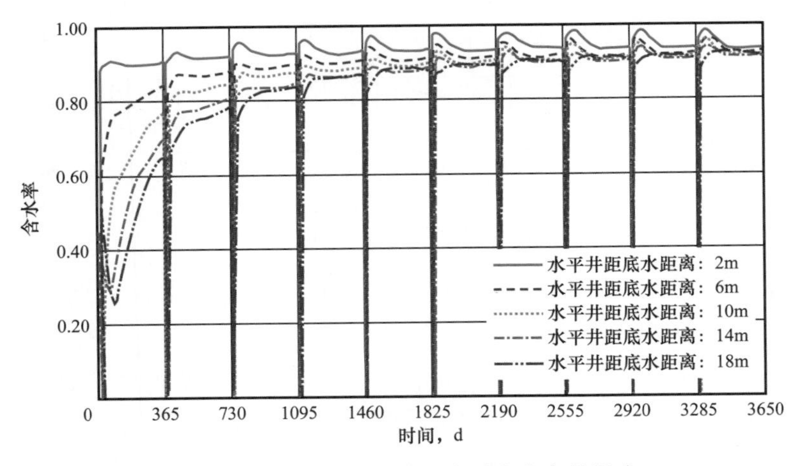

图 5.136　水平井距底水距离对含水率的影响

结论：水平井距底水距离对产量影响较大。随距离增大，累计产油量、油汽比和采出程度逐渐升高。原因在于距离越远，生产井见水越晚。

二、主控因素分析

1. 主控因素初选

在单因素分析的基础上，分别计算每个因素的变化率及相应的采出程度和累计采油量的变化率，并将每个因素对生产指标的影响大小进行线性拟合，初选出影响较大的因素，设计正交实验，确定主控因素。

1）以采出程度作为评价指标

对各影响因素和采出程度的变化率关系进行拟合，得到拟合曲线和拟合公式，分别如图 5.137 和表 5.22 所示。

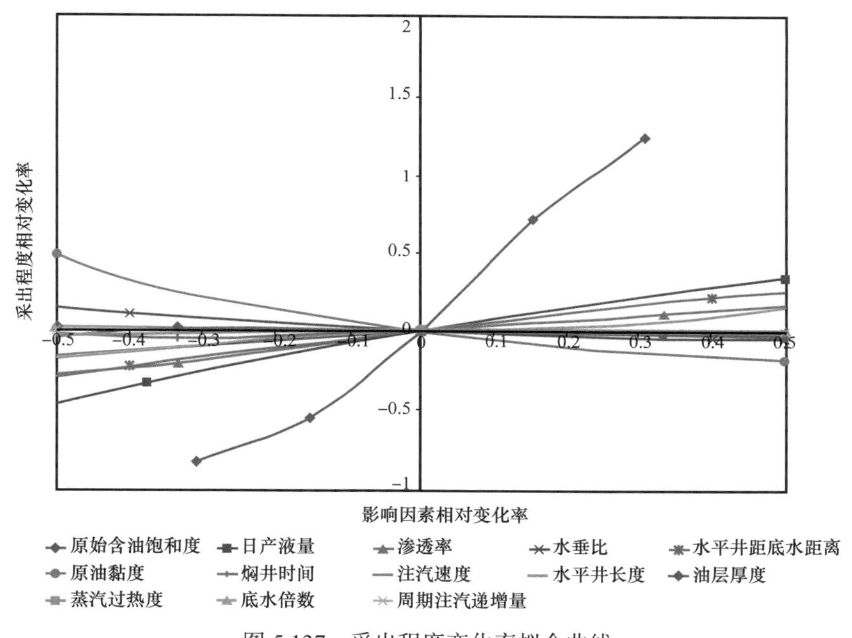

图 5.137 采出程度变化率拟合曲线

表 5.22 各因素采出程度变化率的拟合公式

因素	拟合公式	x=0.5 时 y 的绝对值
原始含油饱和度	$y=-16.523x^4-10.629x^3+3.8249x^2+4.3846x+10^{-12}$	0.7872
渗透率	$y=-0.0758x^2+0.4483x-0.0221$	0.1831
原油黏度	$y=1.1422x^4-1.4429x^3+0.3201x^2-0.3109x-7\times10^{-13}$	0.1844
油层厚度	$y=-0.2065x^2+0.0294x+0.0153$	0.0216
水垂比	$y=-0.0943x^3+0.1766x^2-0.174x+10^{-5}$	0.0546
蒸汽过热度	$y=-0.019x^3+0.0283x^2+0.0221x+0.0013$	0.0171

续表

因素	拟合公式	x=0.5 时 y 的绝对值
水平井长度	$y=1.1432x^4+0.6386x^3-0.3134x^2+0.1703x-4\times10^{-13}$	0.1581
底水倍数	$y=0.2125x^3+0.0823x^2-0.0736x-0.0031$	0.0066
日产液量	$y=-0.0558x^3-0.2956x^2+0.8204x+0.0102$	0.3448
周期注汽量	$y=0.3527x^4-0.0591x^3-0.505x^2+0.1657x-4\times10^{-14}$	0.0287
水平井距底水距离	$y=-0.0959x^3-0.1647x^2+0.58x+0.0155$	0.2523
焖井时间	$y=0.0028x^2-0.0093x-0.014$	0.0180
周期注汽递增量	$y=0.0253x^4-0.0432x^3-0.0243x^2-0.0062x-2\times10^{-14}$	0.0130

注：x—影响因素变化率，y—采出程度变化率。

影响因素变化率为 50% 时，对采出程度变化率做柱状图，如图 5.138 所示。从图中可以看出，各因素对采出程度的影响大小依次为：含油饱和度＞日产液量＞水平井距底水距离＞原油黏度＞渗透率＞水平井长度＞水垂比＞周期注汽量＞油层厚度＞焖井时间＞蒸汽过热度＞周期注汽递增量＞底水倍数。

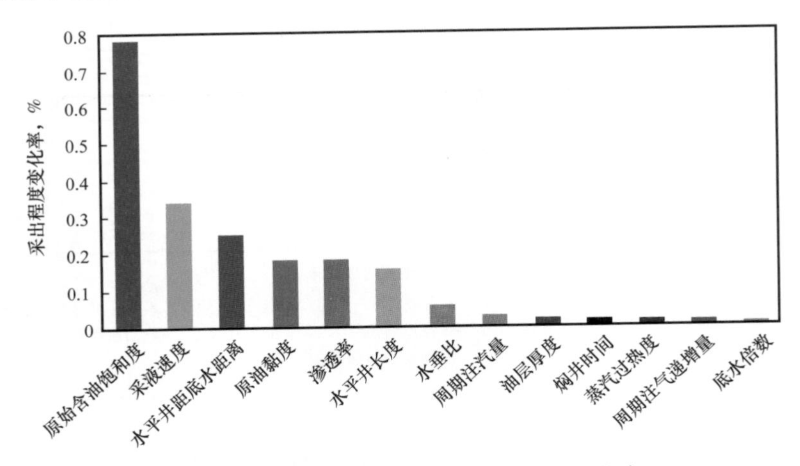

图 5.138　因素变化 50% 时的采出程度变化率

2）以累计产油量作为评价指标

对各影响因素和累计产油量的变化率关系进行拟合，得到拟合曲线和拟合公式，分别如图 5.139 和表 5.23 所示。

影响因素变化率为 50% 时，对累计采油量变化率做柱状图，如图 5.140 所示。从图中可以看出，各因素对累计采油量的影响大小依次为：原始含油饱和度＞日产液量＞油层厚度＞水平井距底水距离＞原油黏度＞渗透率＞水平井长度＞水垂比＞周期注汽量＞蒸汽过热度＞焖井时间＞周期注汽递增量＞底水倍数。

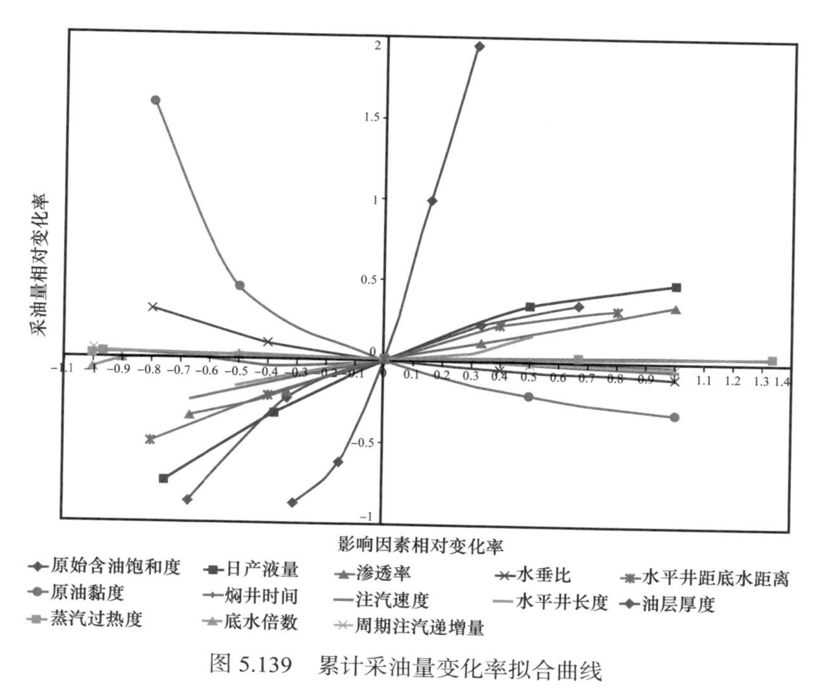

图 5.139 累计采油量变化率拟合曲线

表 5.23 累计采油量变化率拟合公式

因素	拟合曲线公式	x=0.5 时 y 绝对值
原始含油饱和度	$y=-27.152x^4-8.7596x^3+8.2097x^2+5.4217x+3x10^{-12}$	1.971325
周期注汽递增量	$y=0.0253x^4-0.0432x^3-0.0243x^2-0.0062x-5x10^{-14}$	0.013009
渗透率	$y=-0.0383x^3-0.0581x^2+0.4693x-0.0241$	0.191238
原油黏度	$y=1.2603x^4-1.429x^3+0.1506x^2-0.2948x-9x10^{-13}$	0.209592
油层厚度	$y=-1.5754x^4+0.6558x^3+0.1177x^2+0.6202x+5x10^{-13}$	0.323038
水垂比	$y=-0.0955x^3+0.1769x^2-0.1728x-0.0003$	0.054413
蒸汽过热度	$y=-0.0213x^3+0.03x^2+0.0239x+0.0015$	0.018288
水平井长度	$y=1.1431x^4+0.6386x^3-0.3133x^2+0.1703x-8x10^{-14}$	0.158057
底水倍数	$y=0.217x^3+0.086x^2-0.0755x-0.0031$	0.007121
日产液量	$y=-0.0558x^3-0.2956x^2+0.8204x+0.0102$	0.344822
周期注汽量	$y=-0.2211x^2+0.1895x-0.0195$	0.019975
水平井距底水距离	$y=-0.0959x^3-0.1647x^2+0.58x+0.0155$	0.252338
焖井时间	$y=0.0027x^2-0.0101x-0.0125$	0.016875

注：x—对应的因素；y—累计采油量变化率。

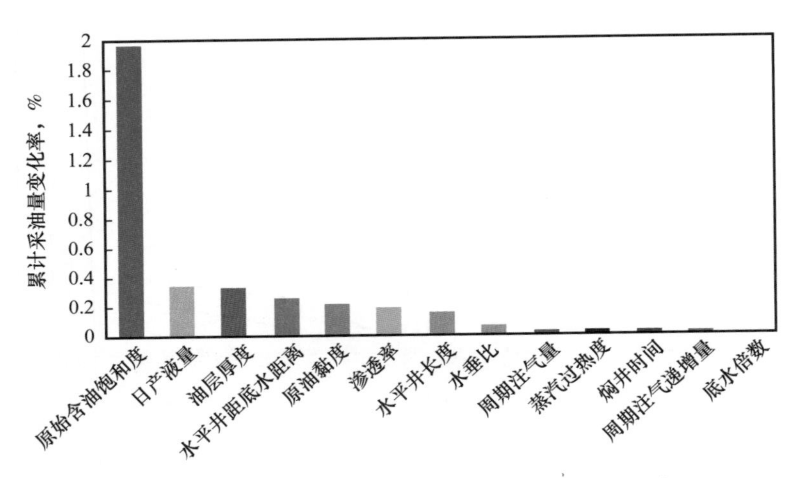

图 5.140　因素变化 50% 时的累计采油量变化率排序

对比可以看出，通过采出程度和累计采油量 2 种指标进行评价时，各因素的影响大小排序基本一致，唯一变化的因素是油层厚度和蒸汽过热度。

选取影响较大的前 9 个因素进行多因素正交试验，结果见表 5.24。次要因素为底水倍数、周期注汽递增量、蒸汽过热度和焖井时间。

表 5.24　初选出的正交实验主控因素

因素类型	主控因素初选
地质因素	原始含油饱和度
	油层厚度
	原油黏度
	渗透率
	水垂比
生产因素	日产液量
	水平井距底水距离
	水平井长度
	周期注汽量

2. 多因素正交实验

1）正交实验方案设计

针对上述优选出的影响较大的 9 个因素，设计 9 因素 4 水平共 32 组正交实验，方案设计见表 5.25 和表 5.26。

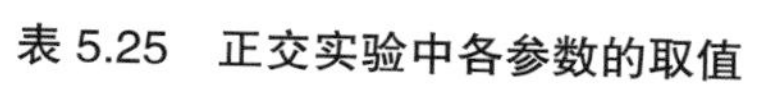

表 5.25　正交实验中各参数的取值

水平	原始含油饱和度	黏度 mPa·s	油层厚度 m	渗透率 mD	水垂比	水平井距底水距离 m	水平井长度 m	日产液量 m^3	周期注汽量 t
1	0.45	100	5	500	0.1	2	120	10	500
2	0.65	500	15	1500	0.3	10	220	40	1500
3	0.75	750	20	2000	0.7	14	280	60	2000
4	0.85	1000	25	3000	1.0	18	320	80	3000

表 5.26　正交实验方案

方案	正交实验参数编号								
	原始含油饱和度	原油黏度	油层厚度	渗透率	水垂比	水平井距底水距离	水平井长度	日产液量	周期注汽量
1	1	1	1	1	1	1	1	1	1
2	1	2	2	2	2	2	2	2	2
3	1	3	3	3	3	3	3	3	3
4	1	4	4	4	4	4	4	4	4
5	2	1	1	2	2	3	3	4	4
6	2	2	2	1	1	4	4	3	3
7	2	3	3	4	4	1	1	2	2
8	2	4	4	3	3	2	2	1	1
9	3	1	2	3	4	1	2	3	4
10	3	2	1	4	3	2	1	4	3
11	3	3	4	1	2	3	4	1	2
12	3	4	3	2	1	4	3	2	1
13	4	1	2	4	3	3	4	2	1
14	4	2	1	3	4	4	3	1	2
15	4	3	4	2	1	1	2	4	3
16	4	4	3	1	2	2	1	3	4
17	1	1	4	1	4	2	3	2	3
18	1	2	3	2	3	1	4	1	4
19	1	3	2	3	2	4	1	4	1

续表

方案	正交实验参数编号								
	原始含油饱和度	原油黏度	油层厚度	渗透率	水垂比	水平井距底水距离	水平井长度	日产液量	周期注汽量
20	1	4	1	4	1	3	2	3	2
21	2	1	4	2	3	4	1	3	2
22	2	2	3	1	4	3	2	4	1
23	2	3	2	4	1	2	3	1	4
24	2	4	1	3	2	1	4	2	3
25	3	1	3	3	1	2	4	4	2
26	3	2	4	4	2	1	3	3	1
27	3	3	1	1	3	4	2	2	4
28	3	4	2	2	4	3	1	1	3
29	4	1	3	4	2	4	2	1	3
30	4	2	4	3	1	3	1	2	4
31	4	3	1	2	4	2	4	3	1
32	4	4	2	1	3	1	3	4	2

2）正交实验结果

以各方案的采出程度和累计产油量为评价指标，计算最大值和最小值之间的极差，从而评价各因素对生产效果的影响大小，确定主控因素。计算结果见表 5.27、表 5.28 和表 5.29。

表 5.27　正交实验结果

方案	正交实验参数编号									实验结果	
	原始含油饱和度	原油黏度	油层厚度	渗透率	水垂比	水平井距底水距离	水平井长度	日产液量	周期注汽量	采出程度 %	累计产油量 m^3
1	1	1	1	1	1	1	1	1	1	0.12	79.35
2	1	2	2	2	2	2	2	2	2	0.22	437.63
3	1	3	3	3	3	3	3	3	3	0.08	197.89
4	1	4	4	4	4	4	4	4	4	0.37	1197.66
5	2	1	1	2	2	3	3	4	4	9.79	9218.81

续表

方案	正交实验参数编号									实验结果	
	原始含油饱和度	原油黏度	油层厚度	渗透率	水垂比	水平井距底水距离	水平井长度	日产液量	周期注汽量	采出程度 %	累计产油量 m^3
6	2	2	2	1	1	4	4	3	3	3.15	8904.38
7	2	3	3	4	4	1	1	2	2	0.07	249.98
8	2	4	4	3	3	2	2	1	1	0.52	2463.22
9	3	1	2	3	4	1	2	3	4	5.44	17751.50
10	3	2	1	4	3	2	1	4	3	3.23	3500.74
11	3	3	4	1	2	3	4	1	2	2.80	15184.40
12	3	4	3	2	1	4	3	2	1	6.83	29673.80
13	4	1	2	4	3	3	4	2	1	13.17	48621.60
14	4	2	1	3	4	4	3	1	2	2.74	3371.74
15	4	3	4	2	1	1	2	4	3	1.91	11733.80
16	4	4	3	1	2	2	1	3	4	3.27	16100.80
17	1	1	4	1	4	2	3	2	3	0.64	2072.59
18	1	2	3	2	3	1	4	1	4	0.004	11.05
19	1	3	2	3	2	4	1	4	1	0.07	132.92
20	1	4	1	4	1	3	2	3	2	0.09	59.97
21	2	1	4	2	3	4	1	3	2	6.19	29149.10
22	2	2	3	1	4	3	2	4	1	1.70	6411.20
23	2	3	2	4	1	2	3	1	4	0.43	1203.84
24	2	4	1	3	2	1	4	2	3	0.27	249.78
25	3	1	3	3	1	2	4	4	2	11.69	50799.00
26	3	2	4	4	2	1	3	3	1	1.58	8594.47
27	3	3	1	1	3	4	2	2	4	2.51	2722.24
28	3	4	2	2	4	3	1	1	3	0.86	2792.57
29	4	1	3	4	2	4	2	1	3	6.02	29636.20
30	4	2	4	3	1	3	1	2	4	7.92	48743.80
31	4	3	1	2	4	2	4	3	1	3.70	4552.60
32	4	4	2	1	3	1	3	4	2	1.43	5264.44

表 5.28　极差分析表——累计产油量

水平	原始含油饱和度	原油黏度 mPa·s	油层厚度 m	渗透率 D	水垂比	水平井距底水距离 m	水平井长度 m	日产液量 m^3	周期注汽量 t
1	4189	187328	23755	56739	151198	43934	100749	54742	100529
2	57850	79975	85109	87569	79555	81130	71216	132771	104516
3	131018	35977	133080	123709	91930	131230	59598	85311	59087
4	168025	57802	119139	93064	38400	104788	129521	88258	96949
极差	163836	151350	109325	66970	112798	87295	69923	78029	45428

表 5.29　极差分析表——采出程度

水平	原始含油饱和度	原油黏度 mPa·s	油层厚度 m	渗透率 D	水垂比	水平井距底水距离 m	水平井长度 m	日产液量 m^3	周期注汽量 t
1	1.59	53.07	22.41	15.61	32.14	10.81	21.72	13.49	27.69
2	22.13	20.56	24.76	29.52	24.02	23.70	18.42	31.62	25.23
3	34.93	11.55	29.66	28.72	27.12	36.40	23.51	23.50	16.14
4	40.15	13.63	21.93	24.95	15.50	27.88	35.14	30.19	29.72
极差	38.56	41.52	7.74	13.90	16.64	25.60	16.73	18.13	13.58

由表可以看出：

（1）以采出程度为评价指标时，主控因素为：原油黏度>原始含油饱和度>水平井距底水距离>日产液量>水平井长度>水垂比>渗透率>周期注汽量>油层厚度。

（2）以累计产油量为评价指标时，主控因素为：原始含油饱和度>原油黏度>水垂比>油层厚度>水平井距底水距离>日产液量>水平井长度>渗透率>周期注汽量。

3）正交实验结果的线性回归拟合

设 9 个影响因素为自变量 X，采出程度和累计产油量为因变量 Y，利用 IBM 的 SPSS 软件，对正交实验结果进行线性回归，分别得到采出程度和累计产油量与 9 个影响因素的关系方程式，如下：

$$\begin{aligned} Y_1 = {} & 12.4778X_1 - 0.005705X_2 + 0.01122X_3 + 0.0004413X_4 - 1.7830X_5 + 0.1637X_6 + \\ & 0.006997X_7 + 0.02485X_8 + 0.00001021X_9 - 6.64610536262643 \end{aligned} \tag{5.3}$$

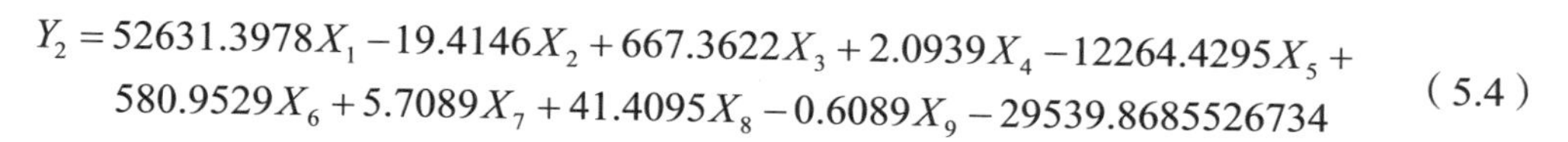

$$Y_2 = 52631.3978X_1 - 19.4146X_2 + 667.3622X_3 + 2.0939X_4 - 12264.4295X_5 + 580.9529X_6 + 5.7089X_7 + 41.4095X_8 - 0.6089X_9 - 29539.8685526734 \quad (5.4)$$

式中 Y_1——采出程度；

Y_2——累计采油量，10^4m^3；

X_1——原始含油饱和度；

X_2——原油黏度，mPa·s；

X_3——油层厚度，m；

X_4——渗透率，D；

X_5——水垂比；

X_6——水平井距底水距离，m；

X_7——水平井长度，m；

X_8——日产液量，m^3；

X_9——周期注汽量，t。

SPSS 线性拟合公式的计算结果及误差见表 5.30。

表 5.30 SPSS 线性拟合公式的计算结果及误差分析

正交实验方案	采出程度，%			累计采油量		
	正交实验结果	拟合公式计算结果	相对误差	正交实验结果 m^3	拟合公式计算结果 m^3	相对误差 %
实验 1	0.841	0.901	7.027	523.46	796.35	52.13063
实验 2	0.466	1.202	157.885	342.57	1170.48	241.6731
实验 3	1.075	1.503	39.843	911.55	1544.61	69.44912
实验 4	1.642	1.804	9.844	1578.74	1918.74	21.53641
实验 5	1.333	2.843	113.323	2486.92	7281.96	192.8105
实验 6	4.033	2.595	−35.654	8893.77	7369.63	−17.1372
实验 7	3.415	2.040	−40.262	8689.74	5760.08	−33.714
实验 8	2.691	1.792	−33.405	7762.23	5847.75	−24.6641
实验 9	1.772	2.889	63.033	4409.88	8286.65	87.91099
实验 10	5.013	3.207	−36.0213	14740.30	9875.05	−33.0065
实验 11	1.498	2.393	59.760	5083.32	8461.98	66.46554

续表

正交实验方案	采出程度，%			累计采油量		
	正交实验结果	拟合公式计算结果	相对误差	正交实验结果 m^3	拟合公式计算结果 m^3	相对误差 %
实验 12	3.059	2.711	−11.371	11762.00	10050.37	−14.5522
实验 13	3.931	3.488	−11.267	12225.60	11190.73	−8.46477
实验 14	3.810	4.716	23.785	14004.80	15901.73	13.54
实验 15	3.608	1.850	−48.740	15303.50	7642.60	−50.06
实验 16	1.319	3.078	133.298	6341.77	12353.60	94.80
实验 17	0.835	1.053	26.119	519.53	−535.18	−203.01
实验 18	1.164	1.016	−12.730	855.86	73.48	−91.41
实验 19	0.345	1.688	389.013	292.89	2641.61	801.91
实验 20	0.841	1.651	96.217	523.46	3250.28	520.92
实验 21	0.962	1.506	56.502	1795.46	2646.82	47.42
实验 22	6.252	3.204	−48.750	13788.20	9265.55	−32.80
实验 23	2.153	1.431	−33.517	5477.78	3864.16	−29.46
实验 24	4.462	3.129	−29.867	12869.10	10482.89	−18.54
实验 25	0.837	1.772	111.723	2083.05	4837.98	132.25
实验 26	1.474	1.371	−6.992	4335.43	4077.04	−5.96
实验 27	7.895	4.229	−46.435	26789.80	14259.98	−46.77
实验 28	1.763	3.828	117.171	6778.24	13499.04	99.15
实验 29	1.357	1.994	46.988	4219.57	6040.47	43.15
实验 30	1.064	1.175	10.474	3909.55	4266.41	9.13
实验 31	4.692	5.391	14.891	19900.70	19277.93	−3.13
实验 32	2.420	4.572	88.894	11633.60	17503.86	50.46

由表 5.30 可以看出，拟合公式具有较高的计算精度，最高精度低于 5%。同时，由于公式拟合的自变量较多，部分计算结果的误差也较大。

第五节　不同黏度稠油水平井过热蒸汽吞吐主控因素对比与分析

不同黏度稠油过热蒸汽吞吐主控因素对比见表 5.31。

表 5.31　不同黏度稠油过热蒸汽吞吐的主控因素对比

油田名称	原油黏度，mPa·s	水平井过热蒸汽吞吐主控因素
KS 油田	260	（1）原油黏度；（2）原始含油饱和度；（3）水平井距底水距离；（4）日产液量；（5）水平井长度；（6）水垂比；（7）渗透率；（8）周期注汽量；（9）油层厚度
KM 油田	4500	（1）底水倍数；（2）原油黏度；（3）渗透率（4）水垂比；（5）油层厚度；（6）周期注汽量（7）蒸汽过热度；（8）水平井长度；（9）日产液量
M 油田	15000	（1）水平井距底水距离；（2）原始含油饱和度；（3）底水倍数；（4）周期注汽量；（5）原油黏度；（6）水垂比；（7）日产液量；（8）油层厚度；（9）水平井长度

注：评价指标为采出程度。

由表 5.31 可以看出以下特点：

（1）从 KS 油田到 M 油田，随着原油黏度升高，黏度的敏感性逐渐减弱，即低黏原油对黏度更为敏感，黏度的小幅度改变就会对产量造成巨大的影响。

（2）由于油水流动性差异大，高黏稠油油藏对底水更为敏感，底水倍数和布井位置对产量的影响很大。水平井适合布在距离底水较远的油藏中上部。

（3）从肯基亚克到莫尔图克，随着原油黏度升高，注汽参数对产量的影响逐渐增强，如周期注汽量和蒸汽过热度；而生产参数的影响逐渐减弱，如生产井日产液量和水平井长度。原因在于高黏稠油自身的流动性差，有效的热力降黏是开发此类油藏的关键。

第六章　稠油过热蒸汽开采现场应用案例

过热蒸汽热采开发稠油油藏在哈萨克斯坦国内 KS 油田、KM 油田、M 油田 3 个稠油油田成功应用，并大幅提高稠油单井产量，特别是 KS 油田稠油在常规冷采、饱和蒸汽热采及热水驱明显效果不理想的情况下，利用过热蒸汽吞吐成功实现稠油老油田的上产，说明注过热蒸汽是增加稠油产量的有效途径。通过应用过程中优化 3 个油田注过热蒸汽开发技术政策界限，科学部署试验区热采方案，最大限度地挖潜注过热蒸汽开发效果，开创稠油油藏开发部署的新思路，实现油藏注过热蒸汽高效开发。

第一节　KS 稠油油田过热蒸汽开采现场应用案例

一、KS 油田数值模拟模型概述

数值模拟研究区为原热水驱中的部分区块，所在位置如图 6.1 所示。区块共有 9 口井，　即 Γ–26 井、2753 井、2768 井、61033 井、61039 井、61040 井、61041 井、61045 井和 61046 井。

模型网格步长为 D_X=D_Y=10m，纵向上按照油层单元划分原则划分为 9 个小层，分为 40×24×9 个网格共 8640 个节点。

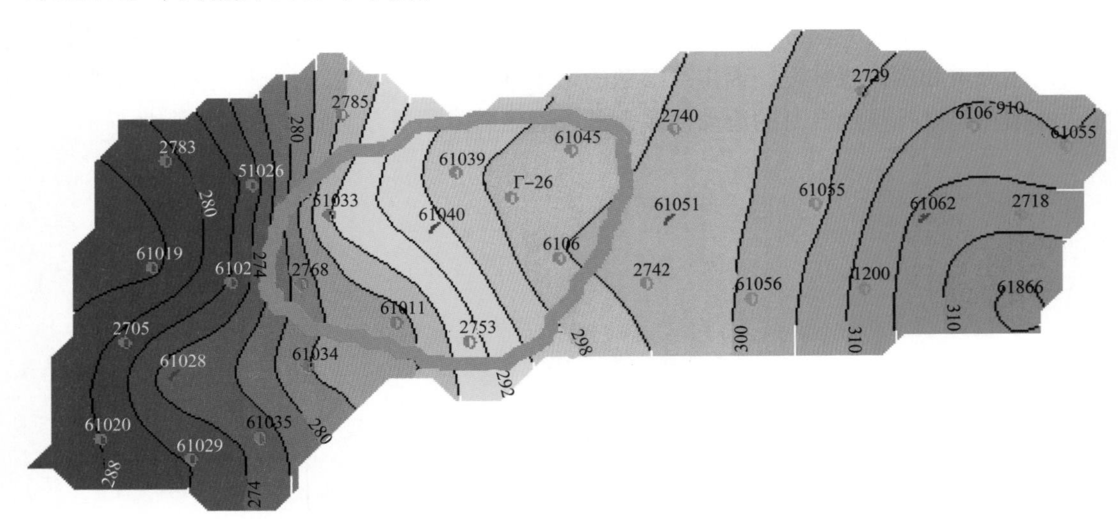

图 6.1　模拟区域的范围

1. 地层和流体参数

地层及流体参数主要包括原始地层压力、地层热物性参数、油水密度、油水黏度等。本次模拟计算借用 KS 油藏各区域地层及流体参数，见表 6.1。

表 6.1　KS 油藏地层流体物性参数

参数	数值
地层初始温度，℃	18.8
原始地层压力，MPa	2.82
饱和压力，MPa	0.96
原油体积系数	1.022
地面原油密度，g/m^3	0.9143
地层原油黏度，mPa·s	135.59
溶解汽密度，g/m^3	0.9834
气的溶解系数	0.18
原始溶解气油比，m^3/t	4.45
地层水黏度，mPa·s	1.15
地层水密度，g/m^3	1.02
原油热膨胀系数，1/℃	0.0008
原油摩尔质量，kg/mol	260
原油比热容，kJ/kg·℃	2.1562
综合压缩系数，1/MPa	0.0065
岩石热传导系数，kJ/（d·m·℃）	110
岩石体积热容量，kJ/（m^3·℃）	2572
上下盖层导热系数，kJ/（d·m·℃）	110
上下盖层热容量，kJ/（m^3·℃）	2572

2. 相对渗透率数据

油水相对渗透率数据及相对渗透率端点值随温度变化关系可参考中国新疆油气科学研究院所提供的相对渗透率数据，经过模拟计算并根据累计产液、累计产油、累计产水等曲线进行拟合调整，如图 6.2 所示。

3. 流体高压物性 PVT 数据

在描述油、气、水三相高压物性参数时，根据油田报告《肯基亚克盐上油藏总体开发方案》（2003 年）中提供的参数可以得出原油的黏度 μ_o、油的体积压缩系数 C_o、气相压缩因子 Z、气的黏度 μ_g 等参数。其中原油的黏度随温度的变化关系见表 6.2。

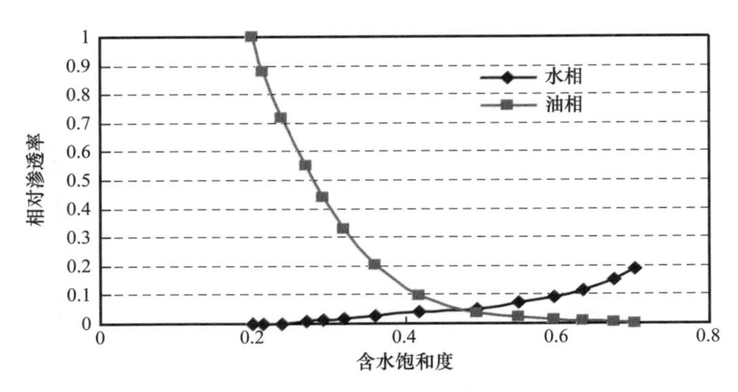

图 6.2　油水相对渗透率曲线

表 6.2　原油黏度随温度变化关系

温度，℃	水相黏度，mPa·s	油相黏度，mPa·s
10	1.13	234.53
18.8	1.1	160.00
30	1.09	95.62
50	1.08	47.22
60	1.06	35.32
70	1.04	27.63
80	1.02	22.30
90	1.015	18.49
100	1.01	14.57
250	1	3.51
300	1	2.82
350	1	2.36

二、KS 油田过热蒸汽吞吐注采参数优化

1. 蒸汽过热度

在研究区块模型基础上，通过对 5 口过热蒸汽吞吐井进行不同干度普通蒸汽吞吐（干度分别为 0.3、0.5、0.7、0.9）与过热蒸汽吞吐（干度为 1.0）的数值模拟研究，对比注入不同干度蒸汽对开发效果的影响，结果如图 6.3 所示。

由模拟结果可知，蒸汽干度越高，开发效果越好，采用过热蒸汽开发效果最好。但由于模拟软件难以体现出储层的强水敏特征，而且过热蒸汽的机理也没有表征出来，因此实际过热蒸汽开发效果要比预测的还要好。

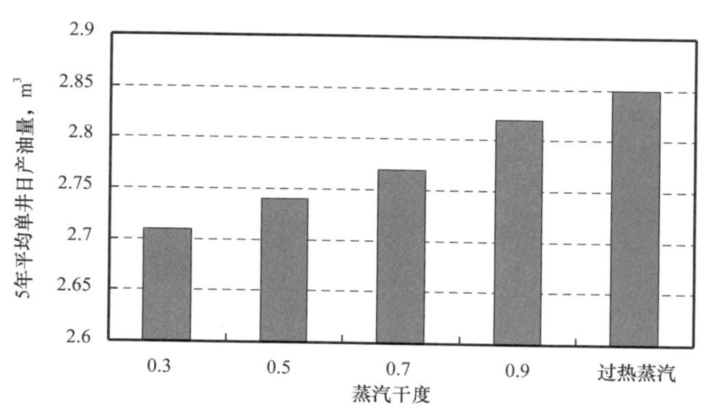

图 6.3　不同蒸汽状态开发效果对比图

2. 注汽时间

根据基础方案参数，开展了以下 5 个方案进行合理注汽时间研究（表 6.3）。改变注过热蒸汽井注汽时间，其他参数参考基础方案参数，以定液控制方式生产。

表 6.3　模拟区合理注汽时间研究方案汇总表

方案	S–1	S–2	S–3	S–4	S–5
注汽时间，d	8	10	12	14	16

对以上开发方案进行模拟计算，开发技术指标统计如图 6.4 所示。

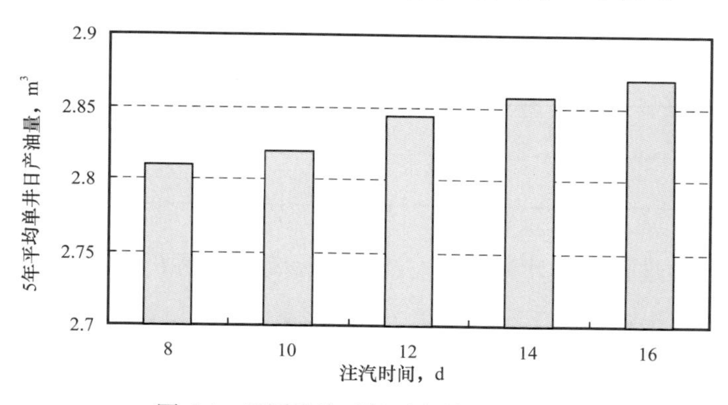

图 6.4　不同注汽时间开发效果对比图

随着注汽时间增加，注入地层的热量增加，因此产油量增加。但是注汽时间超过 12d 以后，增幅变得缓慢，因此认为注汽时间最优区间为 12～14d。

3. 注汽速度

根据基础方案参数，开展了以下 5 个方案进行合理注汽速度研究（表 6.4）。改变注过热蒸汽井注汽速度，其他参数参考基础方案参数，以定液控制方式生产。

对以上开发方案进行模拟计算，开发技术指标统计如图 6.5 所示。

表 6.4　模拟区合理注汽速度研究方案汇总表

方案	V-1	V-2	V-3	V-4	V-5
注汽速度，t/h	5	7	8	9	11

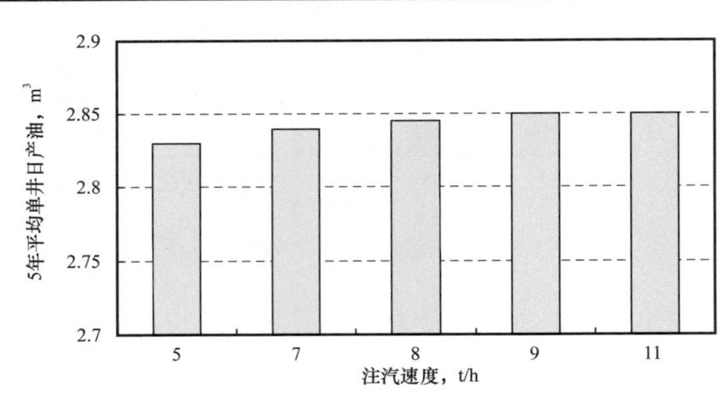

图 6.5　不同注汽速度开发效果对比图

随着注汽速度增加，也会有更多地热量注入地层中，因此得到的日产油量增加。但是注汽速度大于 8t/h 以后，日产油量基本没有增加，因此认为注汽速度最优区间为 8～9t/h。

4. 焖井时间

根据基础方案参数，开展了以下 5 个方案进行合理焖井时间研究（表 6.5）。改变注过热蒸汽井焖井时间，其他参数参考基础方案参数，以定液控制方式生产。

表 6.5 模拟区合理焖井时间研究方案汇总表

方案	M-1	M-2	M-3	M-4	M-5
焖井时间，d	5	8	10	12	15

对以上开发方案进行模拟计算，开发技术指标统计如图 6.6 所示。

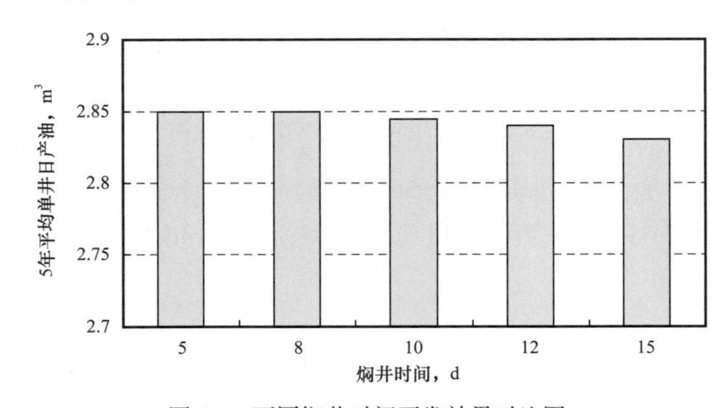

图 6.6　不同焖井时间开发效果对比图

焖井时间太短，热量在储层中没有传播开，就会在生产过程中随流体被采出；焖井时间越长，则向顶底盖层的热损失越多，开发效果也会受到影响。由计算结果可知，焖井时间以 8～10d 为最佳范围。

总结：通过不同蒸汽参数优化研究结果可知，肯基亚克盐上稠油油藏的最优注汽时间为 12～14d，注汽速度最优区间为 8～9t/h，焖井时间以 8～10d 为最佳范围。

第二节　KM 稠油油田过热蒸汽开采现场应用案例

一、KM 油田数值模拟模型概述

1. 井组选取

选取某一井组进行研究，所选取的井包括 KM471、KM472、KM473、KM474、KM475、KM476、KM477、KM478、KM479 共 9 口井，井位分布如图 6.7 所示。

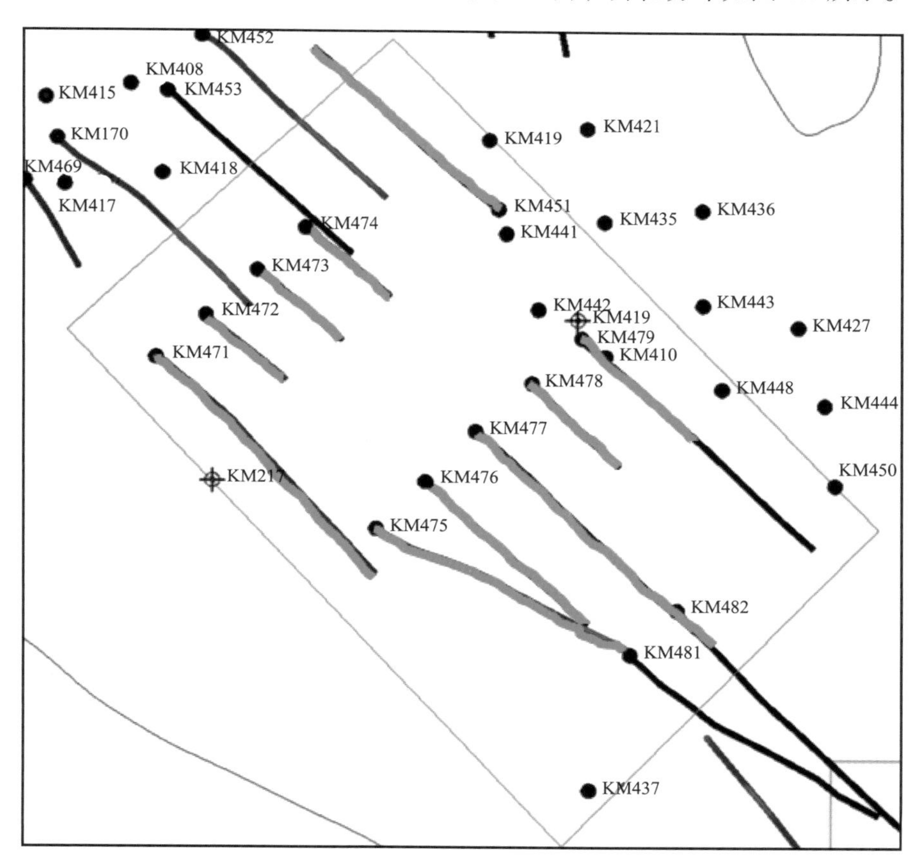

图 6.7　KM 油田目标区块井组单元

2. 网格参数

网格参数主要依据油田提供的单井小层数据等资料，利用CMG数模软件中的BUILDER模块进行孔隙度、渗透率、饱和度等数据的离散化处理。根据这些离散化的数据，建立网格地质模型，得到模拟计算时初始化模型参数。

3. 相对渗透率数据和黏温数据

油水相对渗透率数据见表6.6，汽液相对渗透率数据见表6.7，原油黏温数据见表6.8。

表6.6　油、水相相对渗透率数据

含水饱和度 S_w	水相相对渗透率 K_{rw}	油相相对渗透率 K_{ro}
0.25	0	1
0.374	0.0079	0.462
0.63	0.0545	0.017
0.71	0.0762	0

表6.7　汽液相相对渗透率数据

液相饱和度 S_L	液相相对渗透率 K_{rL}	汽相相对渗透率 K_{rG}
0.46	0.1500	0
0.513	0.097	0.006
0.629	0.0412	0.066
0.722	0.0163	0.179
0.896	0.0005	0.598

表6.8　原油黏温数据

温度，℃	原油黏度，mPa·s	地层水黏度，mPa·s
10	6000	1.2
15	3200	1.1
30	839.4	0.8
56	136.6	0.5
70	63.5	0.4

本次研究采用自2013年4月开始投产至2014年11月的资料，应用CMG-STARS油藏值模拟软件，对该井组进行开发动态跟踪模拟，并据此进行相应的开发技术政策研究，从而为合理高效开发提供科学依据。采用角点网格，数值模拟总节点数为110×71×50=390500个，根据地质解释的小层数据，将油藏沿纵向划分为29个小层。其

中，1～17 小层厚度相同，18～29 小层厚度相同，油藏平面模型图和三维模型图如图 6.8（a）所示，插值后的每小层有效厚度、孔隙度和渗透率如图 6.8（b）所示，其中，纵向上各小层初始含油饱和度为 0.83。

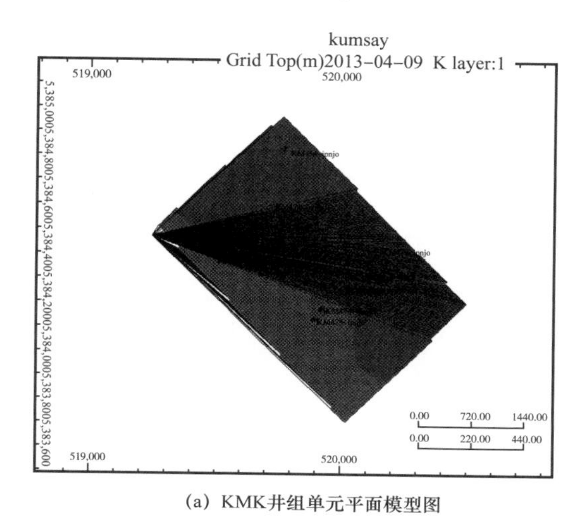

(a) KMK井组单元平面模型图

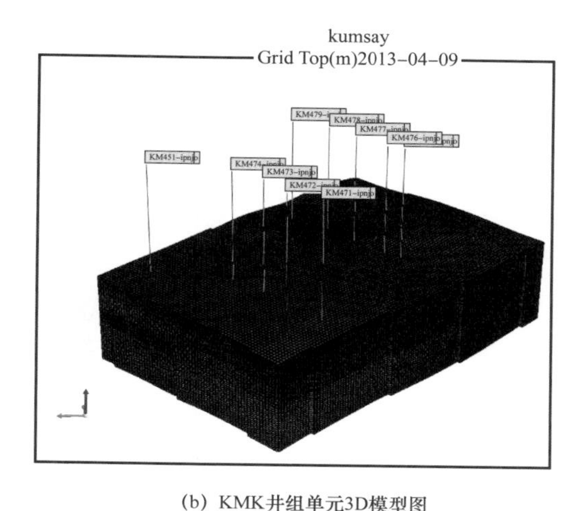

(b) KMK井组单元3D模型图

图 6.8 KMK 目标区块井组单元示意图

二、KM 油田过热蒸汽吞吐参数优化

在注采参数优化方面，选取了 KM473 井作为优化对象。从注采等角度出发，对过热度、周期注汽量、周期注汽递增量、排液速度、水平段长度等进行了优化。

1. 过热度

在其他参数不变的条件下，改变井底注入蒸汽的温度（过热度），研究过热蒸汽较普通蒸汽的优势。选取普通蒸汽与过热度为 10℃、20℃、30℃、40℃五种蒸汽，得到采出程度、累计净产油量、累计相对增油量随蒸汽温度的变化曲线如图 6.9 所示。

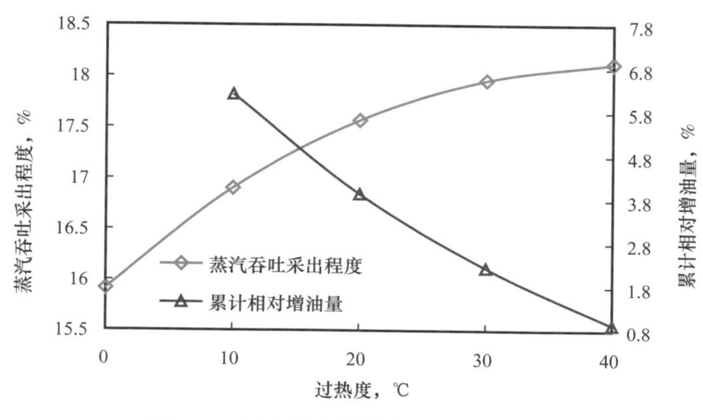

图 6.9 采出程度随蒸汽温度变化情况

从图 6.9 可知，普通蒸汽变为过热蒸汽时，采出程度上升幅度较大；当过热蒸汽温度继续升高到较大值时，采出程度变化幅度逐渐变小。由于过热蒸汽与油藏岩石、原油等发生各种物理、化学反应，使得原油增产明显，过热度增加，原油增产效果较明显。

周期产油量如图 6.10 所示，由图 6.10 可知，过热蒸汽吞吐较普通蒸汽吞吐使周期产油量增幅较大，过热度升高到较大值时，周期产油量增幅减小。

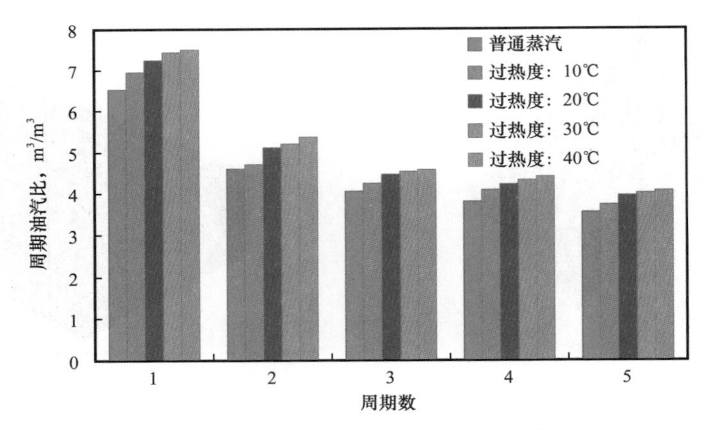

图 6.10　不同蒸汽温度条件下周期产油量

蒸汽吞吐周期油汽比如图 6.11 所示，由于周期注汽量相同，生产制度相同，只有蒸汽温度不同，因此周期油汽比与周期产油量变化趋势相同。

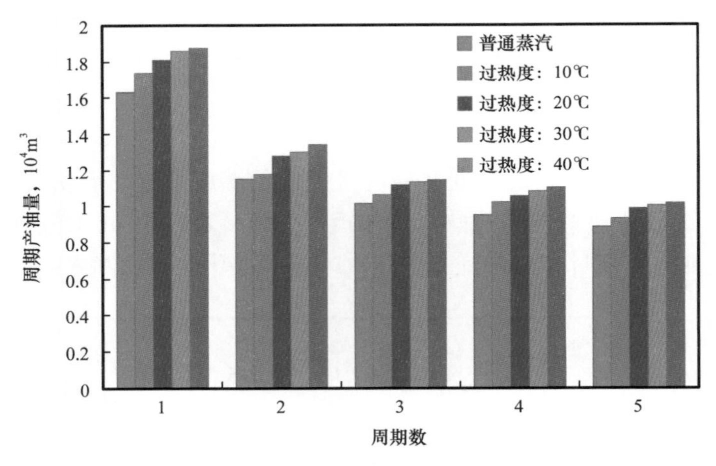

图 6.11　不同蒸汽温度条件下周期油汽比

结论：普通蒸汽变为过热蒸汽时，采出程度上升幅度较大；当过热蒸汽温度继续升高到较大值时，采出程度变化幅度逐渐变小。由于过热蒸汽与油藏岩石、原油等发生的各种物理、化学反应，使得原油增产明显，过热度增加，原油增产效果较明显。推荐过热度：20℃。

2. 周期注汽量

在其他条件不变情况下，改变周期注汽量，选取周期注汽量为 800t、1600t、2400t、3200t 和 4000t 五个值，得到不同周期注汽量条件下周期油汽比如图 6.12 所示，不同周期注汽量条件下周期产油量如图 6.13 所示。

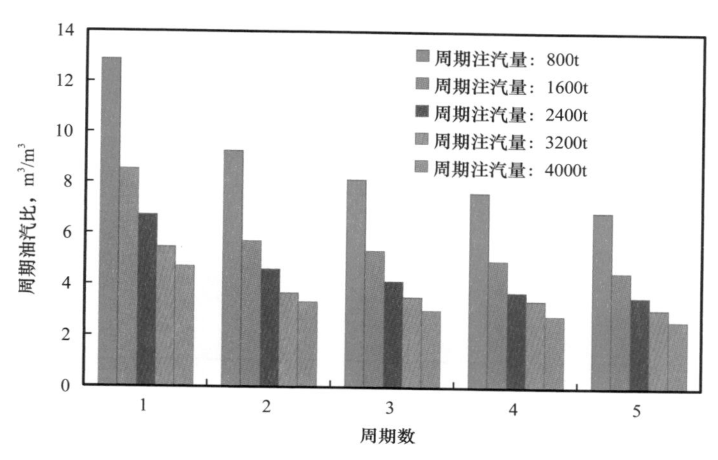

图 6.12　不同周期注汽量条件下周期油汽比

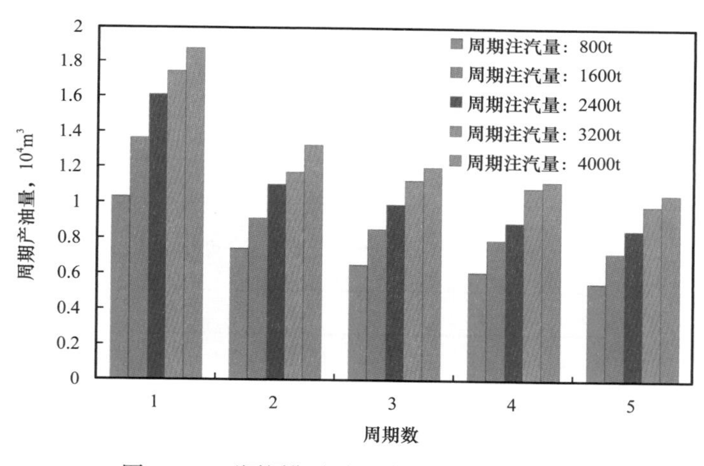

图 6.13　不同周期注汽量条件下周期产油量

由图 6.12 可知，周期油汽比随周期注汽量增大而降低。当周期注汽量由 800t 增加至 1600t 时，周期油汽比迅速下降；周期注汽量由 1600t 继续增加时，周期油汽比降低幅度放缓。

如图 6.13 可知，周期产油量随周期注汽量增加而增加。当周期注汽量由 800t 增加至 3200t 时，周期产油量与周期注汽量近似成正比关系；当周期注汽量超过 3200t 后继续增加时，周期产油量增幅很小。

采出程度、累计净产油量随周期注汽量变化曲线如图 6.14 所示，不同周期注汽量条件下累计增油量、累计净增油量如图 6.15 所示。

结论：周期注汽量越大，产量越高；注汽量太高，生产油汽比下降，单位注汽增量对应的增油量也下降。综合考虑，周期注汽量在 2400～2600t 为宜。

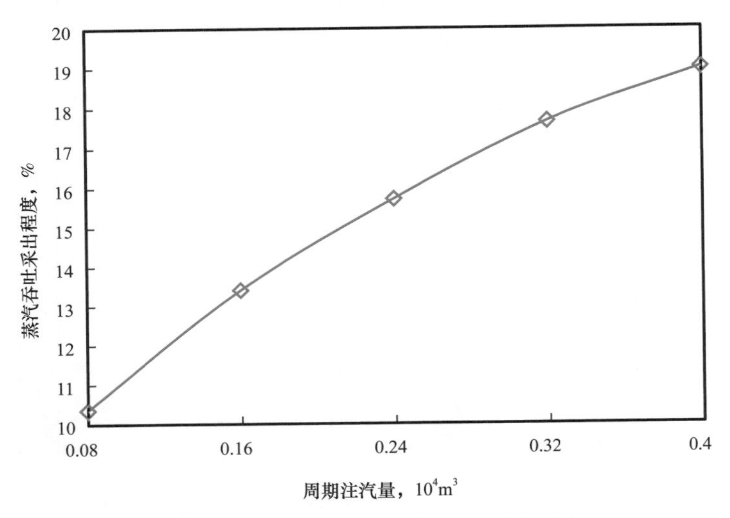

图 6.14　不同周期注汽量条件下采出程度

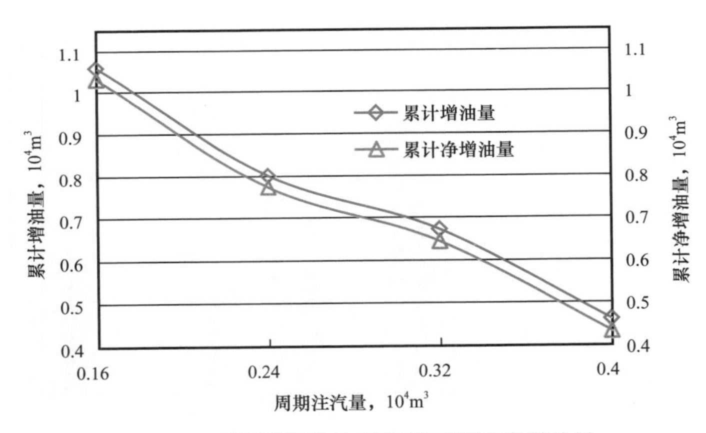

图 6.15　不同周期注汽量条件下累计净增油量

3. 周期注汽递增量

在蒸汽吞吐过程中，实际上每周期的注汽量是逐渐增加的。在其他注采参数都不变的情况下，选择周期注汽递增量为不增加、增幅 10%、增幅 20%、增幅 30%、增幅 40% 五个等级，研究周期注汽递增幅度应为多少时，开发效果最好。不同周期注汽递增量条件下周期产油量如图 6.16 所示。从图 6.16 可以看出，在同一周期内，周期注汽递增量越高，周期产油量就越高。不同周期内，随着周期注汽量的增加，可以很好地弥补产量下降，达到稳产效果。即后续周期注汽量越高，产量越高。

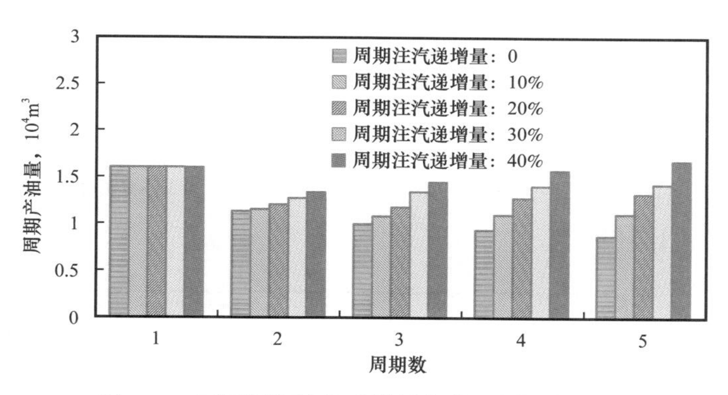

图 6.16　不同周期注汽递增量条件下周期产油量

但是随着周期注汽量的递增，蒸汽利用效率将会下降，不同周期注汽递增量条件下的周期油汽比如图 6.17 所示。从图 6.17 可以看出，周期注汽递增量越高，周期油汽比越低。且随着吞吐周期数的增加，单位蒸汽生产的油量越低，蒸汽利用率降低。

采出程度与累计油汽比随周期注汽递增量变化曲线如图 6.18 所示。从图 6.18 可以看出，随着周期注汽递增量的增加，采出程度、累计净产油量均增加，累计油汽比不断降低，即后续周期蒸汽利用率不断降低。

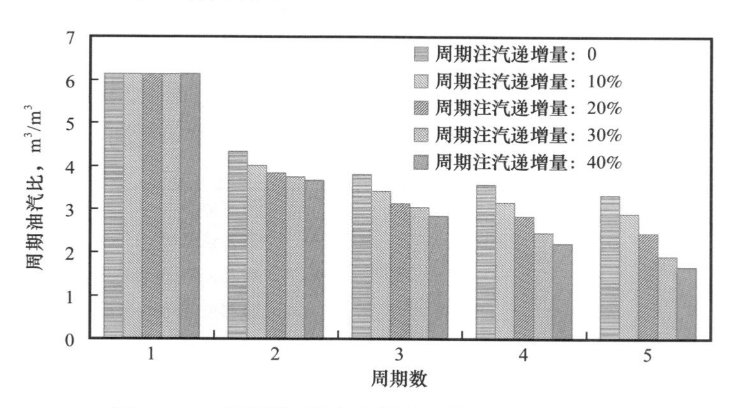

图 6.17　不同周期注汽递增量条件下周期油汽比

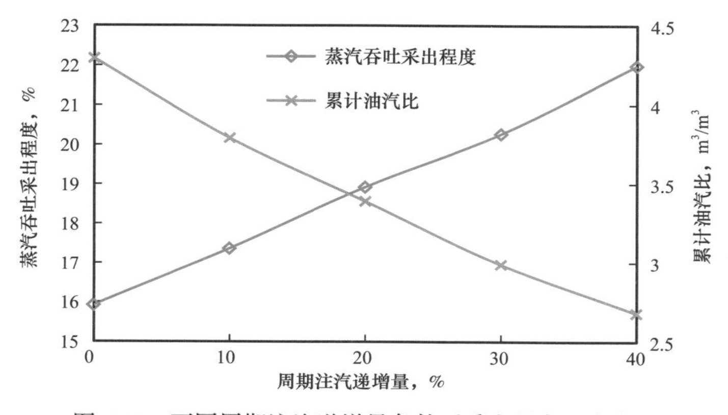

图 6.18　不同周期注汽递增量条件下采出程度、油汽比

4. 排液速度

在其他注汽参数不变的条件下，采用不同的生产制度生产，选用排液速度为15t/d、25t/d、35t/d、45t/d和55t/d五个参数，研究排液速度对生产效果的影响。不同排液速度条件下的周期产油量如图6.19所示，从图6.19中可以看出，排液速度越大，周期产油量越高，且在不同周期内比较稳定。

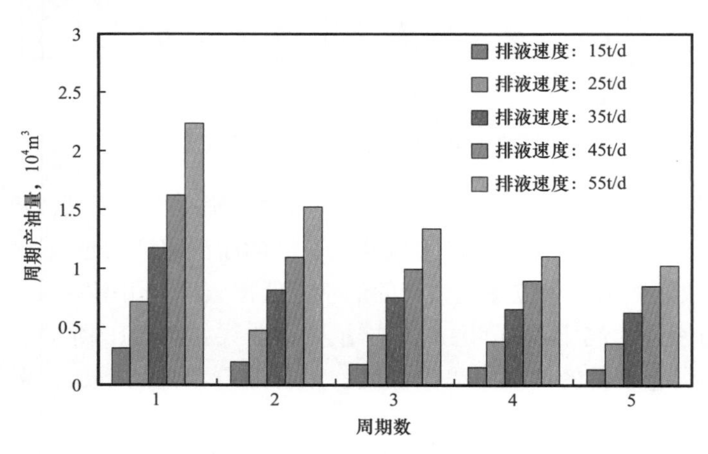

图6.19　不同排液速度条件下周期产油量

不同排液速度条件下的周期油汽比如图6.20所示。从图6.20中可以看出，在注汽参数一致的情况下，排液速度越高，周期油汽比越高，生产效果越好。

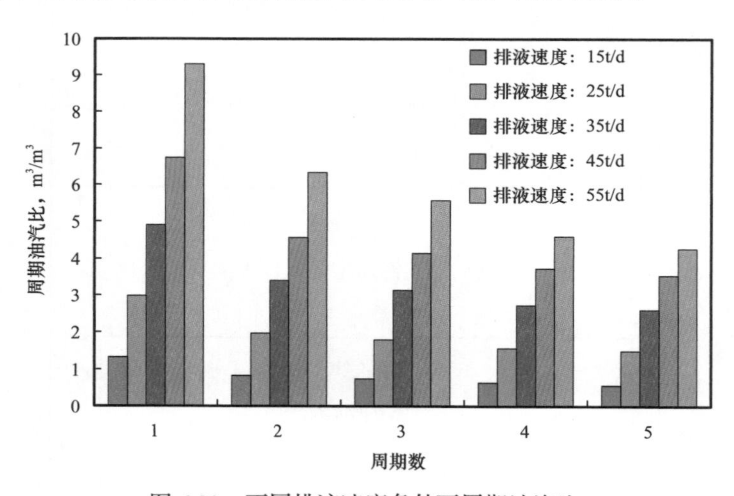

图6.20　不同排液速度条件下周期油汽比

不同排液速度条件下，采出程度、累计净产油量如图6.21所示。由图6.21可知，采出程度、累计净产油量与排液速度近似成正比，排液速度增加，采出程度、累计净产油量不断增加。

结论：不同排液速度条件下，采出程度、周期产油量、周期油汽比与排液速度近似成正比，排液速度增加，采出程度、周期产油量、周期油汽比不断增加。

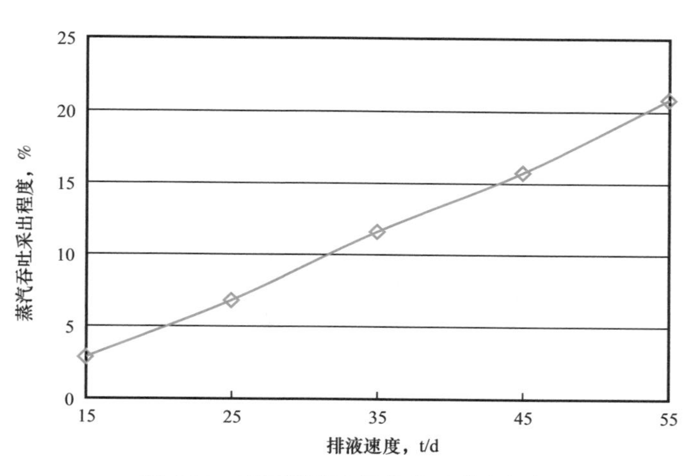

图 6.21 不同排液速度条件下采出程度

5. 水平段长度

在其他注采参数及地质参数都不变的条件下，研究水平段长度对生产效果的影响。不同水平段长度条件下的采出程度如图 6.22 所示，不同水平段长度条件下的周期产油量如图 6.23 所示，不同水平段长度条件下的周期油汽比如图 6.24 所示。从图 6.22 中可以看出，水平段长度较短时，水平段长度越大，周期产油量越高；当水平段长度较大时，水平段长度继续增加，增产效果并不明显。

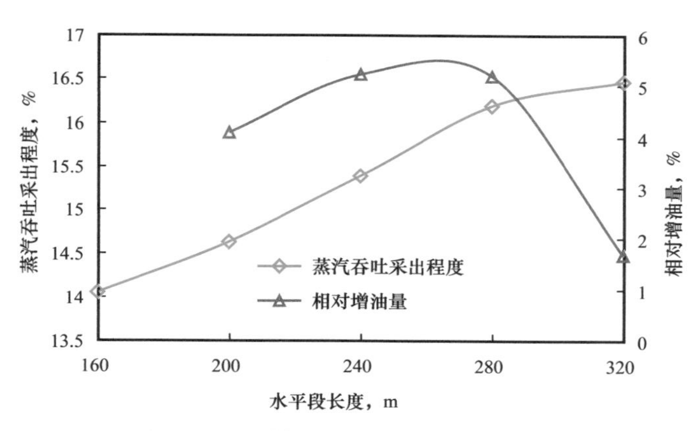

图 6.22 不同水平段长度条件下采出程度

不同水平段长度条件下的周期产油量如图 6.23 所示。从图 6.23 中可以看出，在注汽参数及地质参数不变的情况下，水平段长度较短时，水平段长度越大，周期产油量越高；当水平段长度较大时，水平段长度继续增加，增产效果并不明显。

不同水平段长度条件下，累计油汽比如图 6.24 所示。由图 6.24 可知，在注汽参数及地质参数不变的情况下，水平段长度较短时，水平段长度越大，周期油汽比越高；当水平段长度较大时，水平段长度继续增加，周期油汽比增加效果并不明显。

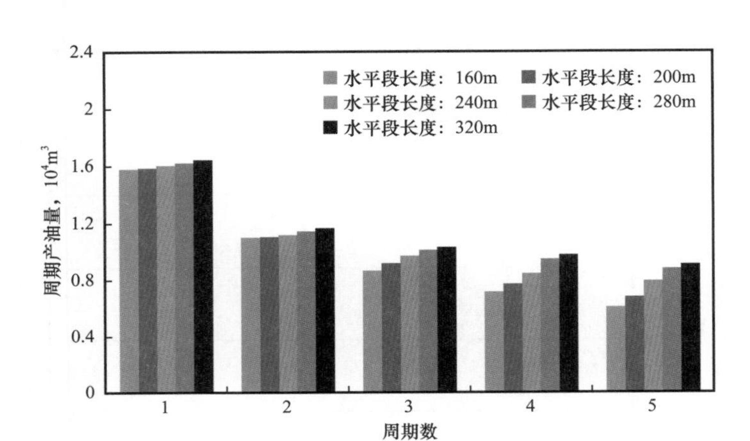

图 6.23　不同水平段长度条件下周期产油量

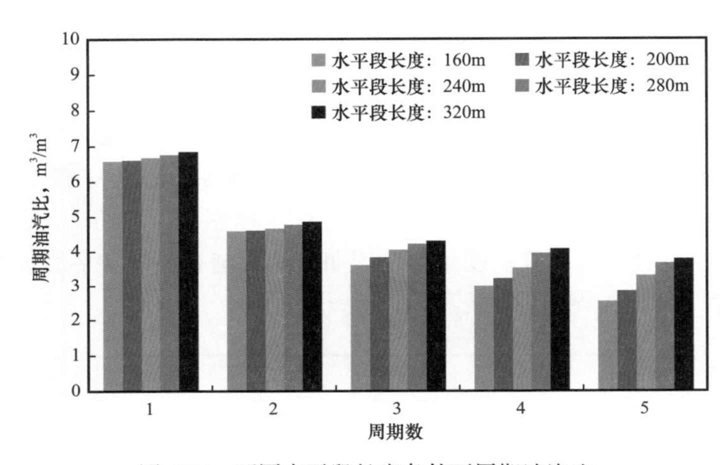

图 6.24　不同水平段长度条件下周期油汽比

结论：在注汽参数及地质参数不变的情况下，水平段长度较短时，水平段长度越大，采出程度、周期产油量、周期油汽比越高；当水平段长度较大时，水平段长度继续增加，周期油汽比增加效果并不明显。推荐水平段长度：280m。

三、KM 油田过热蒸汽转驱时机优化

考虑了蒸汽驱阶段两种排状井网条件下的蒸汽吞吐转驱最优时机，两种井网分别为两注一采排状井网和三注一采排状井网。采用直井注汽水平井生产的制度，两注一采井网和三注一采井网直井单井注汽量分别为 45t/d 和 30t/d。水平井定液生产，预测蒸汽驱时长为 10 年。通过对不同吞吐周期转驱后蒸汽驱阶段生产效果对比研究，寻找蒸汽吞吐最优转驱时机。

1. 两注一采井网最优转驱时机

两注一采排状井网如图 6.25 所示，采用直井注汽水平井生产的制度，注汽直井井距

为 150m，且在附近两口水平井正中间，单井注汽速度为 45t/d。分别在第二、第三、第四、第五周期转蒸汽驱，通过对蒸汽驱阶段开发效果的对比研究，寻找两注一采井网条件下的最优转驱时机。

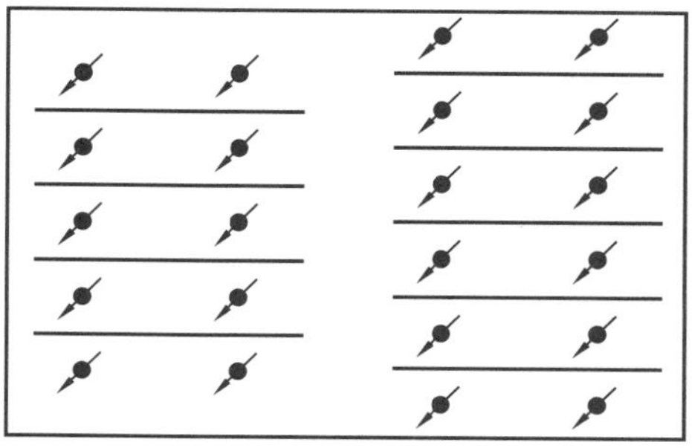

由于设定在第二、第三、第四、第五轮结束后转驱，转驱时机不同，转驱时原油黏度场不同、含油饱和度场也不同，而这会对今后蒸汽驱效果产生影响。

图 6.25　两注一采排状井网

不同蒸汽吞吐周期结束时 K=10 层原油黏度场如图 6.26 至图 6.29 所示。

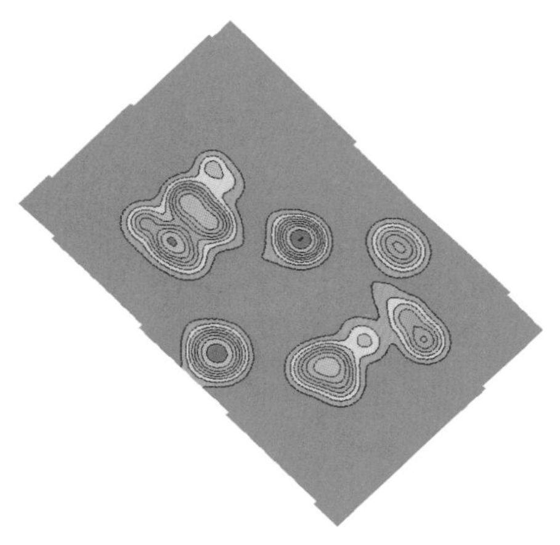

图 6.26　K=10 层第二轮吞吐结束原油黏度场图

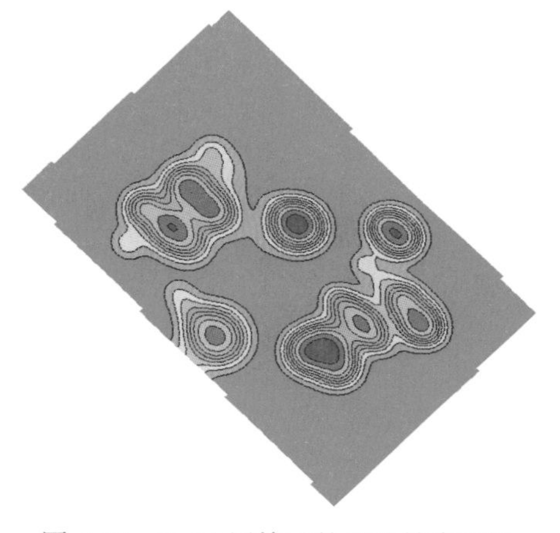

图 6.27　K=10 层第三轮吞吐结束原油黏度场图

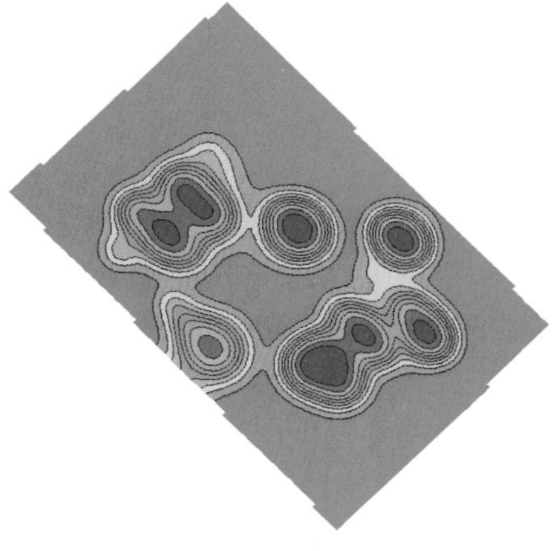

图 6.28　K=10 层第四轮吞吐结束原油黏度场图

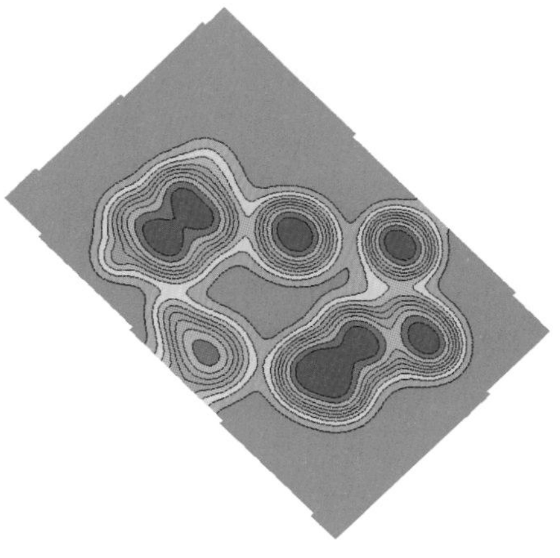

图 6.29　K=10 层第五轮吞吐结束原油黏度场图

从图 6.26 至图 6.29 中可以看出，第三轮吞吐结束后原油黏度较高，并且注汽井与生产井之间未形成热连通，不符合转蒸汽驱时机；第四轮吞吐结束后生产井与注汽井之间原油黏度普遍降低，井间形成热连通，符合转蒸汽驱时机；第五轮吞吐结束后原油黏度降低幅度更大。

不同吞吐周期结束 K=10 层含油饱和度场如图 6.30 至图 6.33 所示。

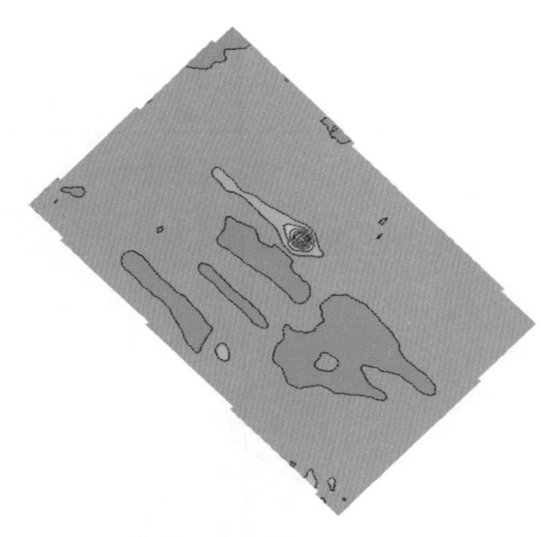

图 6.30　K=10 层第二轮吞吐结束含油饱和度场图

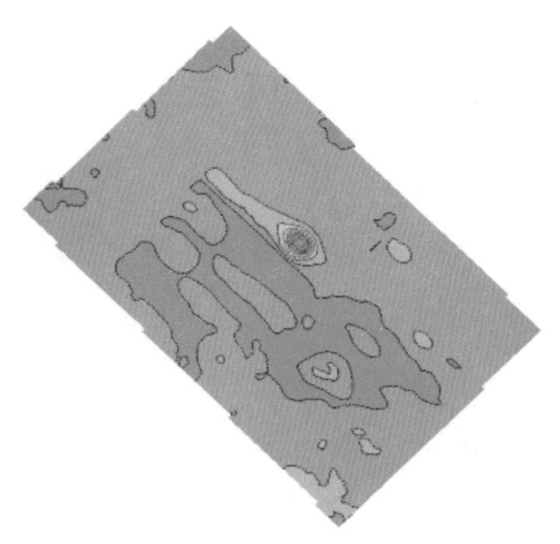

图 6.31　K=10 层第三轮吞吐结束含油饱和度场图

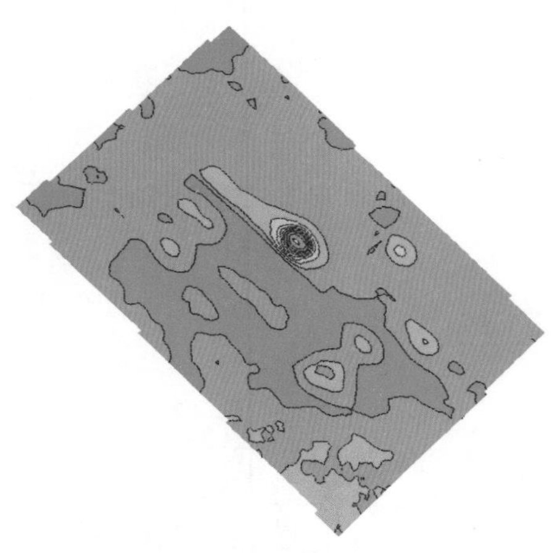

图 6.32　K=10 层第四轮吞吐结束含油饱和度场图

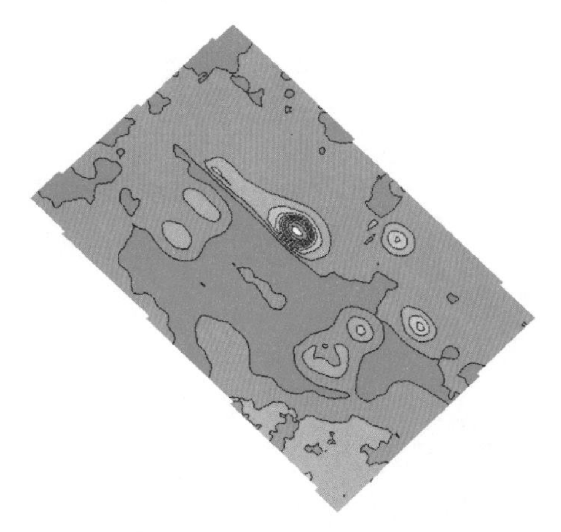

图 6.33　K=10 层第五轮吞吐结束含油饱和度场图

从图 6.30 至 6.33 中可以看出，第三轮吞吐结束后注汽井与生产井之间含油饱和度较高，井间未形成热连通，不符合转蒸汽驱时机；第四轮吞吐结束后生产井与注汽井之间含油饱和度降低，说明井间已经形成热连通，符合转蒸汽驱时机；第五轮吞吐结束后井间含油饱和度继续降低。

通过对不同吞吐周期转驱后全阶段采出程度的对比研究，寻找最优转驱时机。两注一采井网不同吞吐周期转驱后全阶段采出程度如图 6.34 所示。

由图6.34可知，第四周期吞吐结束转驱全阶段采出程度最高，采出程度最高。原因在于第三轮吞吐结束后注汽井与生产井之间含油饱和度较高，原油黏度较高，井间未形成热连通，不符合转蒸汽驱时机，蒸汽驱阶段生产效果较差。第三轮吞吐结束后生产井与注汽井之间含油饱和度降低，说明井间已经形成热连通，符合转蒸汽驱时机，蒸汽驱阶段生产效果最佳。第五轮吞吐结束后井间含油饱和度继续降低，原油黏度降低范围更大，已超过最佳转驱时机。

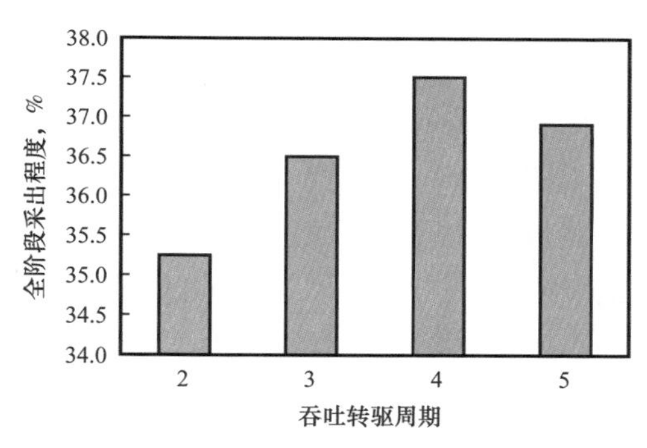

图6.34　不同周期转驱全阶段采出程度

2. 三注一采井网最优转驱时机

三注一采排状井网如图6.35所示，采用直井注汽水平井生产的制度，注汽直井井距为75m，且在附近两口水平井正中间，单井注汽速度为30t/d。分别在第二、第三、第四、第五周期转蒸汽驱，通过对全阶段开发效果的对比研究，寻找三注一采井网条件下的最优转驱时机。

通过对不同吞吐周期转驱后全阶段累计净产油量、采出程度的对比研究，寻找最优转驱时机。三注一采井网不同吞吐周期转驱后全阶段采出程度如图6.36所示。

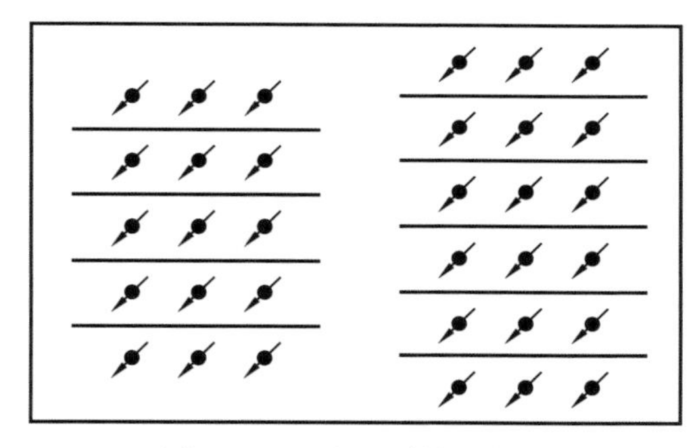

图6.35　三注一采排状井网

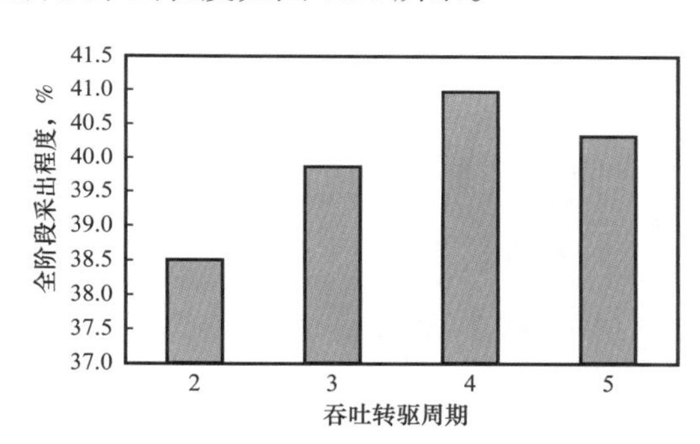

图6.36　不同周期转驱全阶段采出程度

由图6.36可知，三注一采井网第四周期吞吐结束转驱蒸汽驱阶段采出程度最高，采出程度最高。原因在于第三轮吞吐结束后注汽井与生产井之间含油饱和度较高，原油黏度较高，井间未形成热连通，不符合转蒸汽驱时机，蒸汽驱阶段生产效果较差。第四轮吞吐结束后生产井与注汽井之间含油饱和度降低，说明井间已经形成热连通，符合转蒸汽驱时机，蒸汽驱阶段生产效果最佳。第五轮吞吐结束后井间含油饱和度继续降低，原油黏度降低范围更大，已超过最佳转驱时机。

3. 水平井正对排状井网最优转驱时机

水平井正对排状井网如图6.37所示，采用水平井注汽水平井生产的制度，单井注汽速度为80t/d。分别在第二、第三、第四、第五周期转蒸汽驱，通过对全阶段开发效果的对比研究，寻找水平井正对排状井网条件下的最优转驱时机。

通过对不同吞吐周期转驱后全阶段累计净产油量、采出程度的对比研究，寻找最优转驱时机。水平井正对排状井网不同吞吐周期转驱后全阶段采出程度如图 6.38 所示。

由图 6.38 可知，水平井注汽时，原油需在更大范围内降黏，且加热带内原油普遍降黏，蒸汽驱效果才较好。原因在于水平井注汽容易导致汽窜，使蒸汽驱阶段蒸汽利用率降低，热损失增加。过早转驱，水平井间原油黏度高，蒸汽驱油效果更差，蒸汽利用率更低。

不同转驱轮次蒸汽驱模拟结束时 K=10 层饱和度场如图 6.39 至图 6.40 所示。

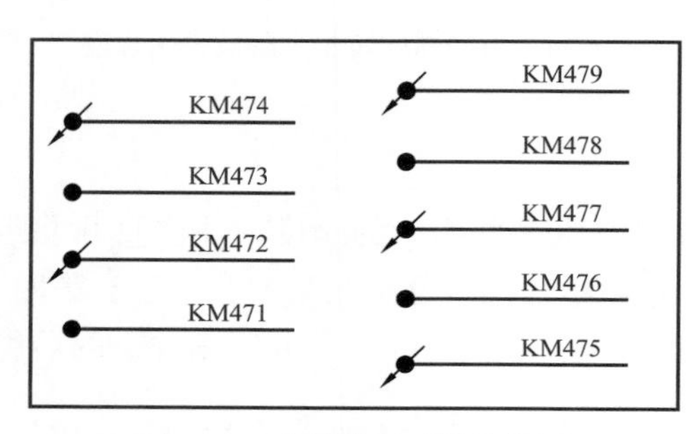

图 6.37　水平井正对排状井网

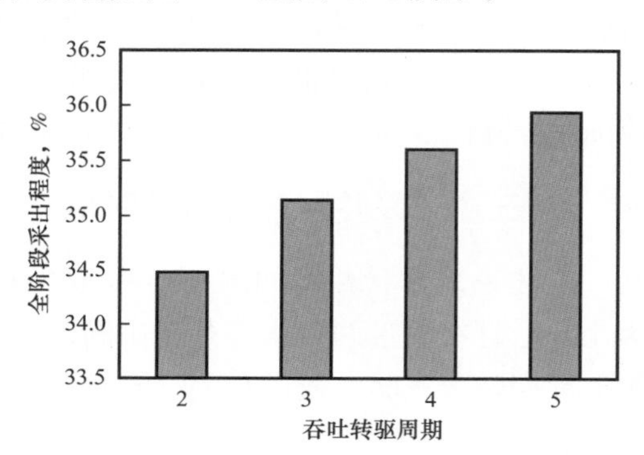

图 6.38　不同周期转驱全阶段采出程度

从图 6.39 至图 6.42 可知，转驱时机过早，水平井间热连通较差，直接转驱蒸汽利用率低，导致采出程度低，吞吐五轮后，水平井间热连通好，适合水平井注汽生产。

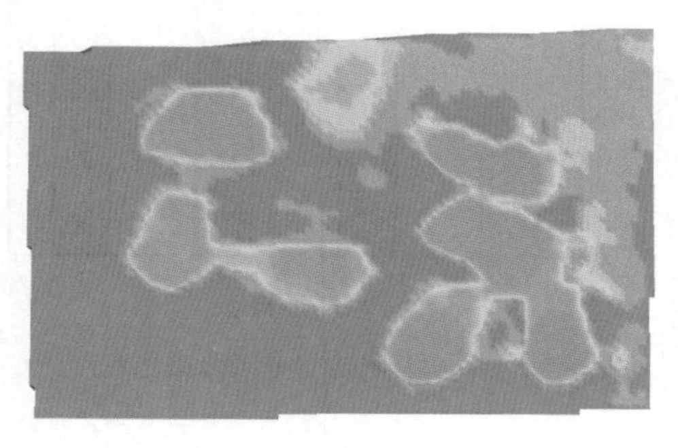

图 6.39　第二轮转驱饱和度场图

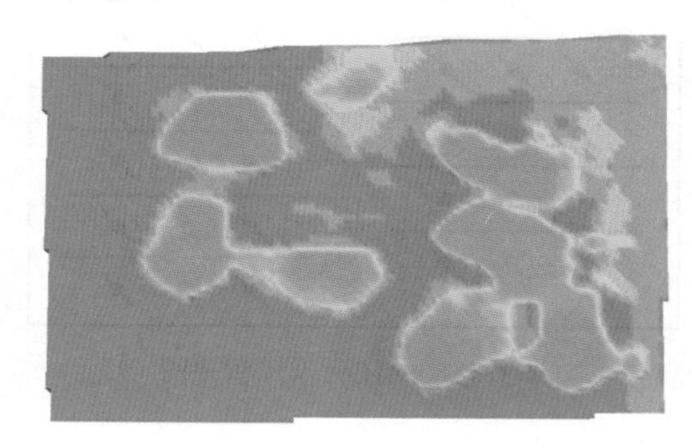

图 6.40　第三轮转驱饱和度场图

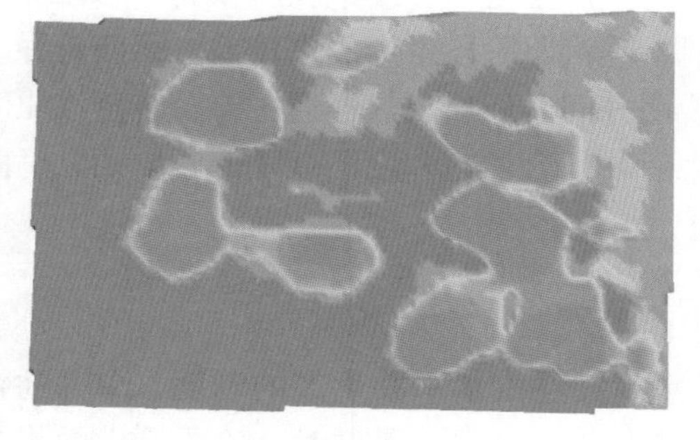

图 6.41　第四轮转驱饱和度场图

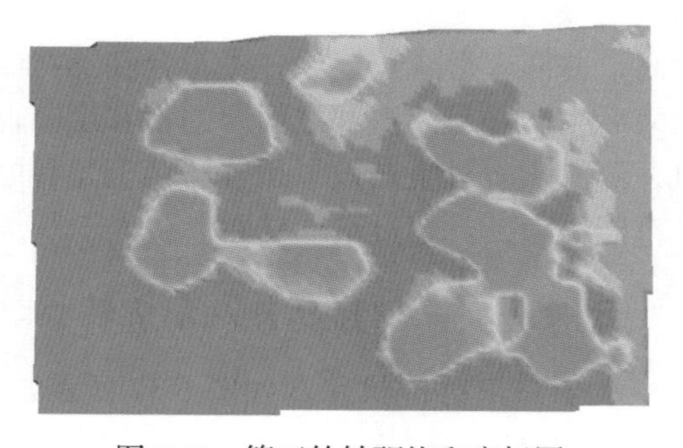

图 6.42　第五轮转驱饱和度场图

4. 水平井交错排状井网最优转驱时机

水平井交错排状井网如图 6.43 所示，采用水平井注汽水平井生产的制度，单井注汽速度为 80t/d。分别在第二、第三、第四、第五、第六、第七和第八周期转蒸汽驱，通过对全阶段开发效果的对比研究，寻找水平井交错排状井网条件下的最优转驱时机。

通过对不同吞吐周期转驱后全阶段单井平均累计净产油量、采出程度的对比研究，寻找最优转驱时机。水平井交错排状井网不同吞吐周期转驱后全阶段采出程度如图 6.44 所示。

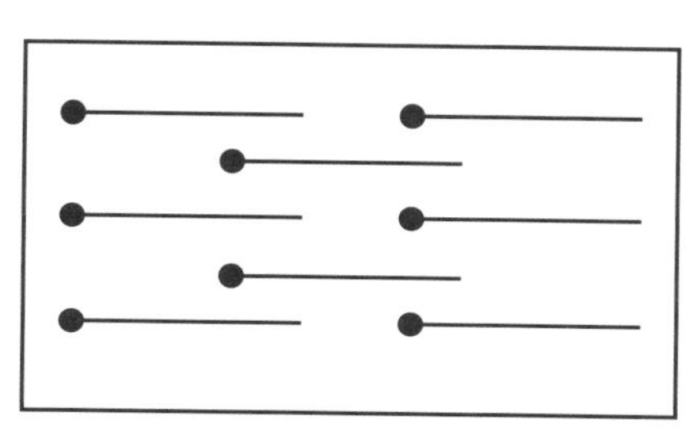

图 6.43　水平井交错排状井网

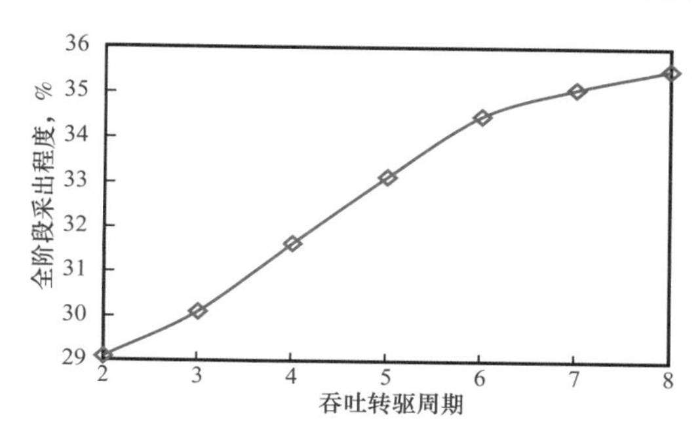

图 6.44　不同周期转驱全阶段采出程度

结论：交错排状井网蒸汽驱蒸汽热利用率较低，若要提高经济效益，应适当增加吞吐轮次。原因在于，水平井注汽容易导致汽窜，使蒸汽驱阶段蒸汽利用率降低，蒸汽驱阶段净产油量低，转驱时机过早，全阶段净产油较低。

不同转驱轮次蒸汽驱模拟结束时 K=10 层饱和度场、温度场如图 6.45 至图 6.52 所示。

结论：交错排状井网蒸汽驱蒸汽热利用率较低，若要提高经济效益，应适当增加吞吐轮次。原因在于，水平井注汽容易导致汽窜，使蒸汽驱阶段蒸汽利用率降低，蒸汽驱阶段净产油量低，转驱时机过早，全阶段净产油量较低。转驱时机过早，水平井间热连通较差，直接转驱蒸汽利用率低，导致采出程度低。吞吐六轮后，水平井间热连通好，适合交错排状井网水平井注汽生产。

图 6.45　第二轮转驱饱和度场图

图 6.46　第四轮转驱饱和度场图

图 6.47　第六轮转驱饱和度场图

图 6.48　第八轮转驱饱和度场图

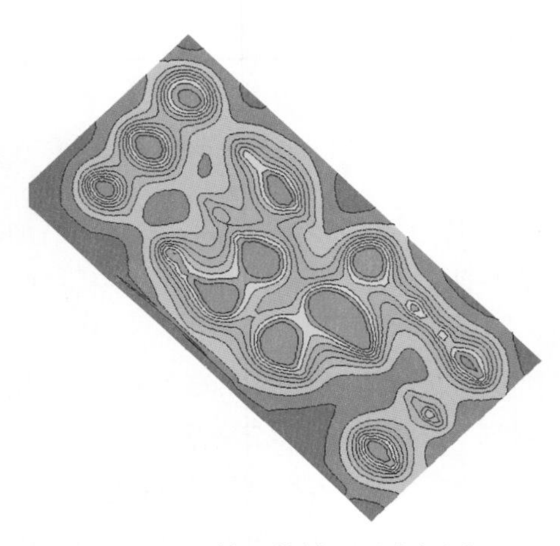

图 6.49　第二轮转驱温度场图

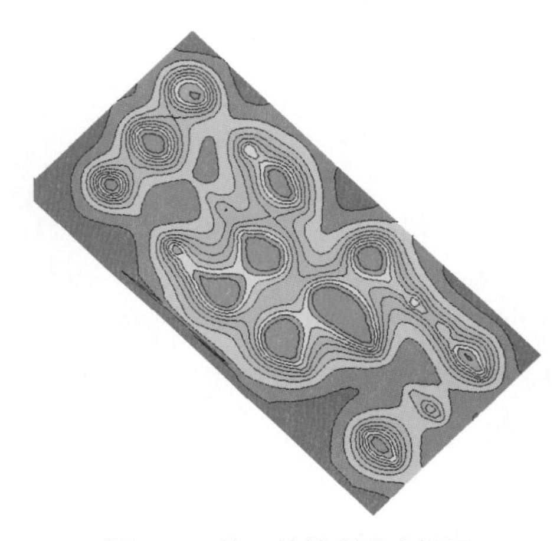

图 6.50　第四轮转驱温度场图

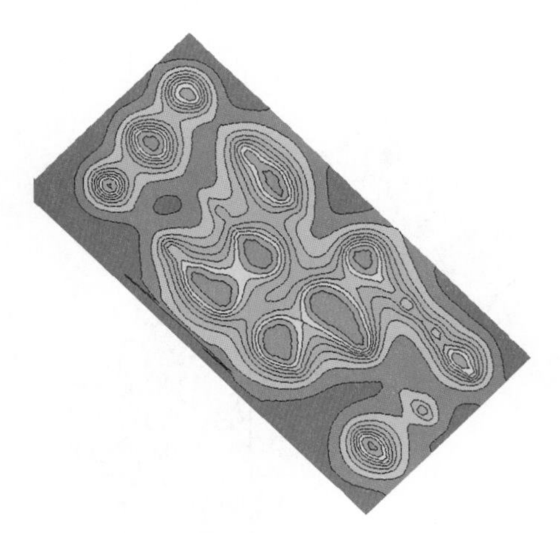

图 6.51　第六轮转驱温度场图

图 6.52　第八轮转驱温度场图

四、KM 油田过热蒸汽驱技术政策优化

在确定最佳转驱时机后，对注采井网参数及蒸汽驱阶段注汽参数进行了优化研究。选取 KM473 井及其注汽直井为研究对象，研究内容包括：注汽井数、注汽井井距、注采排距、单井注汽速度、注汽温度。

1. 注汽井数

研究注汽井数对蒸汽驱阶段生产效果的影响，选取了注汽直井 1 口、2 口、3 口。在保持不同注汽井数总注汽量相同的条件下，研究注汽井数对蒸汽驱效果的影响。总注汽量为 90t/d，水平井（KM473 井）定液生产。井网类型如图 6.53 至图 6.55 所示。

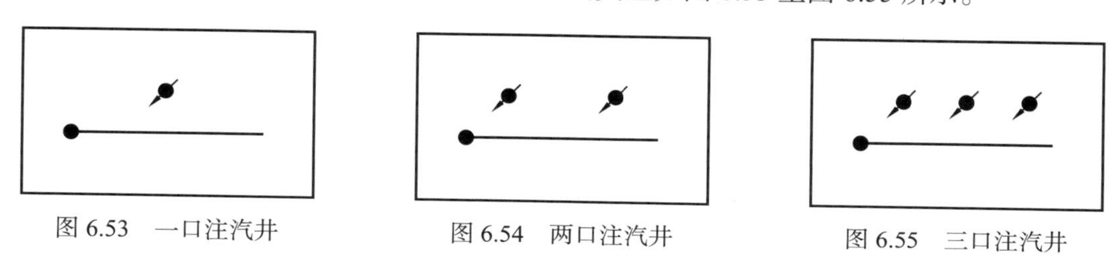

图 6.53　一口注汽井　　图 6.54　两口注汽井　　图 6.55　三口注汽井

不同注汽井数对蒸汽驱阶段采出程度、累计油汽比的影响如图 6.56 所示。

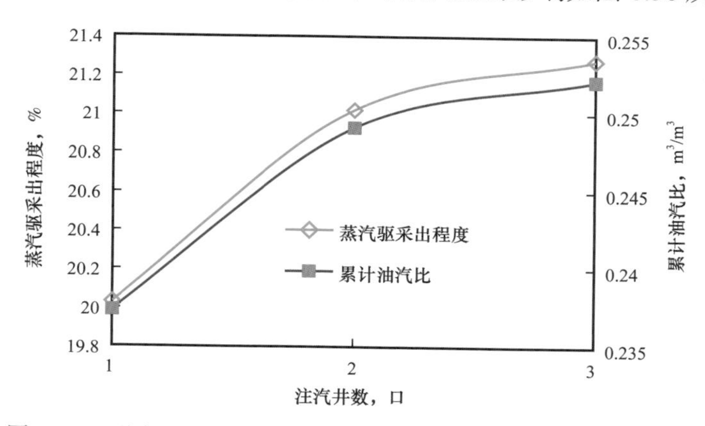

图 6.56　不同注汽井数对蒸汽驱阶段采出程度与累计油汽比的影响

结论：在保持注汽量一定的情况，采用不同数目直井注汽，注汽井数增加，蒸汽驱热利用率提高，产油量增大，累计油汽比升高；但注汽井由两口增加至三口效果并不明显，且会增加钻井成本。推荐注汽直井数：2 口。

2. 注汽井井距

研究注汽井井距对蒸汽驱阶段生产效果的影响，选取了 4 种注汽直井井距，分别为 90m、120m、150m 和 180m。在保持相同注汽井数总注汽量相同的条件下，研究注汽井井距对蒸汽驱阶段开发效果的影响。总注汽量为90t/d，水平井（KM473井）定采注比生产。井网类型如图6.57至图6.60所示。

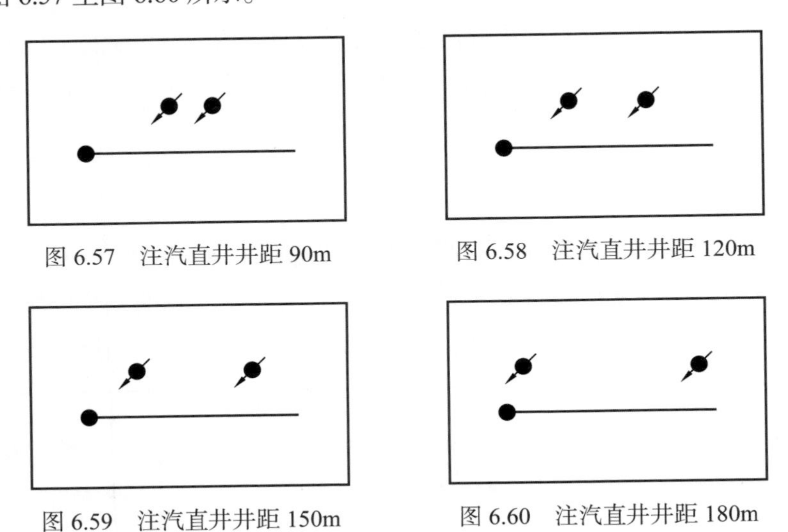

图6.57　注汽直井井距90m

图6.58　注汽直井井距120m

图6.59　注汽直井井距150m

图6.60　注汽直井井距180m

不同注汽井井距对蒸汽驱阶段采出程度、累计油汽比影响如图6.61所示。

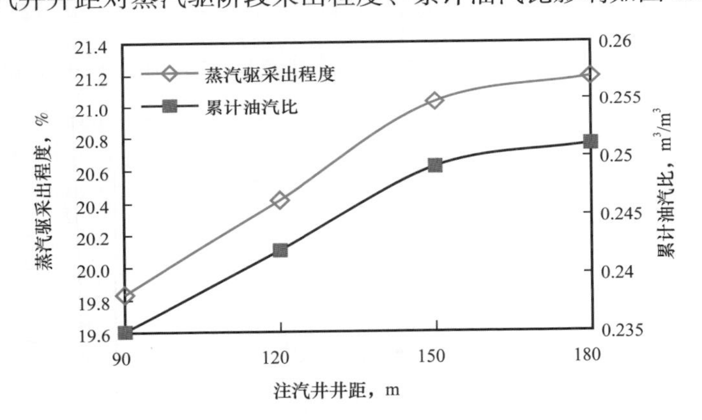

图6.61　不同注汽井数对蒸汽驱阶段采出程度、累计油汽比的影响

结论：在保持注汽量一定的情况，改变注汽井井距，井距由90m增加至150m时，蒸汽驱效果增加明显，水平井周围原油降黏更加均匀；井距继续增加，蒸汽驱效果变化不大。推荐注汽井井距：150m。

3. 注采排距

研究注采排距对蒸汽驱阶段生产效果的影响，选取了4种注采排距，分别为60m、120m、180m和240m。在保持相同注汽井数且总注汽量相同的条件下，研究注采排距对全阶段开发效果的影响。总注汽量为80t/d，水平井（KM473井）定采注比生产。井网类型如图6.62至图6.65所示。

不同注采排距对蒸汽驱阶段采出程度、累计油汽比影响如图6.66所示。

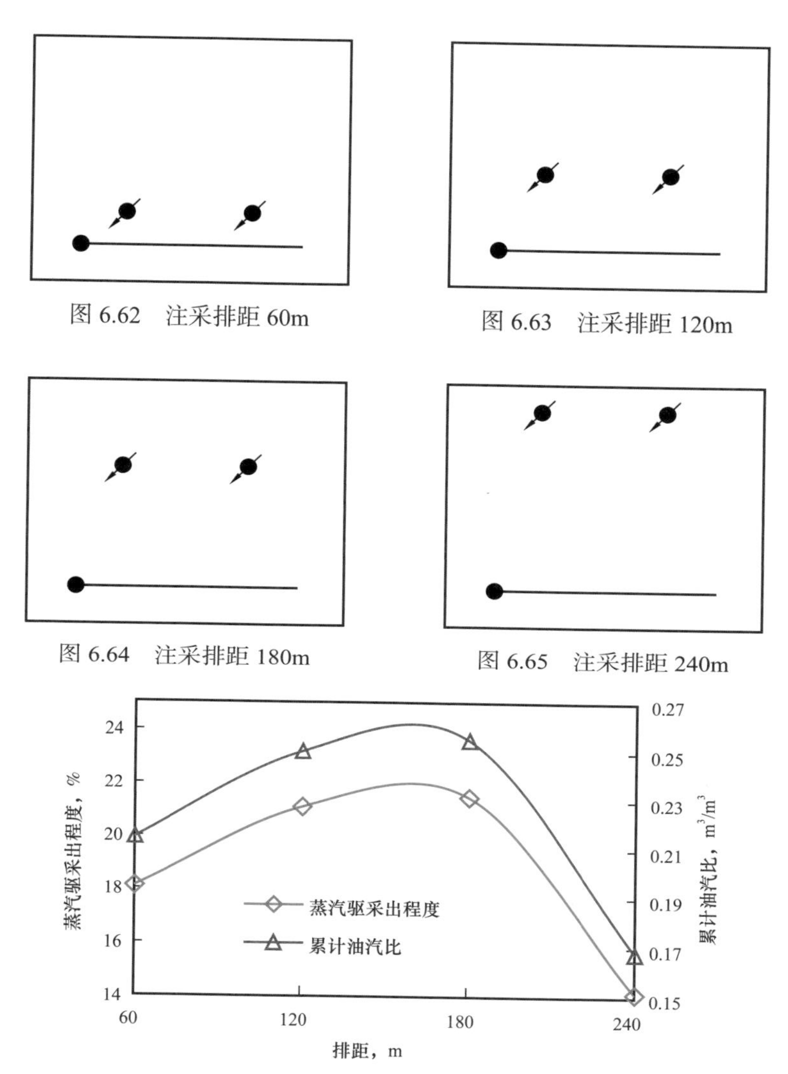

图 6.62 注采排距 60m

图 6.63 注采排距 120m

图 6.64 注采排距 180m

图 6.65 注采排距 240m

图 6.66 不同注采排距对蒸汽驱阶段采出程度、累计油汽比的影响

结论：在注采参数一定条件下，当排距过小时，蒸汽热利用率低，产出液温度较高，且产液含水率较高；随着排距增加，热利用率提高，产液含水率下降，排距达到 180m 时，综合效果最佳；排距继续增加，注汽井距生产井过远，热量损失增加，蒸汽驱压力、热量利用率降低。

不同注采排距蒸汽驱模拟结束饱和度场、温度场如图 6.67 至图 6.74 所示。

4. 单井注汽速度

研究单井注汽速度对蒸汽驱阶段生产效果的影响，选取了 5 个注汽速度，分别为 35t/d、40t/d、45t/d、50t/d 和 55t/d。在保持注汽井两口、注汽直井井间距 150m 的条件下，研究单井注汽速度对蒸汽驱阶段开发效果的影响。水平井（KM473 井）定采注比生产，生产 10 年。不同注汽量条件下蒸汽驱模拟结束 K=10 层原油饱和度场如图 6.75 至图 6.79 所示。

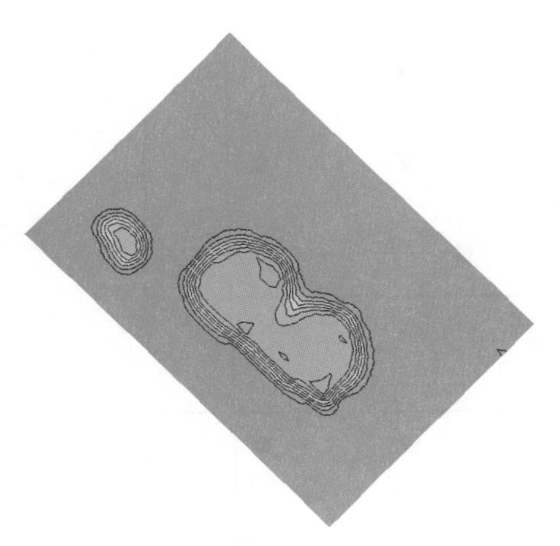

图 6.67　注采排距 60m 饱和度场图

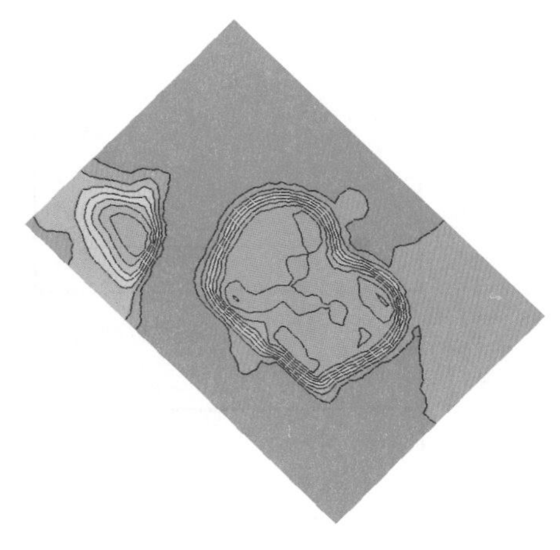

图 6.68　注采排距 120m 饱和度场图

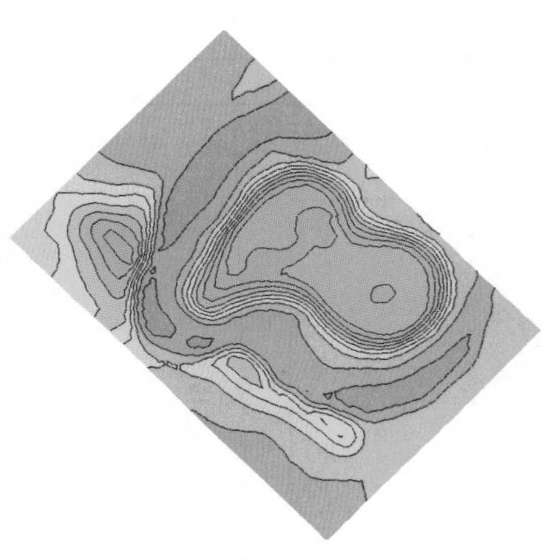

图 6.69　注采排距 180m 饱和度场图

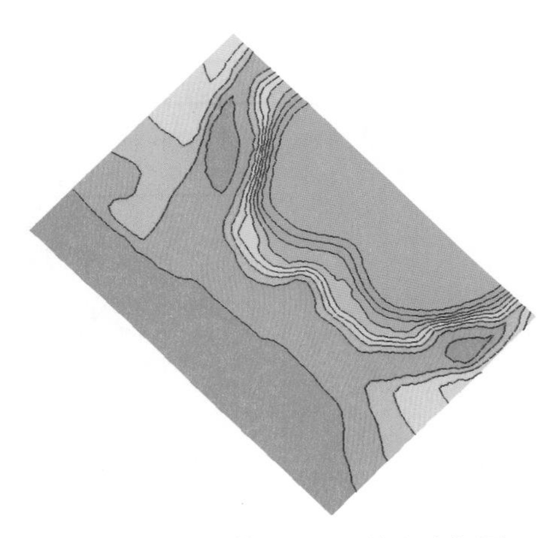

图 6.70　注采排距 240m 饱和度场图

图 6.71　注采排距 60m 温度场图

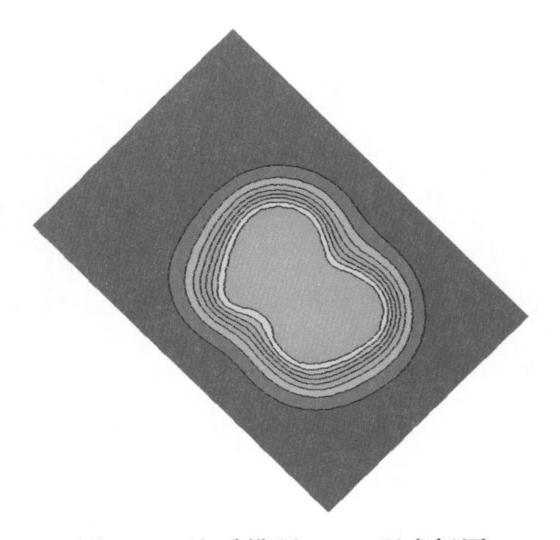

图 6.72　注采排距 120m 温度场图

图 6.73　注采排距 180m 温度场图

图 6.74　注采排距 240m 温度场图

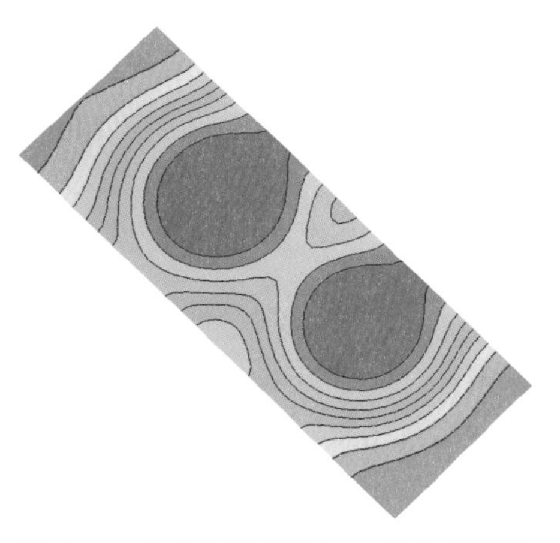

图 6.75　单井注汽速度 35t/d 饱和度场图

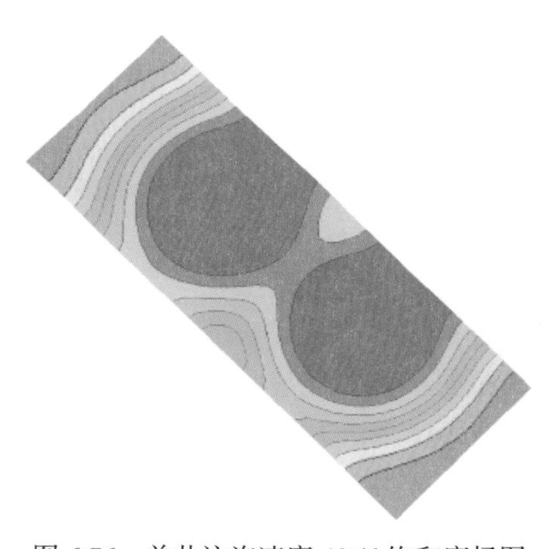

图 6.76　单井注汽速度 40t/d 饱和度场图

图 6.77　单井注汽速度 45t/d 饱和度场图

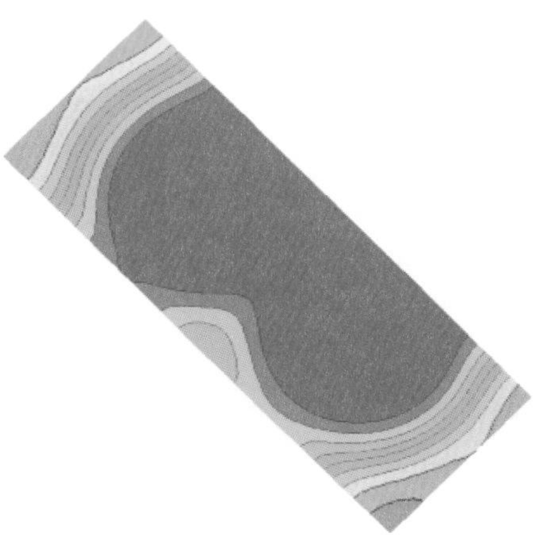

图 6.78　单井注汽速度 50t/d 饱和度场图

不同单井注汽速度对蒸汽驱阶段采出程度、水平井累计油汽比影响如图 6.80 所示。

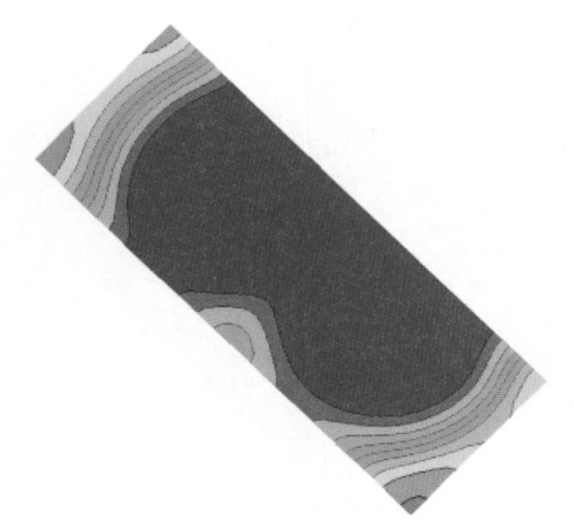

图 6.79　单井注汽速度 55t/d 饱和度场图

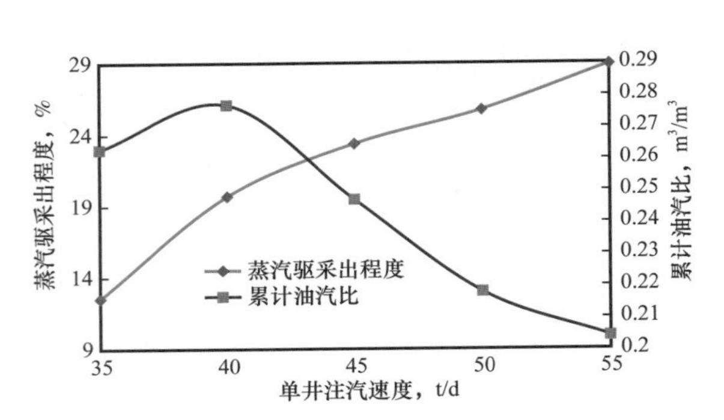

图 6.80　不同单井注汽速度对蒸汽驱阶段采出程度、累计油汽比影响

结论：在采注比一定的条件下，单井注汽速度越高，蒸汽驱阶段采出程度越高，但注汽速度超过 40t/d 时，采出程度增加缓慢，且油汽比迅速下降。

5. 注汽温度

研究蒸汽温度对蒸汽驱阶段生产效果的影响，选取了 4 种蒸汽温度，分别为普通蒸汽 290℃，过热蒸汽过热度 10℃、30℃、50℃。在保持注汽井数为两口，注汽直井井间距为 150m，单井注汽量为 45t/d 条件下，研究蒸汽温度对蒸汽驱阶段开发效果的影响。水平井（KM473 井）定采注比生产，生产 10 年。不同蒸汽温度条件下蒸汽驱模拟结束 K=10 层原油黏度场如图 6.81 至图 6.84 所示。

不同蒸汽温度对蒸汽驱阶段采出程度、累计油汽比影响如图 6.85 所示。

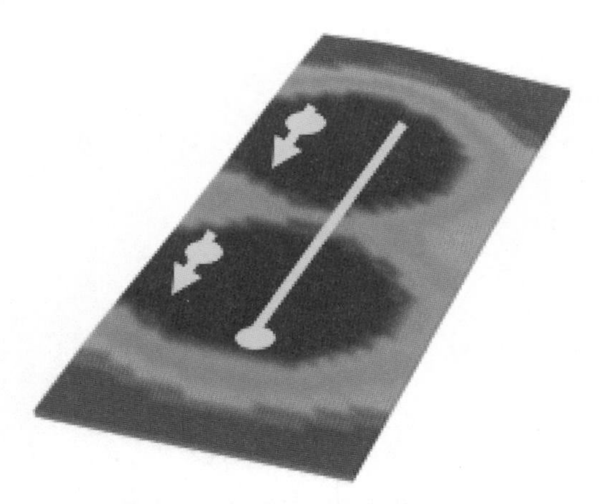

图 6.81　普通蒸汽 290℃黏度场图

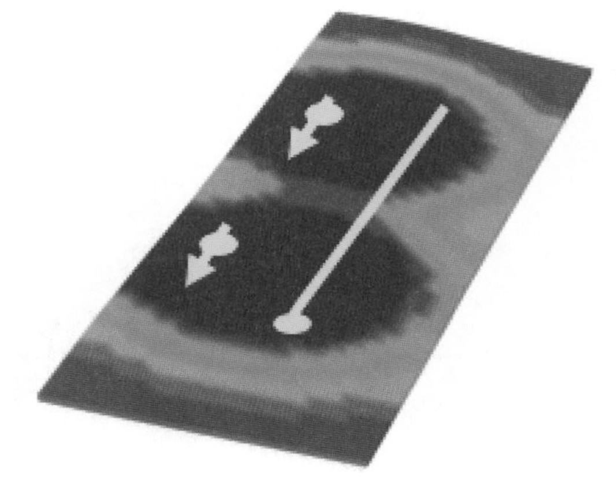

图 6.82　过热蒸汽过热度 10℃黏度场图

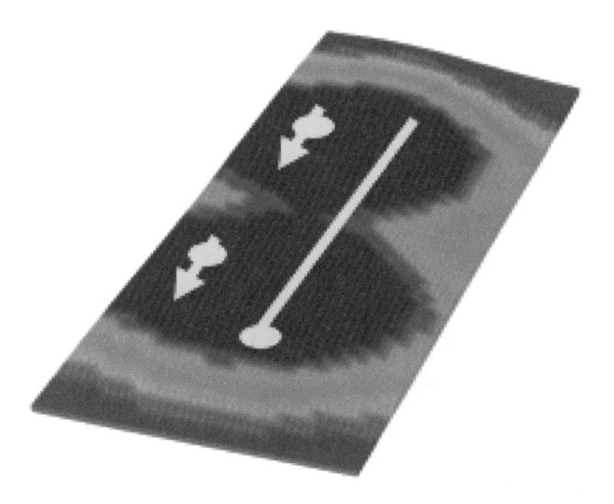

图 6.83　过热蒸汽过热度 30℃黏度场图

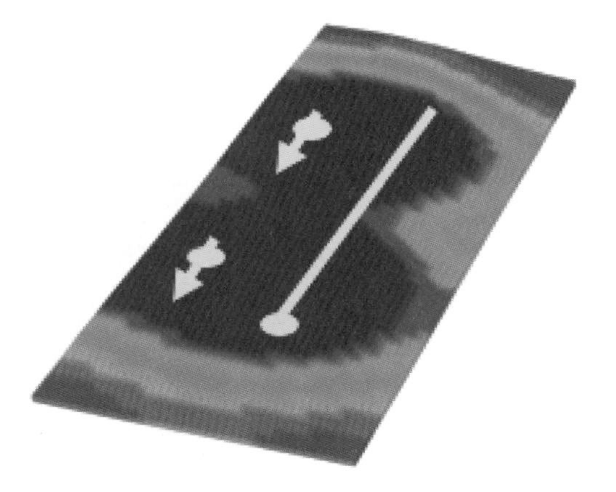

图 6.84　过热蒸汽过热度 50℃黏度场图

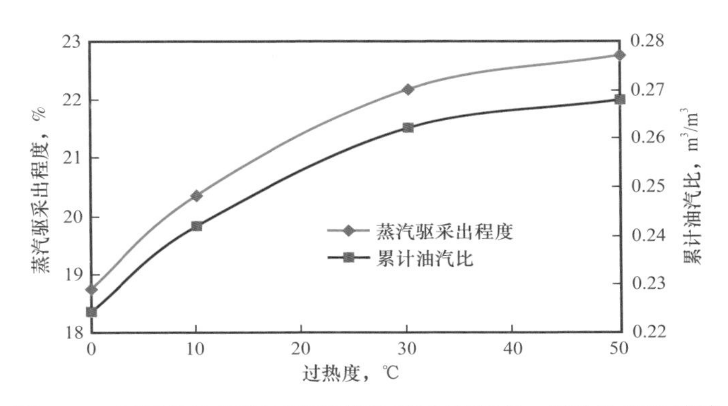

图 6.85　不同注汽温度对蒸汽驱阶段采出程度、累计油汽比影响

结论：过热蒸汽较普通蒸汽能明显提高采出程度。过热度增加，降黏效果增加；但随着过热度增加，增油效果降低。

第三节　M 稠油油田过热蒸汽开采现场应用案例

一、模型的建立

选取 M 油田 R−Ⅲ典型区块，建立实际地质模型，并根据井轨迹和射孔数据建立井网，为后续技术政策优化和预测做好准备。

1. 模型概述

网格参数主要依据油田提供的单井小层数据等资料，利用 CMG 数模软件中的 BUILDER 模块进行孔隙度、渗透率、饱和度等数据的离散化处理。根据这些离散化的数据，建立网格地质模型，得到模拟计算时初始化模型参数。

M 油田 R–Ⅲ区块三维地质图如图 6.86 所示。网格数量为 30×27×32，网格总数为 25920 个，所选取的井共有 6 口，分别为 MB4、MB5、MB6、MB9、MB18 和 MB19。

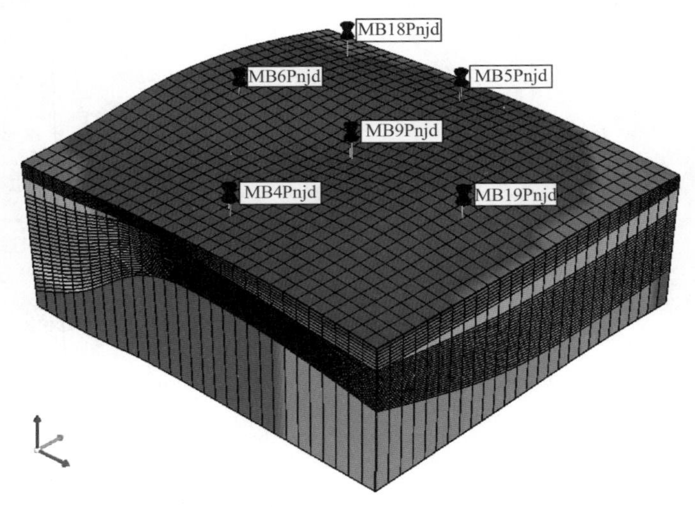

图 6.86　M 油田 R–Ⅲ实际油藏地质模型 3D 图

2. 模型参数

模型采用的黏温数据、岩石和流体物性参数均为目标区块的实际取值，见表 6.9 至表 6.11。本次研究采用自 2014 年 1 月开始投产至 2016 年 3 月的生产动态资料，应用 CMG–STARS 油藏值模拟软件，对该井组进行开发动态跟踪模拟，并据此进行相应的开发技术政策研究，从而为合理高效开发提供科学依据。

表 6.9　M 油田数值模拟模型基本参数

网格数量	地层温度，℃	地层深度，m	含油饱和度	原油分子量	原始地层压力，kPa
30×27×32	13	124	0.70	660	2500

表 6.10　岩石和流体物性数据表

项目	物理量	数值	项目	物理量	数值
岩石物性	岩石压缩系数，kPa^{-1}	3.00×10^{-4}	岩石物性	油相热传导率，J/（m·d·℃）	0.962×10^{4}
	参考压力，kPa	2500		盖层热容，J/（m^3·℃）	2.572×10^{6}
	岩石热容，J/（m^3·℃）	2.38×10^{6}		盖层热传导率，J/（m·d·℃）	1.1×10^{5}
	岩石热传导率，J/（m·d·℃）	2.35×10^{5}		底层热容，J/（m^3·℃）	2.572×10^{6}
	水相热传导率，J/（m·d·℃）	5.35×10^{4}		底层热传导率，J/（m·d·℃）	1.1×10^{5}
流体物性	原油分子量，kg/mol	0.66	流体物性	参考压力，kPa	2500
	原油密度，kg/m^3	960		参考温度，℃	13
	原油压缩系数，kPa^{-1}	8.28×10^{-7}		原油热膨胀系数，$℃^{-1}$	8.4×10^{-4}

表 6.11　原油黏温数据

温度，℃	10	20	30	40	50	60	80	100	120	180
原油黏度，mPa·s	35880	6276	2943	1054	460	228	130	82	31.6	4.7

二、过热蒸汽吞吐注采参数优化

在注采参数优化方面，选取 MB9 井作为优化对象。通过单因素分析，对蒸汽过热度、周期注汽量、周期注汽递增量、单井排液速度等进行了优化，见表 6.12。

表 6.12　优化参数类型及取值范围

井号	优化参数	取值
MB9	过热度，℃	0，10，20，30
	周期注汽量，m^3	1800，2000，2400，2800，3200
	周期注汽量递增量，%	0，10，20，30，40
	单井排液速度，m^3/d	15，25，35，45

1. 蒸汽过热度

在其他参数不变的条件下，改变井底注入蒸汽的温度（过热度），以采出程度和采油量为评价指标，优选最佳的蒸汽过热度。本方案选取了饱和蒸汽，过热度为 10℃、20℃、30℃蒸汽等四种蒸汽，绘制了采出程度、累计产油量和周期采油量与蒸汽过热度的关系曲线，分别如图 6.87、图 6.88 与图 6.89 所示。

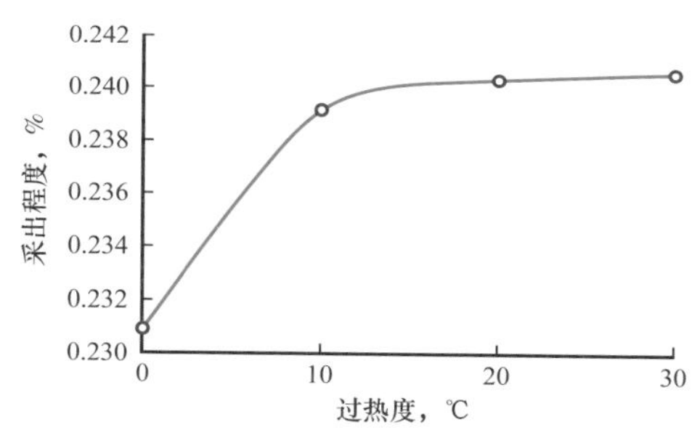

图 6.87　采出程度与蒸汽过热度的关系曲线

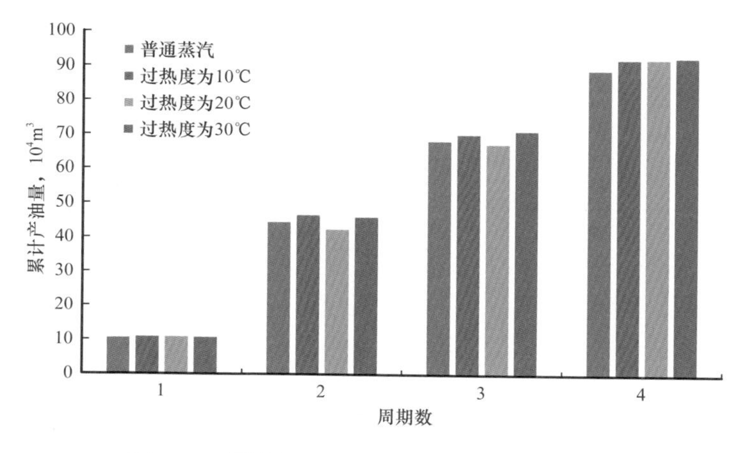

图 6.88　累计产油量与蒸汽过热度的关系曲线

从图 6.87 可知，由普通蒸汽变为过热蒸汽时，采出程度上升幅度较大。随过热度继续升高，采出程度的变化幅度逐渐变小。

从图 6.88 可以看出，提高蒸汽过热度可以提高产油量。但随过热度继续升高，增油幅度逐渐放缓。从图 6.89 可以看出，过热蒸汽在生产中后期的稳产能力较强。

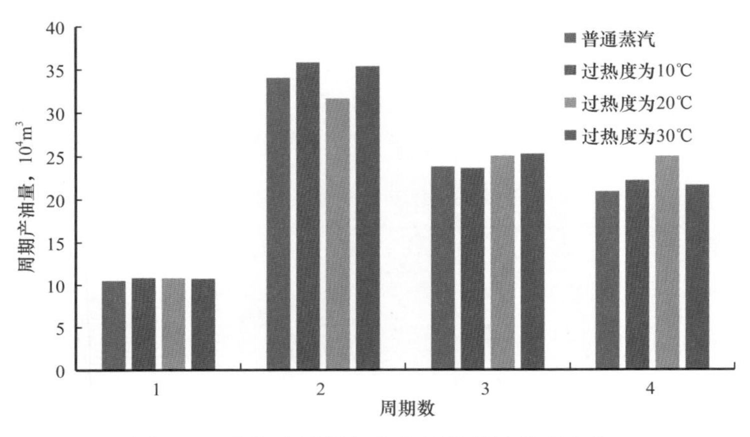

图 6.89　周期产油量与蒸汽过热度的关系曲线

结论：普通蒸汽变为过热蒸汽时，采出程度上升幅度较大；但随过热度继续升高，采出程度的增幅变小；相对于普通蒸汽，过热蒸汽的优势在于吞吐中后期的稳产能力较强。综合考虑，推荐蒸汽过热度为 20℃。

2. 周期注汽量

在其他参数不变的条件下，改变周期注汽量，以采出程度、累计产油量和汽油比为评价指标，研究最佳的周期注汽量。本方案选取周期注汽量为 1800t、2000t、2400t、2800t、3200t 五个值，得到采出程度与周期注汽量的关系曲线，以及不同周期下的累计产油量和汽油比，如图 6.90、图 6.91 和图 6.92 所示。从图中可知，随周期注汽量增加，采出程度升高，但增幅不大。且随周期数增加，汽油比迅速升高，经济性下降。

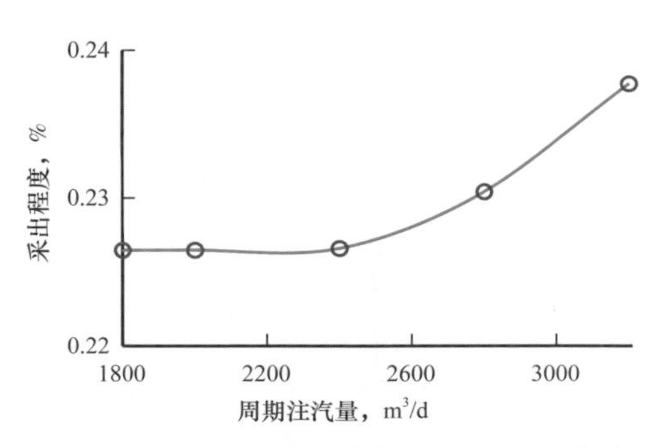

图 6.90　采出程度与周期注汽量的关系曲线

结论：随周期注入量增加，开发效果变好，但是汽油比过高。综合两者因素，推荐周期注入量为 2800t。

3. 周期注汽递增量

在总注汽量一定的条件下，改变周期注汽递增量（即非均匀注汽），以采出程度和

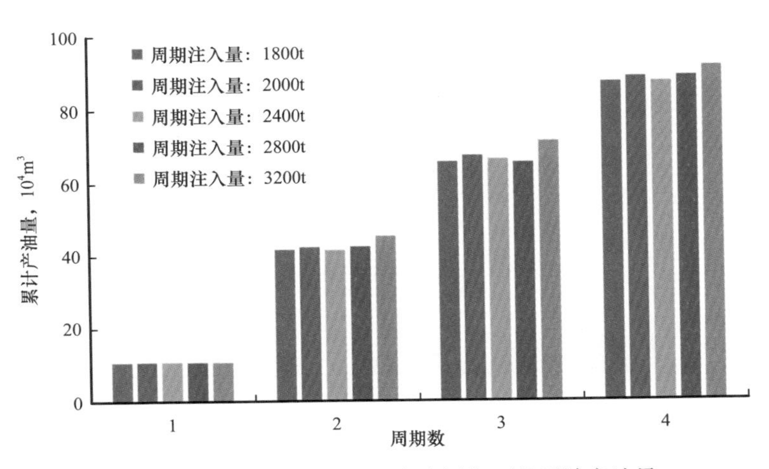

图 6.91　不同周期注汽量在各个周期下的累计产油量

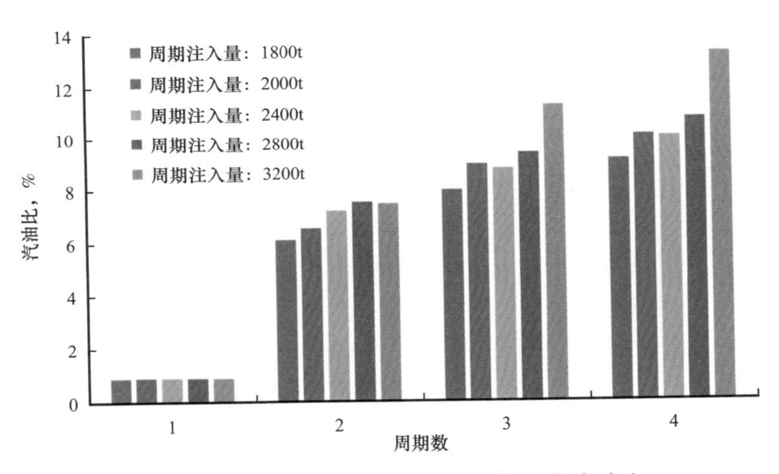

图 6.92　不同周期注汽量在各个周期下的汽油比

采油量为评价指标，研究最佳周期注汽递增率。选取周期注汽递增率为 0、10%、20%、30%、40% 五个值，得到采出程度与周期注汽递增率的关系曲线，以及不同周期下的累计产油量和周期产油量，分别如图 6.93、图 6.94 和图 6.95 所示。

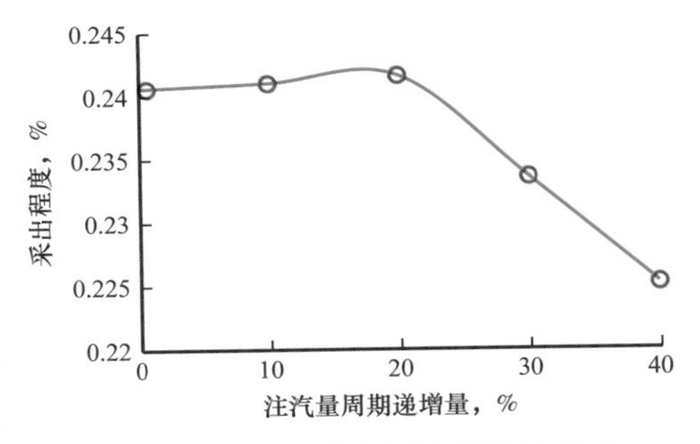

图 6.93　采出程度与周期注汽递增量的关系曲线

可以看出，随周期注汽递增量增大，采出程度先升高后减小。周期注汽递增量为 20% 时，采出程度最高。从图 6.95 可以看出，在生产初期，周期注汽递增率为 0 时（即均匀注汽）的产油量较高；但在生产中后期，周期注汽递增率为 20% 时，周期产油量逐渐升高。

结论：周期注汽递增量为 20% 时最佳。

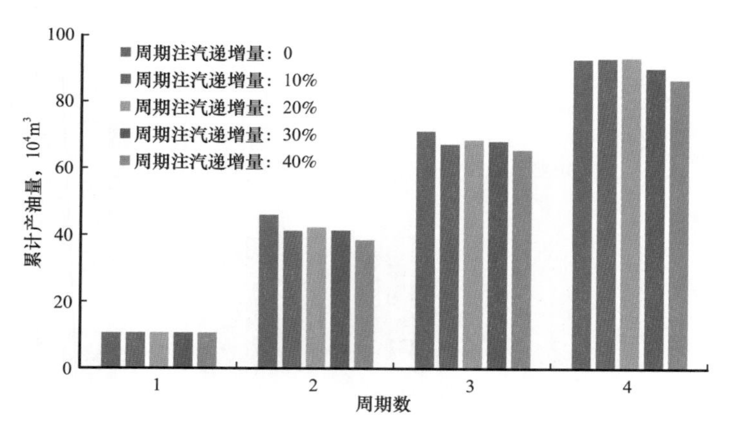

图 6.94　不同周期注汽递增量在各个周期下的累计产油量

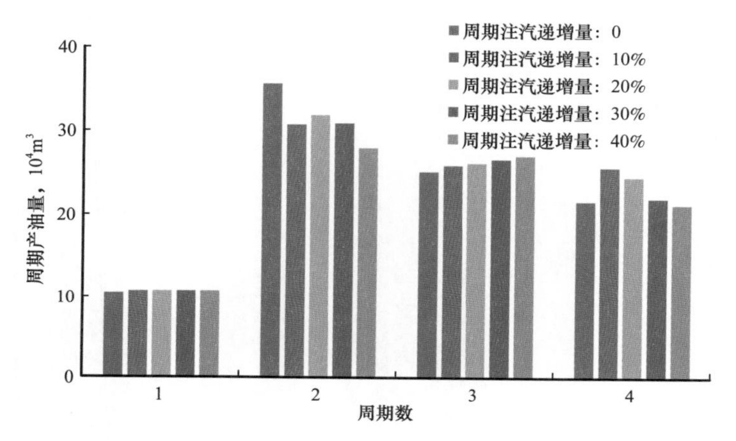

图 6.95　不同周期注汽递增量在各个周期下的周期产油量

4. 单井排液速度

在其他参数不变的条件下，改变单井排液速度，以采出程度和采油量为评价指标，研究最佳的单井排液速度。方案选用排液速度为 $15m^3/d$、$25m^3/d$、$35m^3/d$ 和 $45m^3/d$ 四个参数，研究排液速度对生产效果的影响，得到采出程度与排液速度的关系曲线，以及不同周期下的累计产油量和周期产油量曲线，分别如图 6.96、图 6.97 和图 6.98 所示。

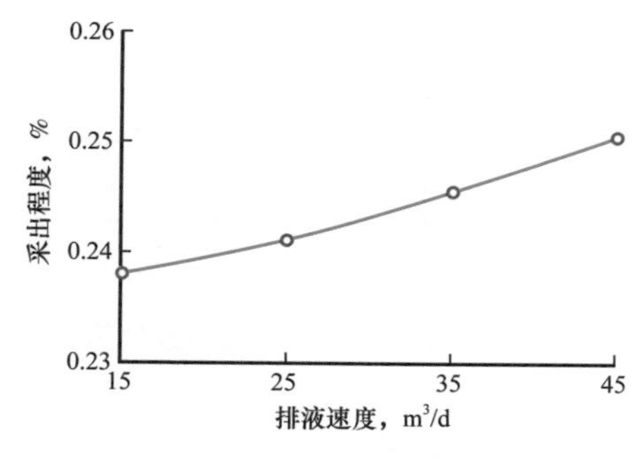

图 6.96　采出程度与排液速度的关系曲线

从图 6.96 和图 6.97 可以看出，随排液速度增大，采出程度和累计产油量升高。从图 6.98 可以看出，由于预热不够，第一周期产量较低；从第二个周期开始，周期产油量迅速升高。

结论：排液速度增大，采出程度越高，但增加趋势逐渐变缓。为了避免底水锥进，推荐排液速度为 $35m^3/d$。

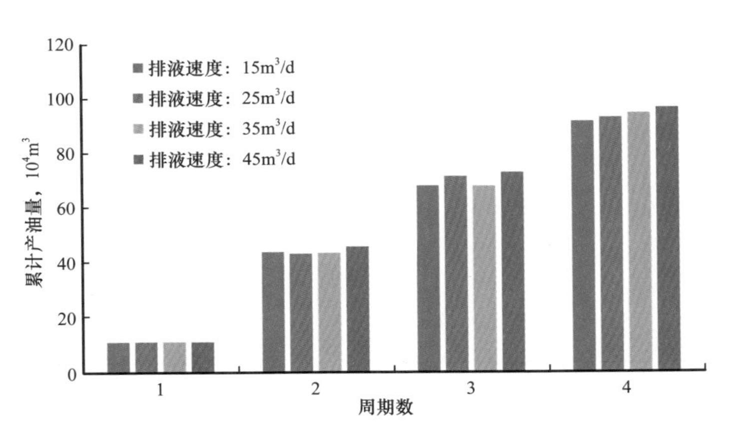

图 6.97　不同排液速度在各个周期下的累计产油量

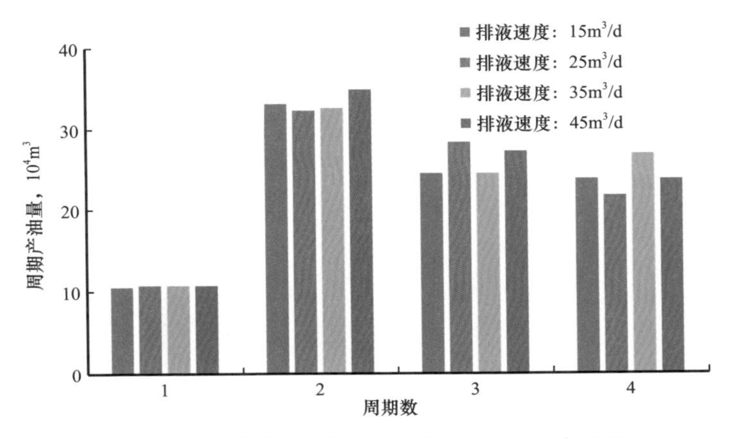

图 6.98　不同排液速度在各个周期下的周期产油量

三、过热蒸汽吞吐转驱时机优化

在优化过热蒸汽吞吐注采参数的基础上，本部分研究了两种井网（直井反九点井网和水平井直井组合排状井网）条件下蒸汽吞吐转驱的最优时机。对直井反九点井网，采用中心 1 口井注汽，其余 8 口井生产的工作制度。对水平井直井组合排状井网，采用 9 口直井注汽，2 口水平井生产的工作制度。通过对比研究不同周期转驱后全阶段的生产指标，确定最优的转驱时机。

1. 直井反九点井网转驱时机优化

在矿 –Ⅲ 现有井网基础上，新钻 3 口直井，形成 9 点井网。在蒸汽驱阶段，将 MB–9 转为注汽井，其余 8 口井为生产井，井网如图 6.99 所示。

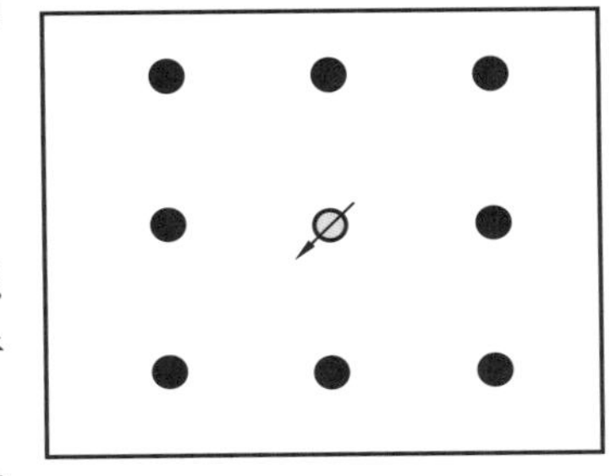

图 6.99　反九点法井网示意图

在该井网基础上，分别研究了不同转驱时机下全区的采出程度和汽油比，转驱时机分别为吞吐 2 个周期后、吞吐 4 个周期后、吞吐 6 个周期后和吞吐 8 个周期后。不同转驱时机下全区的采出程度和汽油比分别如图 6.100 和 6.101 所示。

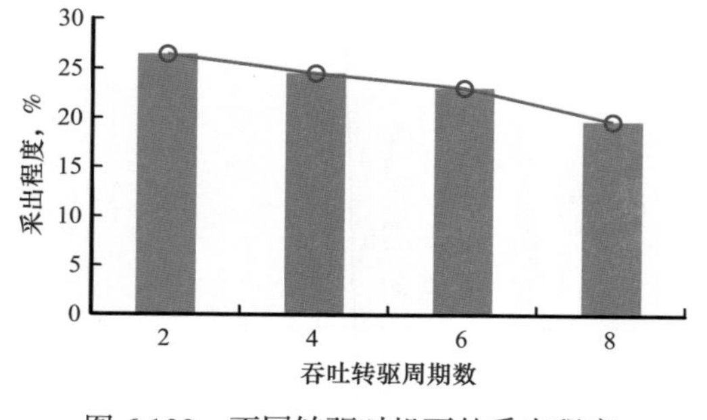

图 6.100　不同转驱时机下的采出程度

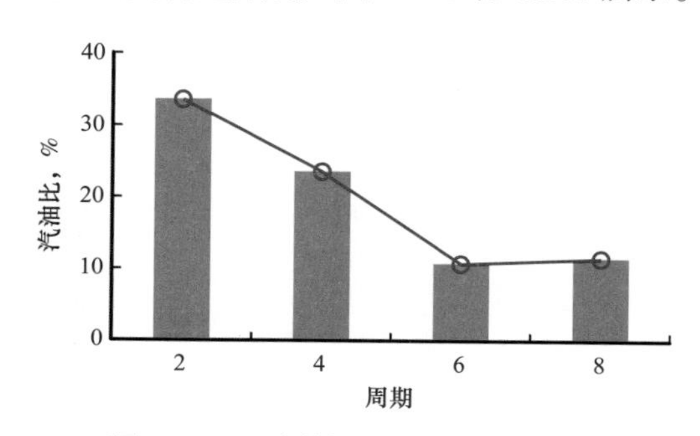

图 6.101　不同转驱时机下的汽油比

从图 6.100 可以看出：转驱时机越早，采出程度越高。但汽油比也迅速降低，经济性更好。

全区的温度场图如图 6.102 所示。从温度场图可以看出，吞吐 6 个周期后，井间已基本形成了热连通。综合考虑采出程度、汽油比和井间热连通三项指标，吞吐 6 个周期后转驱效果最佳。

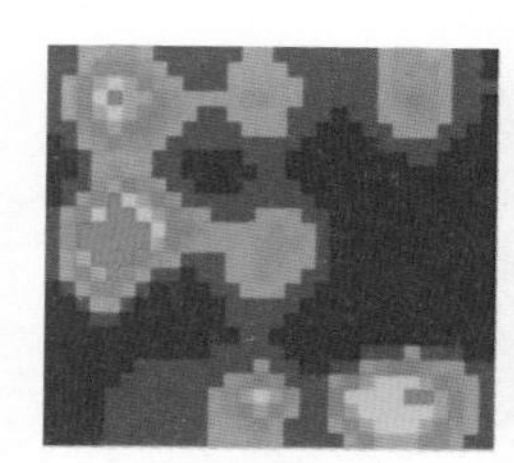

(a) 第二轮吞吐结束

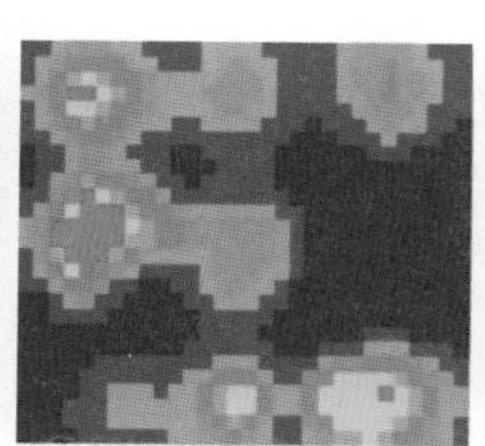

(b) 第四轮吞吐结束

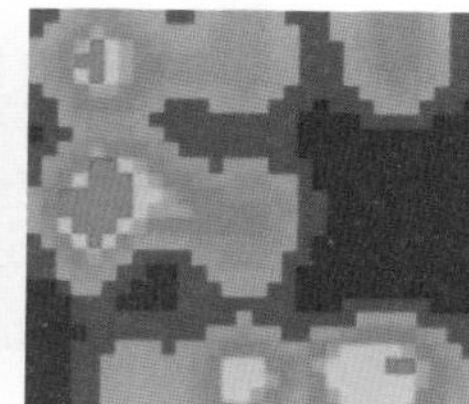

(c) 第六轮吞吐结束

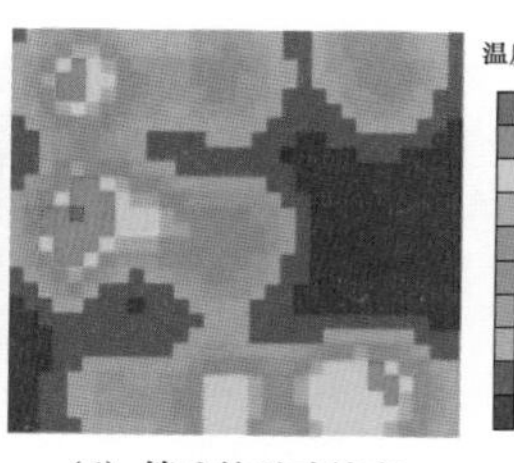

(d) 第八轮吞吐结束

图 6.102　不同转驱时机下的温度场图（K=7）

结论：对反九点井网，最佳注汽时机为吞吐满 6 个周期后。

2. 直井水平井组合排状井网

在矿 –Ⅲ现有井网基础上，新钻 3 口直井和 2 口水平井，所有直井为注汽井，水平井为生产井，井网如图 6.103 所示。

在该井网基础上，分别研究了不同转驱时机下全区的采出程度，转驱时机分别为吞吐满 2 个周期、4 个周期、6 个周期、8 个周期后转驱。不同转驱时机下全区的采出程度如图 6.104 所示。

从图 6.104 可以看出，随着转驱时机延后，采出程度逐渐增加；吞吐 8 个周期后转驱，全区采出程度最高。

全区的温度场图如图 6.105 所示。从温度场图可以看出，吞吐 8 个周期后，井间形成明显的热连通。因此，最佳注汽时机为吞吐满 8 个周期后。

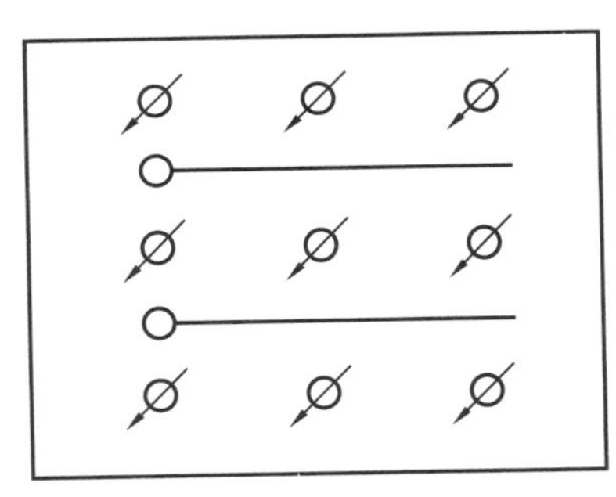

图 6.103　水平井直井组合井网示意图

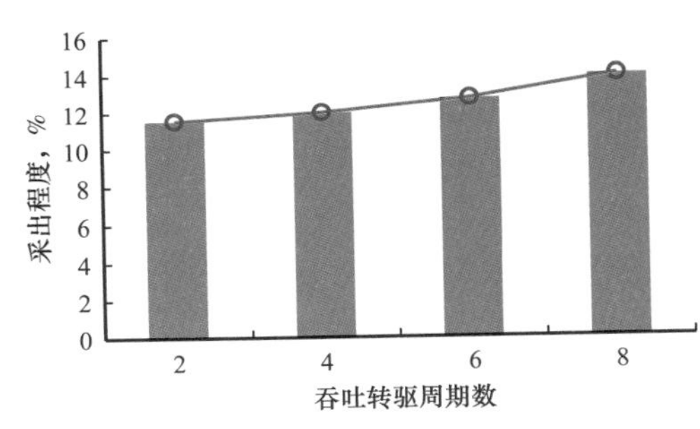

图 6.104　不同转驱时机下的采出程度

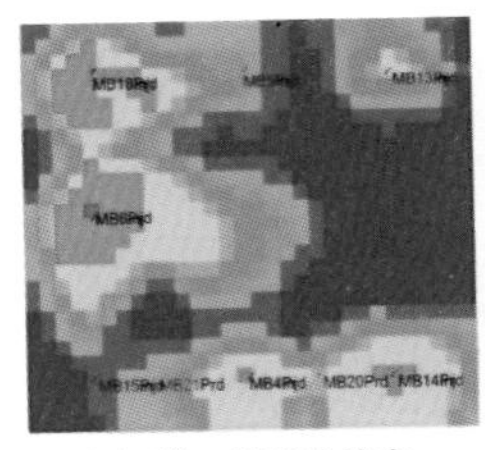

(a) 第二轮吞吐结束

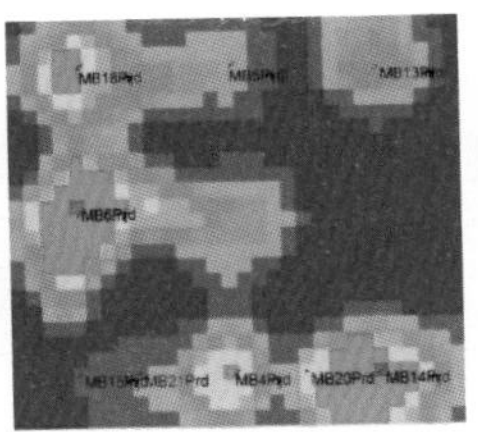

(b) 第四轮吞吐结束

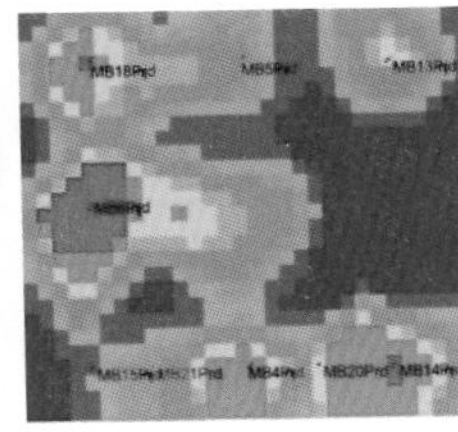

(c) 第六轮吞吐结束

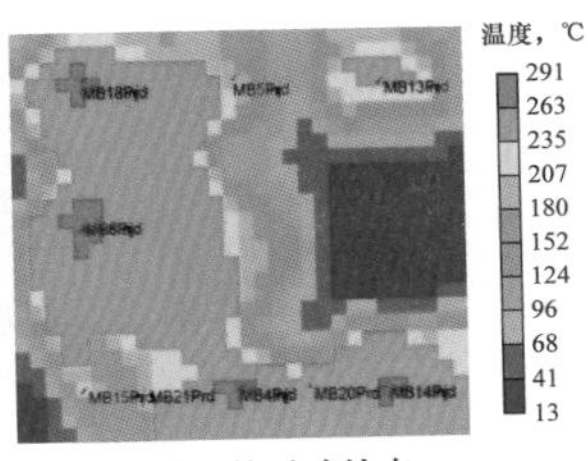

(d) 第八轮吞吐结束

图 6.105　不同转驱时机下的温度场图（K=7）

结论：对水平井直井组合井网，最佳转驱时机为吞吐满 8 个周期后。

四、过热蒸汽驱注采参数优化

在优化转驱时机的基础上，本部分针对两种不同的井网，分别优化了单井排液速度和注汽速度两种注采参数。

1. 直井反九点排状井网

1）单井注汽速度

在其他参数不变的条件下，对比了不同注汽速度下全区全阶段的采出程度和汽油比，分别如图 6.106 和图 6.107 所示。

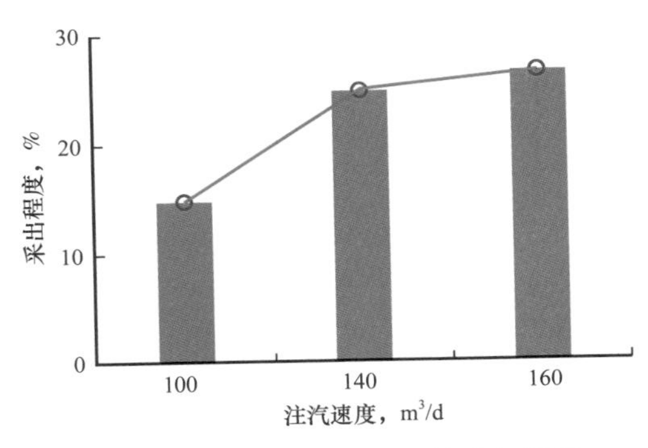

图 6.106　不同注汽速度下的采出程度

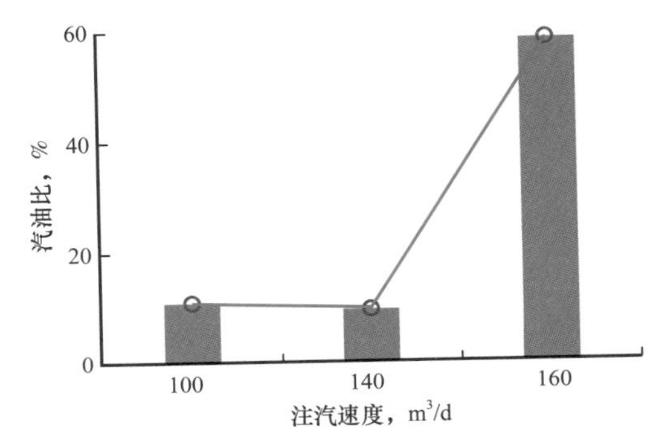

图 6.107　不同注汽速度下的汽油比

从图 6.106 与图 6.107 可以看出，随注汽速度增加，采出程度升高，但增幅逐渐变小，且汽油比迅速升高。综合考虑采出程度和生产成本，推荐注汽速度为 140m^3/d。

结论：对直井反九点井网，推荐单井注汽速度为 140m^3/d。

2）单井排液速度

在其他参数不变的条件下，对比不同排液速度下全区全阶段的采出程度和汽油比，分别如图 6.108 和图 6.109 所示。

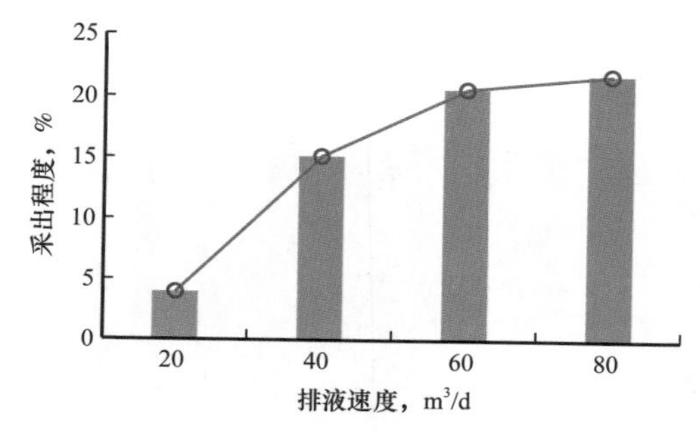

图 6.108　不同排液速度下的采出程度

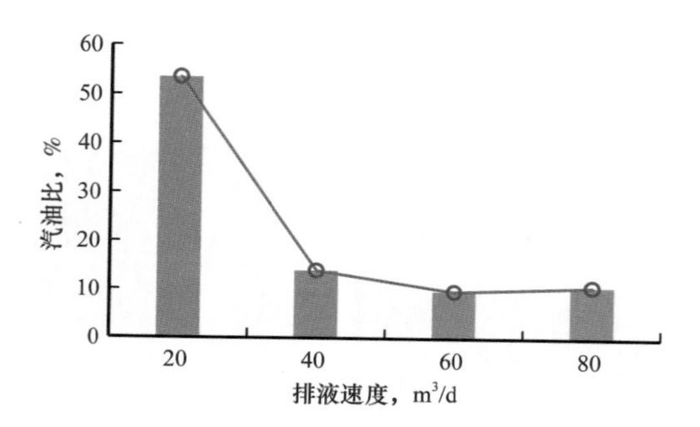

图 6.109　不同排液速度下的采出程度

从图 6.108 和图 6.109 可以看出，在注汽量一定的条件下，提高生产井排液速度，可以有效提高采出程度，降低汽油比和成本。但产液速度过高，容易造成快速底水锥进，因此推荐单井排液速度为 60m^3/d。

结论：对直井反九点井网，推荐单井排液速度为 60m^3/d。

2. 直井水平井组合排状井网

1）单井注汽速度

在其他参数不变的条件下，对比不同注汽速度下全区全阶段的采出程度和汽油比，分别如图 6.110 和图 6.111 所示。

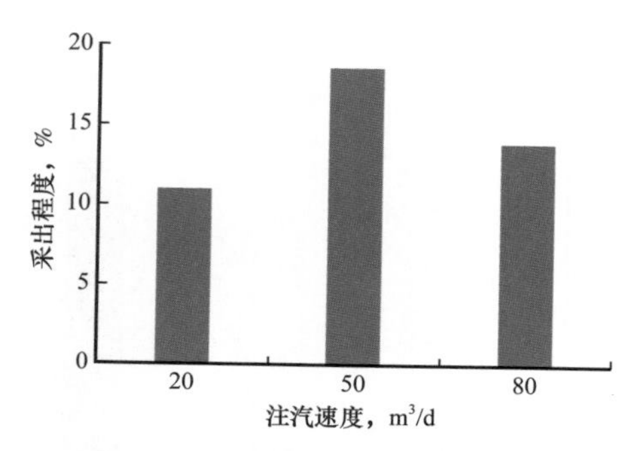

图 6.110　不同注汽速度下的采出程度

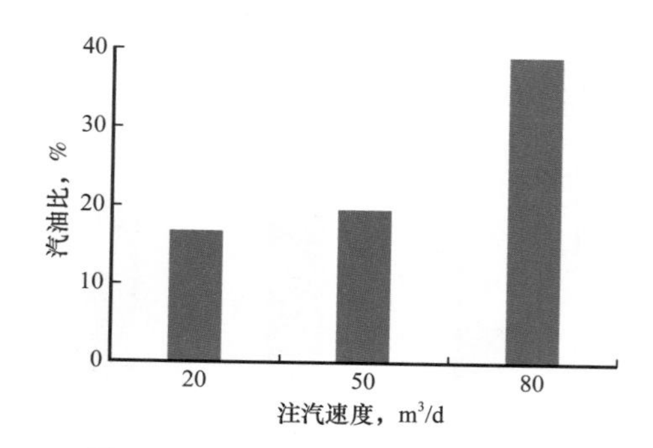

图 6.111　不同注汽速度下的汽油比

从图 6.110 和图 6.111 中可以看出，注汽速度在 50m^3/d 时采出程度最高，且汽油比较低，为最佳注汽速度。原因是注汽速度低，会导致加热油层和原油的效果变差；相反，若注汽速度过高，会带来汽窜，使采出程度降低，汽油比升高。

结论：对直井水平井组合排状井网，最佳单井注汽速度为50m³/d。

2）单井排液速度

在其他参数不变的条件下，对比不同排液速度下全区全阶段的采出程度和汽油比，分别如图6.112和图6.113所示。

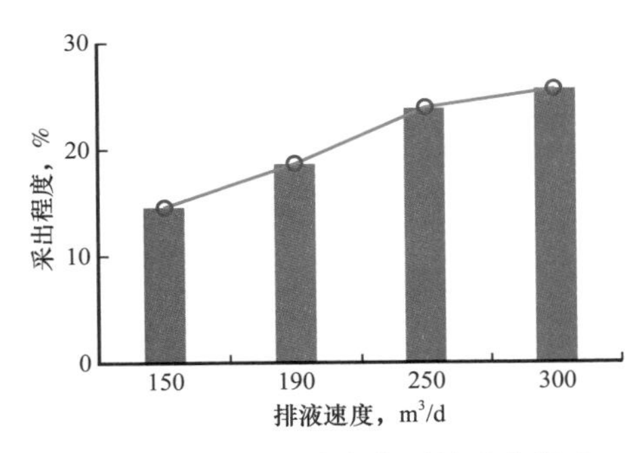

图6.112 不同排液速度下的采出程度

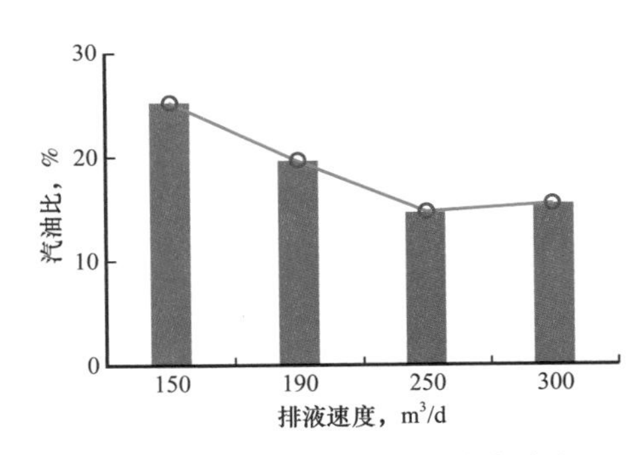

图6.113 不同排液速度下的汽油比

从图6.112和图6.113可以看出，随着排液速度增大，采出程度增加，但增幅逐渐变小；汽油比呈先降低后增加的趋势。因此，排液速度为250m³/d最佳，此时采出程度较高，汽油比最低。

结论：对直井水平井组合排状井网，最佳单井排液速度为250m³/d。

五、M油田技术政策优化结果及预测

1. 技术政策优化结果汇总

本节汇总了前4节的参数优化结果，表6.13为过热蒸汽吞吐阶段注采参数优化结果，表6.14为过热蒸汽吞吐转驱时机优化结果，表6.15为过热蒸汽驱注采参数优化结果，表6.16为井网优选结果。结果表明：直井反九点井网的采出程度较高。

表6.13 过热蒸汽吞吐阶段注采参数优化结果

井号	优化参数	取值
MB9	蒸汽过热度，℃	20
	周期注汽量，m³	2800
	周期注汽量递增量，%	20
	单井排液速度，m³/d	35

表6.14 过热蒸汽吞吐转驱时机优化结果

井型	最佳转驱时机
直井反九点井网	吞吐满6个周期后
水平井直井组合排状井网	吞吐满8个周期后

表 6.15　过热蒸汽驱注采参数优化结果

优化参数	直井反九点井网	直井水平井组合排状井网
单井注汽速度，t/d	140	50
单井排液速度，m^3/d	60	250

表 6.16　井网优选结果

井网类型	采出程度，%
直井反九点井网	26
直井水平井组合排状井网	14

2. 生产效果预测

在上一节参数优化的基础上，本节针对两种不同的井网，对未来 11 年的生产指标进行了预测。

1）直井反九点井网

直井反九点井网的生产预测见表 6.17，到 4144d，即 11.3a 末，累计产油量达到约 $6.25\times10^4m^3$，采出程度达到 23.89%。

表 6.17　直井反九点井网生产效果预测表

时间，d	采出程度，%	累计产油量，m^3
360	1.2046	3106.3
720	2.0126	5260.8
1080	3.0856	8065.5
1440	4.1001	10717.5
1800	4.8400	13211.9
2160	5.9457	15541.7
2520	6.5854	17147.1
2880	9.4397	22960.8
3240	12.3625	32314.9
3600	15.8545	41487.9
3960	20.8412	54524.7
4144	23.8931	62455.4

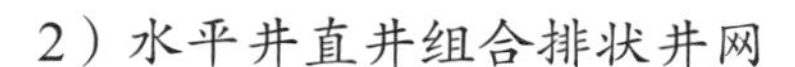
2）水平井直井组合排状井网

水平井直井组合排状井网的生产预测见表6.18，到4144d，即11.3a末，累计产油量达到约$5.12\times10^4m^3$，采出程度达到19.59%。

表6.18　水平井直井组合排状井网生产效果预测表

时间，d	采出程度，%	累计产油量，m^3
360	1.1880	3148.9
720	1.5833	4130.0
1080	1.8349	4796.3
1440	2.1585	5642.3
1800	2.8429	7431.3
2160	4.6236	12007.8
2520	7.9880	20732.1
2880	11.5246	30124.8
3240	14.2754	37315.2
3600	16.5913	43270.6
3960	18.6161	48644.4
4144	19.5941	51217.9

参考文献

[1] Richard F M and Emil D A. Heavy oil and natural bitumen—strategic petroleum resources [R]. U.S: Geological Survey，2003.

[2] 张红玲，刘慧卿，王晗，等. 蒸汽吞吐汽窜调剖参数优化设计研究 [J]. 石油学报，2007，28 (2)：105-108.

[3] 沈德煌，张义堂，张霞，等. 稠油油藏蒸汽吞吐后转注 CO_2 吞吐开采研究 [J]. 石油学报，2005，26 (1)：83-86.

[4] 徐家年，冯国庆，任晓，等. 超稠油油藏蒸汽吞吐稳产技术对策研究 [J]. 西南石油大学学报，2007，29 (5)：90-93.

[5] 曾玉强，刘蜀知，王琴，等. 稠油蒸汽吞吐开采技术研究概述 [J]. 特种油气藏，2006，13 (6)：5-9.

[6] 程忠钊，李春兰，黄世军. 稠油油藏水平井蒸汽驱合理井网形式研究 [J]. 特种油气藏，2009，16 (3)：55-58.

[7] 刘春泽，任香，李秀峦，等. 浅薄层超稠油水平井蒸汽吞吐后转换开发方式研究 [J]. 特种油气藏，2010，17 (4)：66-68.

[8] 刘尚奇. 水平井热采油藏数值模型 [J]. 石油学报，1995，16 (2)：60-69.

[9] 李卉，李春兰，赵启双，等. 影响水平井蒸汽驱效果地质因素分析 [J]. 特种油气藏，2010，17 (1)：75-84.

[10] 马德胜，郭嘉，昝成，等. 蒸汽辅助重力泄油改善汽腔发育均匀性物理模拟 [J]. 石油勘探与开发，2013，40 (2)：188-193.

[11] 席长丰，马德胜，李秀峦，等. 双水平井超稠油 SAGD 循环预热启动优化研究 [J]. 西南石油大学学报 (自然科学版)，2010，32 (4)：103-108.

[12] 唐君实，关文龙，蒋有伟，等. 稀油火烧油层物理模拟 [J]. 石油学报，2015，36 (9)：1135-1139.

[13] 关文龙，蔡文斌，王世虎，等. 郑 408 块火烧油层物理模拟研究 [J]. 石油大学学报 (自然科学版)，2005，29 (5)：58-61.

[14] 刘慧卿，范玉平，赵东伟，等. 热力采油技术原理与方法 [M]. 东营：石油大学出版社，2000.

[15] 刘文章. 热采稠油油藏开发模式 [M]. 北京：石油工业出版社，1997.

[16] 霍广荣，李献民，张广卿. 胜利油田稠油油藏热力开采技术 [M]. 北京：石油工业出版社，1999.

[17] 李涛，何芬，班艳华，等. 国内外常规稠油油藏开发综述 [J]. 西部探矿工程，2005，17 (12)：81-83.

[18] K C Hong. 蒸汽驱油藏管理 [M]. 北京：石油工业出版社，1996.

[19] Stegemeier G L，Laumbach D D，Veck C W. Representing steam processes with vacuum models [J]. Society of Petroleum Engineers Journal，1980，20 (3)：151：174.

[20] Frauenfeild T W J，Kimber K D，Sawatzky R，et al. A partially scaled physical model of cyclic steam stimulation for recovery of oil and bitumen [C] // SPE/DoE Improved Oil Recovery Symposium. Society of Petroleum Engineers，1994.

[21] Niko H Troost P. Experimental investigation of the steam soak process in a depletion type reservoir [R]. Brunei Shell Petroleum Co.Led., 1970.

[22] Butler R M ,Stephens D J. The gravity drainage of steam-heated heavy oil to parallel horizontal wells [J]. Journal of Canadion Petroleum Technology, 1981, 201021.

[23] Wu C W. A critical review of steamflood mechanisms [C] //SPE Californi Regiona Meeting Society of Petroleum Engineers, 1997.

[24] 刘慧卿．热力采油原理与设计 [M]．北京：石油工业出版社，2013.

[25] Viera O, Lloyd B. Single horizontal well in thermal recovery processes [C] //International Conference on Horizontal Well Technology. Society of Petroleum Engineers , 1996.

[26] Zhong L, Zhang S, Wu F, et al. Improved heavy oil recovery by separated zones horizontal well steam stimulation [J] .Journal of Canadian Petroleum Technology, 2012, 51 (2): 106-114.

[27] Chen D M, Zhou J Y, Li Z P. Steam injection ability calculation model for heavy oil reservoir recovery with horizontal well [J]. Journal of Southwest Petroleum University, 2007, 29 (4): 102-106.

[28] 宋杨．薄层稠油水平井蒸汽驱优化设计 [J]．断块油气田，2013，20（2）：239-245.

[29] 程紫燕，周勇．水平井蒸汽驱技术政策界限优化研究 [J]．石油天然气学报，2013，35（8）：139-142.

[30] 罗艳艳，程林松，高山，等．水平井蒸汽驱温度场与黏度场平面物理模拟 [J]．石油钻探技术，2012，40（1）：74-77.

[31] 沈维道，蒋智敏，童钧耕．工程热力学 [M]．北京：高等教育出版社，2001.

[32] 李春涛，钱根宝，吴淑红，等．过热蒸汽性质及其在稠油油藏吞吐开发中的应用——以哈萨克斯坦肯基亚克油田盐上稠油油藏为例 [J]．新疆石油地质，2008，29（4）：495-497.

[33] 许安著，吴向红，范子菲，等．肯基亚克盐上稠油油藏优选注过热蒸汽开发方式研究 [J]．科技导报，2009，27（6）：29-33.

[34] 吴向红，许安著，范海亮．稠油油藏过热蒸汽吞吐开采效果综合评价 [J]．石油勘探与开发，2010，37（5）：608-613.

[35] 徐可强．稠油油藏过热蒸汽吞吐开发技术与实践 [M]．北京：石油工业出版社，2011.

[36] Xu A Z, Mu L X, Fan Z F, et al. Mechanism of heavy oil recovery by cyclic superheated steam stimulation [J]. Journal of Petroleum Science and Engineering, 2013 (1): 197-207.

[37] Clark P D,Hyne J B. Steam-oil chemical reactions : mechanisms for the aquathermolysis of heavy oil [J]. AOSTRA Journal of Reacher, 1984, 1 (1): 15-20.

[38] 刘永建、范洪富、钟立国，等，水热裂解开采稠油新技术初探 [J]. 大庆石油学院学报,2001,25(3): 56-59.

[39] 范洪富，刘永建，杨付林．地下水热催化裂化降粘开采稠油新技术研究 [J]. 油田化学,2001,18(1): 13-16.

[40] 范洪富，刘永建，赵晓非，等．国内首例井下水热裂解催化降粘开采稠油现场试验 [J]．石油钻采

工艺，2001，23（3）：42–44.

[41]周体尧，程林松，李春兰，等.过热蒸汽与稠油之间的水热裂解实验[J].西南石油大学学报（自然科学版），2009，31（6）：89–92.

[42]Song G S，Zhou T Y，Cheng L S，et al. Aquathermolysis of conventional heavy oil with superheated steam[J]. Petroleum Science，2009，22（6）：289–293.

[43]张健，李春兰，李琳琳.过热蒸汽强化普通稠油蒸馏作用的实验研究[J].重庆科技学院学报（自然科学版），2009，11（4）：66–68.

[44]Ramey Jr H J. Wellbore heat transmission[J].Journal of Petroleum Technology，1962，14（4）：427–435.

[45]A Satter. Heat losses during flow of steam down a wellbore[J]. Journal of Petroleum Technology，1965，17（7）：846–851.

[46]Hoist P H，Flock D L. Wellbore behavior during saturated steam injection[J]. Journal of Canadian Petroleum Technology，1966 5（4）：184–193.

[47]Pacheco E F，Ali S M. Wellbore heat hosses and pressure drop in steam injection[J]，Journal of Petroleum Technology，1972，24（2）：139–144.

[48]A1i S M. A comprehensive wellbore steam/water flow model for steam injection and geothermal applications[J].Society of Petroleum Engineers Journal，1981，21（5）：527–534.

[49]Wu Y S，Pruess K. An analytical solution for wellbore heat transmission in layered formations[J].1988.

[50]王弥康. 注蒸汽井井筒热传递的定量计算[J]. 石油大学学报，1994，18（4）：77–81.

[51]李兆敏，杨建平. 氮气辅助注蒸汽热采井筒中的流动与换热规律[J]. 中国石油大学学报，2008，32（3）：84–88.

[52]倪学锋，程林松，李春兰，等.注蒸汽井井筒内参数计算新模型[J].计算物理，2005，22（3）：251–254.

[53]马新仿，王文雄，张婷，等.特、超稠油井井筒蒸汽参数计算[J].新疆石油地质，2007，28（1）：75–77.

[54]刘永建，孙永涛.蒸汽沿井筒注入过程中物性参数计算方法研究[J].西部探矿工程，2007，19（7）：62–65.

[55]陈德民，周金应，李治平，等.稠油油藏水平井热采吸汽能力模型[J].西南石油大学学报，2007，29（4）：102–106.

[56]倪学锋，程林松.水平井蒸汽吞吐热采过程中水平段加热范围计算模型[J].石油勘探与开发，2005，32（5）：108–112.

[57]刘春泽，程林松，刘洋，等.水平井蒸汽吞吐加热半径和地层参数计算模型[J].石油学报，2008，29（1）：101–105.

[58]王一平，李明忠，高晓，等.注蒸汽水平井井筒内参数计算新模型[J].西南石油大学学报（自然科学版），2010，32（4）：127–132.

[59] 周体尧，程林松 . 注过热蒸汽井筒沿程参数计算模型 [J] . 西南石油大学学报 (自然科学版)，2009，31 (1)：153–155.

[60] 许安著，吴向红，范子菲，等 . 注过热蒸气井筒物性参数计算综合数学模型 [J] . 大庆石油学院学报，2009，33 (1)：29–35.

[61] 盖平原 . 注过热蒸汽井热力计算 [J] . 中国石油大学学报 (自然科学版)，2011，35 (2)：147–151.

[62] 师耀利，杜殿发，刘庆梅，等 . 考虑蒸汽相变的注过热蒸汽井筒压降和热损失计算模型 [J] . 新疆石油地质，2012，33 (6)：723–726.

[63] Marx J W，Langenheim R H. Reservoir heating by hot fluid injection petroleum transactions [J] .AIME，1959，216：312–315.

[64] Willman B T, Valleroy V V, Runberg G W, et al. Laboratory studies of oil recovery by steam injection [J] . JPT，1961，222：681–696.

[65] Mandl C and Volek C W. Heat and mass transport in steam–drive processes [J] . SPEJ，1969：59–79.

[66] Farouq Ali S M. Oil recovery by steam injection [R] . Producers Publishing Co. Inc.，Bradford PA，1970.

[67] Van Lookeren J. Calculation methods for linear and radial steam flow in oil reservoirs [J] . SPEJ，1983：427–439.

[68] Doscher T M and Ghasseme F. The influence of oil viscosity and thickness on the steam drive [J] . J. Pet. Tech，1983：291–98.

[69] Neuman C H. A mathematical model of the steam drive process–applications [R] . Proceeding of SPE California regional meeting，Ventura，1975.

[70] Vogel J V. Simplified heat calculations for steamfloods [J] . AIME，1984：1127–1136.

[71] 李春兰，程林松 . 稠油蒸汽吞吐加热半径动态计算方法 [J] . 新疆石油地质，1998，19 (3)：247–249.

[72] 范海军，姚军，成志军 . 计算稠油油藏蒸汽吞吐加热半径的新方法 [J]. 新疆石油地质,2006,27(1)：109–111.

[73] 窦宏恩，常毓文，于军，等 . 稠油蒸汽吞吐过程中加热半径与井网关系的新理论 [J] . 特种油气藏，2006，13 (4)：58–61.

[74] 张明禄，刘洪波，程林松，等 . 稠油油藏水平井热采非等温流入动态模型 [J] . 石油学报，2004，25 (4)：62–66.

[75] 王玉斗，侯健，陈月明，等 . 水平井蒸汽吞吐产能预测解析模型 [J] . 石油钻探技术，2005，33 (2)：51–53.

[76] 石立华，赵习森，郭尚平，等 . 薄互层水平井蒸汽吞吐热采水平段加热范围预测 [J] . 西南石油大学学报 (自然科学版)，2015，37 (3)：93–97.

[77] 黄世军，谷悦，程林松，等 . 多元热流体吞吐水平井热参数和加热半径计算 [J] . 中国石油大学学报：自然科学版，2015，39 (4)：97–102.

[78] 周体尧，程林松，何春百，等 . 注过热蒸汽井筒沿程参数及加热半径计算模型 [J] . 石油勘探与开

发，2010，37（1）：83-88.

[79] Boberg T C，Lantz R B. Calculation of the production rate of a thermally stimulated well [J]. JPT，1966：1613-1623.

[80] 陈月明. 注蒸汽热力采油 [M]. 东营：石油大学出版社，1996.

[81] 蒲海洋，杨双虎，张红梅. 蒸汽吞吐效果预测及注汽参数优化方法研究 [J]. 石油勘探与开发，1998，25（3）：52-55.

[82] 侯建，陈月明. 一种改进的蒸汽吞吐产能预测模型 [J]. 石油勘探与开发，1997，24（3）：53-56.

[83] 曹建，蒲万芬，赵金洲，等. 蒸气吞吐井产能预测方法 [J]. 天然气工业，2006，26（3）：98-99.

[84] 郑舰，陈更新，刘鹏程. 一种新型蒸汽吞吐产能预测解析模型 [J]. 石油天然气学报（江汉石油学院学报），2011，33（5）：111-114.

[85] 刘鹏. 热采井加热半径及产能确定方法研究 [J]. 科学技术与工程，2011，11（17）：3933-3936.

[86] 周舰，李颖川，刘永辉，等. 水平井蒸汽吞吐产能预测模型 [J]. 重庆科技学院学报（自然科学版），2012，03：65-67.

[87] 时贤，李兆敏，刘成文，等. 稠油油藏多轮次蒸汽吞吐防砂后产能预测模型 [J]. 油气地质与采收率，2012，19（4）：56-58.

[88] 张家荣，赵廷元. 工程常用物质的热物理性质手册 [M]. 北京：新时代出版社，1987.

[89] 吴晓东，张玉丰，刘彦辉. 蒸汽吞吐井注汽工艺参数正交优化设计 [J]. 石油钻探技术，2007，35（3）：1-4.

[90] 杜殿发，王青. 蒸汽吞吐水平井开采参数优选研究 [J]. 石油地质与工程，2009，23（1）：57-60.